盐岩蠕变特性及应用

王军保　刘新荣　宋战平　著

中国建筑工业出版社

图书在版编目（CIP）数据

盐岩蠕变特性及应用 / 王军保，刘新荣，宋战平著
. — 北京：中国建筑工业出版社，2023.1
ISBN 978-7-112-28256-2

Ⅰ．①盐… Ⅱ．①王… ②刘… ③宋… Ⅲ．①岩体蠕
变-研究 Ⅳ．①TU454

中国版本图书馆 CIP 数据核字（2022）第 240630 号

责任编辑：刘瑞霞　梁瀛元　赵云波
责任校对：王　烨

盐岩蠕变特性及应用

王军保　刘新荣　宋战平　著

*

中国建筑工业出版社出版、发行（北京海淀三里河路 9 号）
各地新华书店、建筑书店经销
北京鸿文瀚海文化传媒有限公司制版
北京建筑工业印刷厂印刷

*

开本：787 毫米×1092 毫米　1/16　印张：11½　字数：285 千字
2022 年 12 月第一版　　2022 年 12 月第一次印刷
定价：**49.00** 元
ISBN 978-7-112-28256-2
（40613）

前　言

盐岩地层是一种特殊的化学沉积软岩地层，主要成分为 NaCl，具有结构致密、孔隙率低、渗透性低、可水溶开采等诸多优良特性，是国际公认的建造石油、天然气、压缩空气等能源地下储存库和放射性废弃物地下处置库的理想介质。我国盐岩资源丰富，分布范围广泛，具有建设能源地下储存库的良好地质条件。同时，随着国家能源战略储备计划的实施和西气东输、川气东送等重大工程项目的开工建设，作为配套设施，我国盐岩能源地下储库群的兴建工作业已开始。我国第一座盐岩地下储气库——江苏金坛储气库已于2007年投入运营，十多年来运营平稳；2021年10月，我国首座盐岩压气储能电站——山东肥城电站一期工程投入运营；2022年5月，江苏金坛盐岩压气储能电站成功并网发电；2022年6月，我国最深的盐岩地下储气库——湖北潜江江汉盐岩储气库正式投产注气。此外，江苏淮安、湖北云应、重庆万州、河南平顶山等多地均已列入盐岩储库建设规划或进入可行性论证阶段。

无论是将盐岩溶腔用作能源地下储存，还是用于放射性废弃物地下处置，都要求溶腔围岩能够长时间保持稳定，这就对盐岩力学特性，特别是蠕变特性研究提出了更高的要求和挑战。盐岩具有较强的蠕变特性，加上盐岩储存库埋深较深、洞室周围地层压力较大，且储库内的储存压力始终小于地层压力，故在长期运营过程中，围岩会产生随时间延长而不断增大的蠕变变形，从而导致储库体积不断减小，甚至出现顶板垮塌、片帮等破坏。我国盐岩储库建设由于起步较晚，运行时间较短，目前尚未出现重大工程灾害。但在国外，重大灾害时有发生，如法国 Tersanne 储气库的 Te02 库，尽管该储气库在运行过程中保持了较高的压力，但由于盐岩较强的蠕变性，运行9年后溶腔体积减小了35%；美国 Eminence 储气库，在运行不到2年的时间内，储库底板隆起量达36m，体积损失超过40%，最终导致溶腔报废。因此，开展盐岩蠕变特性研究，对于避免重蹈国外覆辙、确保我国盐岩能源储库长期运营安全和国家能源战略储备安全等均具有重要意义。

基于此，本书综合采用试验研究、理论分析、数值模拟相结合以及宏细观研究相结合的方法，对盐岩的蠕变特性及其工程应用进行了较为系统的研究，以期为盐岩能源地下储存库工程稳定性分析和安全性评价等提供一定的借鉴和参考。全书包括如下内容：

第1章　绪论。在参阅国内外相关研究资料的基础上，对盐岩矿床的形成条件、开采方法、开发利用等进行了总结和分析。

第2章　盐岩常规力学特性试验研究。对盐岩开展了不同围压、不同加载速率和不同径向渗透压力下的常规压缩试验，分析了围压、加载速率、不同径向渗透压力等对盐岩宏观力学参数和微细观孔隙结构参数等的影响规律。

第3章　盐岩蠕变特性试验研究。对盐岩开展了不同轴压、不同径向渗透压力、不同围压下的蠕变试验及弹性后效试验，分析了应力水平、径向渗透压力等对盐岩蠕变行为的影响规律和盐岩蠕变过程中微细观孔隙结构的演化规律。

第 4 章　盐岩蠕变本构模型。从不同角度出发，构建了能够描述盐岩蠕变全过程的经验蠕变模型、能够反映盐岩蠕变位错机理的细观蠕变模型和能够模拟盐岩蠕变三阶段的非线性黏弹塑性元件组合蠕变模型，并用试验数据对模型的适用性进行了验证。

第 5 章　盐岩非线性黏弹塑性蠕变模型的程序化。基于有限差分理论，推导了盐岩非线性黏弹塑性蠕变模型的有限差分表达形式，结合 FLAC3D 软件二次开发平台实现了非线性蠕变模型的二次开发，获得了该模型的动态链接程序。

第 6 章　盐岩地下储气库长期稳定性数值模拟。利用非线性蠕变模型二次开发计算程序，对盐岩储气库的长期稳定性进行了数值分析，探讨了洞周塑性区、围岩变形量、溶腔体积损失率及围岩扩容破坏安全系数等随时间和储气内压的变化规律，确定了储气库的最小储气内压、最大采气速率和矿柱宽度。

本书是在国家重点基础研究发展计划项目（2009CB724606）、国家自然科学基金项目（51404184，52178354）、陕西省高层次人才特殊支持计划——青年拔尖人才项目、陕西省创新人才推进计划——青年科技新星项目（2018KJXX-061）和陕西省自然科学基础研究计划项目（2016JQ4009）等的支持下完成的，这些项目的支持保证了研究工作的顺利开展，作者在此对上述单位表示诚挚的谢意！

本书呈现的内容是西安建筑科技大学和重庆大学深部能源地下储存课题组多位研究人员共同努力的成果，特别是张强博士、杨欣博士、王晓鹏博士以及研究生李维维、姜恒坤、刘枭等开展了大量的研究工作，在此深表感谢！

由于作者水平有限，书中难免存在错误与不足之处，敬请批评指正。

作者

2022 年 9 月

目　录

第1章　绪论

盐岩是一种重要的矿产资源，其主要矿物成分为"石盐"，化学式为 NaCl。盐岩具有遇水溶解的特点，因此主要采用钻孔水溶的方法开采。水溶开采法是利用盐岩易溶于水的特性，以水作为溶剂注入矿体，将盐岩溶解转变成流动状态的溶液——卤水，然后进行采集、输送的一种采矿方法。水溶开采有别于常规的"地下开采"和"露天开采"，它把采、选、冶融为一体，直接用廉价的水或淡卤作为溶剂，不仅可以简化生产工序、降低生产成本，而且可以增加开采深度、提高生产率并减轻环境污染（王清明，2003）。

除了作为矿产资源开采外，目前对盐岩水溶开采后形成的地下空间后续利用方面的研究越来越受到重视。由于盐岩具有结构致密、孔隙度低、渗透性低、力学性质稳定和损伤自恢复能力强等诸多优点，因此盐岩矿床已被国际公认为是能源（石油、天然气、压缩空气等）地下储存和放射性废弃物地下处置的理想场所（王军保等，2018；杨春和等，2022；张强等，2022），与此相关的盐岩力学问题也已经成为国际岩石力学界的一个重要课题。

1.1　盐岩矿床的形成条件

盐岩矿床是在长期的地质作用过程中，在适宜的地质条件和干旱、半干旱的气候条件下，由于水盐体系蒸发、浓缩而形成的天然卤水和化学沉积矿床。因此，构造条件、气候条件以及充足的物质来源是盐岩矿床形成的至关重要的基本条件（屈红军，2003）。

（1）封闭和稳定沉降的构造条件

封闭的盆地地形有利于盐分不断向湖盆中汇集，稳定的构造条件有利于湖水进行充分的蒸发和渗透，从而使湖水浓度逐渐升高形成盐湖。因此，盐湖形成的构造条件往往与断陷盆地和山间盆地有关。断陷盆地的一侧或两侧往往以深大断裂或同生断裂为界，形成半地堑或地堑式盆地，盆地周围的山脉或高地起着明显的封闭作用，它不仅有效地汇集周围地区的地表径流，还为在盐湖中大量溶质的聚集提供了足够的入流量。此外，构造条件对盐湖盆地岩相的空间配置关系或结构样式也起着重要的控制作用。同时，它还控制和影响着沉降速率和沉积速率、湖盆水动力条件以及沉积物搬运形式等。通常，在盐湖盆地的陡坡一侧，由于剥蚀区不断抬升，地形高差大，水流急，湖水相对较深，往往发育由粗粒碎屑物组成的扇三角洲和重力流沉积；而在其缓坡的一侧，由于地形起伏小，水流缓，湖水也较浅，以发育河流、三角洲沉积为特征。细粒碎屑沉积物和盐类化学沉积则主要分布于湖盆坳陷中央部分，并逐渐向湖盆边缘变薄。

（2）干旱和半干旱的气候条件

干旱和半干旱的气候条件是盐湖形成的最基本条件。只有在这种气候条件下，才有利于湖水的大量蒸发。当湖盆中的蒸发量大于湖面降水量和地表入流量的总和时，湖盆中的水质经强烈蒸发，其盐分浓度不断提高，从而形成不同类型卤水的盐湖。流域内各种盐类物质通过入流由上游流向低洼的盐湖中心，并沿程显示因溶解度不同而有着明显分带的盐类沉积。

（3）足够的物质来源

除了上述气候和构造条件外，足够的盐类物质来源也是形成盐湖的基本条件之一。关于盐岩矿物的物质来源，不同学者有不同见解，例如奥克谢尼乌斯认为盐岩物质主要来源于海水（沙洲说），葛利普认为盐岩物质主要来源于陆地（沙漠说），许靖华认为盐岩矿床形成于干旱气候带的干盐湖（干化深盆说），马新华、屈红军等认为海水是与海相有关的盐湖沉积中盐类物质的主要来源，但对于内陆盐湖来说，盐类物质来源则是多源的，既可能有海水的影响（包括风运海盐），又可能有盐湖周围基岩的风化产物（包括古代盐矿淋滤），还可能有深部卤水的来源。

1.2 盐岩矿床的开采方法

盐岩具有遇水溶解的特点，因此深部盐岩主要采用水溶开采的方法。盐岩地下水溶开采技术经过早期的硐室法、循环法发展到目前的油（气）垫法、水力压裂法及对接井法等，已较为成熟。下面介绍目前应用较为广泛的盐岩水溶开采工艺方法（刘成伦，2000；梁卫国，2007）。

（1）单井对流法

单井对流法因注水及产品溶液的提取在同一口井通过循环对流开采而得名，它是钻井水溶法开采盐岩矿中工艺最简单的一种，其工艺流程为：钻成盐井后下入技术套管到盐岩层，置入中心管，安装井口装置，注入淡水溶解盐岩，卤水经管外环隙或中心管返回地面。

单井对流法有正循环和反循环两种。正循环（从中心管注入淡水，环隙套管出卤）有利于保护顶板不被过早暴露，对溶腔底部的溶解效果较好，回采率较高，侧溶角较小，但建槽速度较慢，出卤浓度较低，携带不溶残渣能力较差；反循环（从环隙套管注入淡水，中心管出卤）具有出卤浓度高、不易发生井下管道盐结晶堵塞、建槽速度快等优点，但其上溶明显，不利于保护盐层顶板，回采率低。

注水方式有连续注水和间断性注水两种。对溶解性能差、溶解速度低的盐岩，为了提高卤水浓度，采用间断性注水方式较好，但因其造成的井下事故较多，所以大多数盐井主要采用连续注水方式生产。

单井对流法具有产卤量大、可连续生产等优点，适宜开采的埋深范围大，且主要适用于单一厚度盐层的开采，但其井下事故多、回采率较低。

（2）油（气）垫法

油（气）垫法是为了克服单井对流法的弊端而发展起来的一种工艺方法，它通过加入不溶于水且比水密度小、不溶解盐岩的物质（煤油、柴油、天然气或空气等），使顶板得到保护，以延长矿井寿命。用油（气）垫法开采盐岩，回采率较高，一般可达到 25%～35%。垫层厚度对采卤生产有较大影响，垫层太厚不仅会造成浪费，还会因卤水分离难度增大而使卤水成本提高；太薄则不能起到垫层的保护作用。一般开采前期垫层须稍厚一些（2cm 左右），后期可稍薄一些（1cm 左右），开采过程中尤其注意维持垫层的稳定性。

油（气）垫法能够控制溶腔的形状，可自下而上分段开采。为了使垫层稳定、溶腔直径增加更快，通常在建槽期采用反循环小流量注水、开采期采用正循环的生产方式。油垫法虽然垫层稳定，但带沙能力较弱，故适用于盐岩含量较高的矿区；气垫法虽然垫层稳定性较差，但带沙能力强，故适用于盐岩含量较低的矿区。

油（气）垫法有双管和三管之分。三管油垫法在井下有三种管串：技术套管、环隙套管和中心管，环隙套管和中心管可根据生产工艺需要自由升降，这样可以实现复盐层的开采。因此，油（气）垫法不仅适用于单一岩层的开采，还可以通过梯段油垫生产开采复盐层。但由于增加了井下管串的数量和重量，导致井下事故发生频率增加，使得其在深井中的应用受到限制。双管法除具有油（气）垫法的优点外，还具有结构简单且不易发生井下事故的优点，因此在投资不大的情况下可提高卤水浓度和出卤量。

气垫法主要有间断上溶和分段连续上溶两种采卤工艺，前者生产卤水不连续，周期性地向井内注水，在预计溶蚀高度静溶达到饱和浓度后，再注气排出卤水，其作用只是为正式分段连续上溶开采创造有利条件，是一种辅助的开采工艺。由于盐岩和天然气常伴生存在，所以可通过控制采气量实现自然气垫，从而降低开采成本。

（3）连通法

连通法是指向一口井（或多口井）注入淡水，而卤水则从另一口井（或多口井）流出并定期倒换的开采工艺方法。与单井对流法相比，连通法的管串结构更简单，不易发生井下事故，且溶腔大，淡水浸溶时间长，出卤浓度高，卤水流量大。井与井之间的连通可通过自然溶蚀、水力压裂、对接井和喷射注水等方法实现。

自然溶蚀连通是指由于盐层与底板接触的裂隙发育、开采厚度不均匀，而在注入淡水时，发生沿着盐层表面及天然裂隙的大面积溶蚀，从而造成在井组内甚至井组间实现连通的一种开采方式。这种方法一般在单井对流开采一段时间后进行，要求盐层顶板和底板稳定。自然溶蚀连通适用范围广，但需要较长的时间才能实现连通。对于顶板发育不稳定的矿区，宜沿盐层走向选择适当的井距钻井，采用油垫建槽连通方式生产，该连通方式比自然溶蚀连通速度快。

水力压裂法是指在完成钻井工作后，在一口井中注入高压淡水，迫使盐岩矿层形成通道，从另一口井（或多口井）返回卤水到地面的连通开采方式。水力压裂法适用于盐矿品位较高、埋深中等、顶底板岩体强度高且顶板稳定的盐岩矿层，它具有建槽周期短、出卤量大、卤水浓度高、矿井服务年限长、生产效益高等优点。但压裂连通需要一定的条件，即裂纹沿一定的弱面扩展比较容易，若所选压裂部位没有天然弱面，则需要人为制造起裂裂缝，以保证裂缝沿预定平面扩展。

对接井连通是严格按照两盐井设计的主要技术指标（如井深、连续造斜度、终井井长度等）钻井，使两盐井在对接处的空间坐标值相等或非常接近，以便在很短时间内实现上溶连通。与压裂连通相比，对接井连通具有水平井距大、可采盐矿量大、两井使用寿命长、生产安全、对接点不受地层条件限制、建槽和连通时间短以及适合于各种构造、各种品位盐矿开采等优点，并且成本较低。

此外，在两井系统中还存在喷射注水连通开采方式，该方法避免了水力压裂定位、定向的限制和流体垫层液面稳定性难以控制的弊端，且这种方法实现的连通，具有溶腔体积大、稳定性强的特点。连通部位一般位于溶腔顶部、两井之间的中点，溶腔最大直径发生在溶腔内注水点高度处。

1.3 盐岩矿床的开发利用

从 20 世纪七八十年代开始，随着水溶采矿技术的不断发展，盐岩开采目的已从过去单纯获得饱和卤水作为制盐和化工工业原料，逐渐转向对盐岩溶腔的后续利用。目前，美国、加拿大、德国、法国等西方国家已经广泛利用盐岩矿床进行能源（石油、天然气、压缩空气等）地下储存和放射性废弃物地下处置。

（1）能源地下储存

能源是一个国家的经济命脉，关系到国计民生和国家经济安全。因此，世界各国都把获得稳定的能源来源作为国家大事来抓。1973 年因中东战争，阿拉伯国家对西方国家实行石油禁运，导致了第一次石油危机，世界油价上涨了 5 倍，引起西方经济和社会的大动荡。1974 年，包括美国、日本、意大利、西德、法国在内的 18 个原油进口国签署了《国际能源协议》，并在经合组织（OECD）中设置了国际能源总署（IEA），以保证当国际社会石油供应再次出现危机时，为各成员国提供帮助。同时，还规定到 1980 年各成员国有义务保有相当于 90 天净进口量的石油储备。在实际执行中，各成员国的石油储备已远超过 IEA 规定的最低限。自改革开放以来，随着国民经济的快速发展，我国对石油的需求也逐步加大，且从 1993 年开始，我国已成为石油净进口国，2000 年净进口量超过 6000 万 t，2004 年达到了 1.44 亿 t；2020 年，我国对外国石油进口的依赖程度达 60% 以上（管兴兴等，2001；徐素国，2010）。在这种情况下，一旦原油进口受阻，将会对我国政治、经济、军事和社会稳定造成极大的威胁。因此，我国需尽快建立石油战略储备体系，以应对可能发生的突发事件，保证国民经济持续快速发展。

目前，能源储存主要有陆上储罐、海上储罐和地下储存三种方式（杨春和，2004）。相对于陆上储罐、海上储罐来说，地下储存具有安全性高、不易受到攻击等优点，被称为"高度战略安全的储备库"。盐岩作为一种特殊的软岩，相对于其他岩体来说，具有建造能源地下储备库的更有利条件。首先，盐岩结构致密、孔隙率低、渗透性低，能够保证能源储库的密闭性；其次，盐岩力学性质稳定、蠕变性良好、具有较强的损伤自恢复能力，使得它能够适应储存压力的变化；第三，盐岩易溶于水，通过水溶开采建腔，可以对盐岩进行综合利用，降低投资成本、减轻环境污染。因此，利用深部盐岩洞穴进行能源地下储存已经成为国际上广泛认可的能源储备方式。据统计，美国 90%、德国 50%、法国 30% 的石油储存于盐岩库群中，美国 20%、德国 40%、法国 20% 的天然气储存于盐岩库群中（杨春和等，2009）。

此外，利用盐岩溶腔储存压缩空气进行压气蓄能（李仲奎等，2003；杨花，2009）也是近年来研究的热点问题之一。压缩空气蓄能是利用电力系统负荷低谷时的剩余电量，由电动机带动空气压缩机，将空气压缩后存入储气库，即将不可储存的电能转化成可储存的压缩空气的气压势能并贮存于储气库中；当系统发电量不足时，将压缩空气经换热器与油或天然气混合燃烧，导入燃气轮机做功发电，满足系统调峰需要。其中，储气库的建造是影响压气蓄能发电成本的一个关键因素。通常来说，在盐岩矿层中建造储气库只需向地下盐岩层钻孔，注入淡水使盐溶化即可形成空洞，造价较低；而且盐岩气密性好、力学性质稳定，能够承受压力的反复变化。因此，利用盐岩溶腔建造压气蓄能电站已经得到了世界各国的广泛认可，越来越受到重视。如 1978 年德国兴建的芬道夫压气蓄能电站和 1991 年美国在麦金托什地区兴建的压气蓄能电站均采用盐岩溶腔作为压缩空气储存库。

我国盐岩资源十分丰富，分布范围广泛，已探明的地质储量超过 44500 亿 t，埋深从数十米到 4000m 不等，具有建设能源地下储存库的良好地质条件（任松，2005）。苏北、苏南、淮南、湖北、四川、重庆、湖南、河南、云南、青海、新疆等地均有大型盐岩矿层发现。由于国家能源储备的巨大需求，我国盐岩能源地下储库群大规模兴建已经开始，如江苏金坛盐岩储气库已于 2007 年已投入运营，十多年来运行平稳；江汉盐岩储气库于 2022 年正式注气，该储气库是目前国内最深的盐岩储气库，埋深 2000 多米；2021 年 10月，我国首座盐穴压气储能电站——山东肥城电站一期工程投入运营；2022 年 5 月，江苏金坛盐穴压气储能电站成功并网发电。此外，湖北、河南、云南等地也已陆续推进盐穴压气储能电站建设。

（2）放射性废弃物地下处置

随着社会和经济的快速发展，人类在寻求水力、火力、风力等发电的同时，也开始开发更高效的核能发电。自 1954 年苏联在世界上建成第一座核电站并投入运行以来，核能发电已走过近 70 年的历史，全世界核电累计运行已超过 7200 堆/年，发电量达 200000 亿kW·h。截至目前，全世界已有 34 个国家和地区拥有核电，世界上正在运行的核电厂有431 座机组。据统计，由于核电站的广泛应用，以及与医疗、科研、国防事业相关的核利用，目前全世界产生的核废料已达 20 万 t 之多，预计到 2030 年，全球核废料总数将达到50 万 t（刘新荣等，2007）。核废料贮存的长期安全性及其对地质环境和生物圈的长期影响是人们十分关注和担忧的问题，已引起各国政府的高度重视。目前，关于放射性核废料的处置方法主要有太空处置、公海处置及地下处置等三种方法。其中，太空处置代价太高，公海处置有悖于环境保护，相比较而言，地下处置是一种比较理想的处置方法，也是目前许多国家普遍采用的一种方法（梁卫国，2007）。

核废物含有大量半衰期各异的放射性核元素。高放射性废料在 1000 年内其放射性可降至初期值的 1%，在约一百万年之后，其放射水平与花岗岩相当；中、低放射性废料则在数千年后即与围岩的放射水平相当。对于中、低放射性废料，可选择浅部的处置场所，一般选在渗透性很差的黏土岩中；对于高放射性废料，必须保证其在很长时间内完全与生物圈隔离，宜置放于地下深部且封闭稳定的地质岩层中，而地下盐岩溶腔提供了经济上合理、技术上可行、环境上无害的最佳场所（罗嗣海等，2004）。

盐岩层水溶开采后形成的溶腔深度通常在距地表几百至上千米的范围内，溶腔半径约几十米，溶腔高度几十至上百米，容积一般可达几万至近百万立方米。盐岩矿床与其他地质结构比较，渗透性极小，能有效地阻止地下水渗入，因此溶腔具有很好的隔水性和密封性。利用盐岩溶腔进行废物最终处置，可使被处置物完全封闭隔离，有害物质无法迁移。这种良好的天然地质屏障与地表处置废物时的人工工程设障相比具有无可比拟的优越性和可靠性。根据德国、法国、英国、美国在盐岩溶腔中贮存液态和气态碳氢化合物的经验及近年来的固体废物（包含核废物）处置经验，在盐层中处置特殊废物，安全性是有保障的。

（3）二氧化碳地质封存

二氧化碳是主要的温室气体，约占温室气体总量的 65%。随着经济快速发展，二氧化碳气体的排放量逐年增加，在导致全球产生温室效应的同时，也造成了严重的大气污染。自 1997 年京都议定书签订以来，许多国家都在积极寻找二氧化碳减排和处置措施。我国在 2020 年 9 月召开的第 75 届联合国大会上正式提出"2030 年实现碳达峰、2060 年实现碳中和"的"双碳"战略目标，体现了大国担当。研究表明，除深海处置外，地质封存是解决二氧化碳问题的另一有效途径。二氧化碳地质封存的介质主要有地下含水层、开采油气田、无商业开采价值的煤层、盐岩溶腔等。其处置过程一般分为三步完成：收集捕捉、压缩运输、注入地层封存。

在盐岩溶腔中封存二氧化碳，类似于天然气存储。主要是利用了盐岩的致密性和流变性，只要确保腔体压力在合理的范围内，最高压力不超过存储区域内的最小地应力，最小压力不低于腔体顶板失稳的临界值，即可保证其安全存储（梁卫国，2007）。

1.4 研究背景

由于盐岩诸多的优良特性，利用深部盐岩溶腔进行能源储备已成为国际上广泛认可的能源储备方式，也是我国实施能源战略储备计划的重点部署方向。无论是将盐岩溶腔用作能源地下储存，还是用于放射性废弃物地下处置，抑或是二氧化碳地质封存，都要求溶腔围岩能够长时间保持稳定。然而，盐岩具有较强的蠕变特性，在储库长期运行过程中，由于洞内储存压力始终小于原始地层压力，故围岩会产生随时间延长而不断增大的蠕变变形。一方面，围岩变形会导致储库体积不断收缩；另一方面，若围岩变形过大，可能诱发顶板垮塌、片帮等破坏。国外业已报道了多起由于盐岩蠕变最终导致储库报废的案例（吴文等，2005），如法国 Tersanne 储气库的 Te02 库，尽管该储气库在运行过程中保持了较高的压力，但由于盐岩较强的蠕变性，运行 9 年后溶腔体积仍减少了 35%；美国 Eminence 储气库，在运行不到两年的时间内，储库底板隆起量达 36m，体积损失超过 40%，最终导致溶腔失效。因此，研究盐岩的蠕变特性对于确保盐岩储库长期运行安全具有重要意义。基于此，作者对盐岩的蠕变特性及其工程应用进行了较为系统的研究，以期为盐岩工程稳定性分析和安全性评价等提供借鉴和参考。

第 2 章　盐岩常规力学特性试验研究

2.1　盐岩常规力学特性研究进展

（1）常规单三轴压缩力学试验方面

由于盐岩在能源地下储存方面的重要地位，近年来国内外学者对盐岩常规力学特性进行较多研究，取得了大量的研究成果。Hunschel 等（1999）、刘新荣等（2004）通过三轴试验，发现盐岩弹性模量与应力峰值应变随围压的增大而增加。Farmer 等（1984）指出盐岩围压阈值约为 3.5MPa，即围压小于或大于阈值，则相应表现为应变软化或应变硬化特征。Schulze 等（2001）指出，非扩容区塑性变形不会对盐岩内部结构产生损伤，而扩容区微裂纹的产生和扩展所引起的附加损伤应变将降低盐岩的强度和承载能力。吴文等（2004）、郭印同等（2010）、梁卫国等（2010）通过单三轴压缩试验、巴西劈裂试验、剪切试验以及压剪联合冲击特性试验，获得了盐岩在不同应力条件下强度与变形特征。Propp 等（1999）、Hunsche 等（2010）探讨了盐岩损伤与渗透率的关系，得出盐岩的渗透率随损伤的增加而增加。陈剑文等（2009）根据三轴压缩试验结果，提出用压缩-扩容边界理论来分析盐岩溶腔储库的密闭性。马洪岭等（2012）基于单三轴压缩试验应力-应变曲线，将溶腔储库腔体围岩划分为弹性区、塑性区和破坏区。Kittiep 等（2010）、郭印同等（2011）、高红波等（2011）对周期荷载作用下盐岩的疲劳与损伤特性进行了研究，研究发现整个试验过程盐岩弹性模量基本保持不变，但由循环试验得到的黏塑性系数要比静止试验低一个数量级。Hamami 等（2006）、任松等（2012）研究了温度对盐岩力学特性的影响。刘新荣等（2012）建立了芒硝盐岩的损伤本构模型。基于我国盐岩地层特点，李银平等（2006）、尹学英等（2006）、王安明等（2009）利用宏观微观试验、理论推导与数值模拟相结合的方法，对层状盐岩体应力应变关系进行了研究。考虑到盐岩取制样不易和溶腔储库原位试验成本高昂，张强勇等（2009）、姜德义等（2012）、张桂民等（2012）开展了纯盐岩和软弱夹层相似材料的研制。型盐试验结果表明：软弱夹层的厚度比和夹层的分布特征都会对型盐的强度、弹性模量、泊松比以及变形产生影响。对于盐岩常规力学行为研究，主要以单三轴压缩试验、剪切试验和巴西劈裂试验为主。通过试验可获得盐岩的常规力学参数，如黏聚力、内摩擦角、弹性模量、泊松比及抗拉强度等，从而为储库溶腔的稳定性分析和评价提供力学基础。

（2）加载速率对盐岩力学特性的影响方面

对于盐穴储气库和压气蓄能电站而言，在采气降压阶段，盐穴储库储存的气体压力逐渐减小，洞周围岩不平衡力逐渐增大；采气速率不同，围岩受荷速率也就不同。因此，研究盐岩在不同加载速率下的力学特性对于保证盐穴储气库和压气蓄能电站的长期安全性和稳定性具有重要意义（Ślizowski 等，2017；Habibi 等，2021）。Lajtai 等（1991）研究了盐岩在 5 种不同应变率下的强度特征，并指出盐岩强度随应变率的变化规律可用 logistic 函数描述。Dubey 和 Gairola（2005）研究了加载速率对盐岩力学特性的影响规律；结果表明，随加载速率增加，盐岩峰值点应变逐渐减小，弹性模量、峰值应力和屈服应力等均逐渐增大，且盐岩在较高加载速率下会表现出明显的脆性变形特征。Liang 等（2011）基于盐岩单轴压缩试验结果，分析了应变率对盐岩力学特性的影响规律，发现随应变率减小，盐岩峰值应力和弹性模型基本不发生变化，泊松比和峰值点应变逐渐增大。姜德义等（2012）研究指出，随应变率增加，盐岩峰值应力逐渐增大，峰值点应变逐渐减小，而弹性模量基本不发生变化。Fuenkajorn 等（2012）对盐岩开展了不同应变率下的三轴压缩试验，结果表明，随应变率增加，盐岩弹性模量、泊松比和峰值应力均逐渐增大，而峰值点应变逐渐减小。纪文栋等（2011）研究了应变率对盐岩峰值应力和弹性模量的影响，并指出随应变率增加，盐岩峰值应力逐渐增大，而弹性模量逐渐减小。王伟超等（2015）探讨了应变率对盐岩峰值应力和变形特性的影响规律，结果表明，随应变率降低，盐岩峰值应力基本不发生变化，但塑性变形特征逐渐趋于明显。Mansouri 和 Ajalloeian（2018）在分析应变率对盐岩力学性质影响规律的基础上，发现盐岩峰值应力、峰值点应变和弹性模量均随应变率增加而增大。Singh 等（2018）分析了盐岩弹性模量和黏滞系数随应变率的变化规律，并指出盐岩弹性模量随应变率增加而减小，但应变率低于 10^{-12} s^{-1} 时，盐岩黏滞系数基本不随应变率增加而发生变化。

通过上述分析可以发现，由于盐岩结构的复杂性、赋存环境的多样性以及试验方法等的差别，加载速率对盐岩峰值应力、峰值点应变和弹性模量等基本力学参数的影响规律不尽相同。同时，现有研究主要探讨了应变速率对盐岩常规力学性质的影响规律。然而，在盐穴储气库和压气蓄能电站的长期运营过程中，储库围岩的变形并不是受应变速率的控制，而是受应力加载速率的控制（Wang 等，2021）。因此，研究应力加载速率对盐岩基本力学特性的影响对于保证盐穴储气库和压气蓄能电站的长期稳定性具有重要意义。

（3）渗透压力对盐岩力学特性的影响方面

在盐岩地下储库运行过程中，洞周围岩将承受来自石油、天然气、压缩空气等产生的渗透压力作用。针对盐岩地下储库运营过程中的受力状态，研究盐岩在渗透压力作用下的力学特性，对保障盐岩储库长期运营安全具有重要意义。武志德（2011）对盐岩开展了不同围压及不同渗透压下的渗透试验，探讨了不同受力状态下渗透性演化规律。Khaledi 等（2016）通过数值模拟分析了深部盐岩储存库围岩内渗透压力对储库运行稳定性的影响。武志德等（2012）对盐岩开展了不同渗透压力下的渗透率测试，结果表明，进气端气体压力为 1~5MPa 时，Klinkenberg 效应显著。刘伟等（2014）通过稳态气测法对盐岩渗透率进行了测试，发现静水压力对盐岩渗透率影响显著。Peng 等（2020）研究了有无渗透压时盐岩疲劳寿命的演化规律，并从楔形效应的角度分析了渗透压的影响机理。梁卫国等（2006）等研究了钙芒硝盐岩在一定渗透压作用下的溶解渗透力学特性。总体而言，目前关于渗透压力对盐岩力学特性影响规律的研究还较少，相关研究需要进一步开展。

本章对取自江苏淮安某盐矿的盐岩和取自巴基斯坦某盐矿的盐岩开展了不同围压下的

常规三轴压缩试验，并对巴基斯坦盐岩开展了不同加载速率和不同径向渗透压力下的单轴压缩试验，分析了围压、加载速率、渗透压力等对盐岩常规力学特性的影响规律。

2.2　淮安盐岩常规力学特性

2.2.1　试验概况

试验所用盐岩试样取自江苏淮安某盐矿，质地较纯，呈白色、灰白色，部分略带灰黑色不溶物杂质，天然密度约为 $2.15\sim2.22\mathrm{g/cm^3}$。将岩样加工成直径 50mm，高度 100mm 的圆柱形试件。由于盐岩具有遇水溶解的特点，因此对盐岩试件采用干式打磨的方法进行加工。试件加工完成后，立即用保鲜膜包裹，防止盐岩试件吸附空气中的水分而发生潮解。

本次试验在 WSD-400 盐岩三轴高温试验机（图 2-1）上进行。该设备主要由液压站、计算机测控系统和主机组成。其轴向最大荷载为 400kN，最大围压为 30MPa，活塞最大位移量为 60mm。位移示值分辨率为 0.04mm，径向和轴向变形采用一体式传感器，测试精度在 ±0.1% 范围内。

本次试验的目的是测试淮安盐岩在不同围压下的常规力学行为，为此，对 4 个盐岩试件开展了 0MPa（单轴）、5MPa、10MPa 和 15MPa 等不同围压下的常规压缩试验。

图 2-1　WSD-400 盐岩
三轴高温试验机

2.2.2　试验结果分析

不同围压下各盐岩试件的应力-应变全过程曲线如图 2-2 所示。由图可以看出，在单轴压缩情况下（围压为 0MPa），盐岩表现为应变软化特征；而在三轴压缩情况下，盐岩表现出明显的应变硬化特征，即在屈服点之后应力随应变增加而增大，不再出现峰值应力点。取盐岩三轴压缩试验中最后一个数据点对应的应力作为盐岩在该围压下的峰值应力。各围压下盐岩试件的试验结果见表 2-1。由图 2-2 和表 2-1 可见，盐岩的强度和变形特征与围压密切相关。

（1）盐岩的强度特征

实际工程中的盐岩矿层处于三向应力状态下，而不同的应力状态会使得盐岩的强度产生很大变化。由表 2-1 可知，盐岩在单轴压缩下的强度较低，仅为 21.29MPa，说明盐岩属于软岩的范畴。随着围压增加，盐岩强度迅速增大，到围压为 15MPa 时已达到 94.04MPa。这是由于围压可以抑制盐岩内部裂纹的开展，阻止颗粒间的相对滑移，因而可以提高盐岩强度。本次试验盐岩强度与围压的关系如图 2-3 所示。

以主应力表示的 Mohr-Coulomb 准则可以表示为：

$$\sigma_1 = A\sigma_3 + B \tag{2-1}$$

式中：$A = \dfrac{1+\sin\varphi}{1-\sin\varphi}$；$B = \dfrac{2c\cos\varphi}{1-\sin\varphi}$；$c$、$\varphi$ 分别为岩石的黏聚力和内摩擦角。

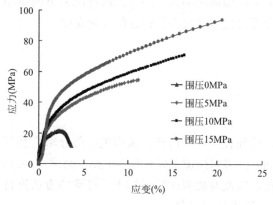

图 2-2 不同围压下盐岩应力-应变曲线   图 2-3 不同围压下盐岩峰值应力分布图

盐岩单轴及三轴压缩试验结果   表 2-1

围压(MPa)	峰值应力(MPa)	峰值应变(%)	密度(g/cm³)
0	21.29	2.32	2.18
5	54.72	11.16	2.15
10	71.17	16.30	2.22
15	94.04	20.54	2.17

从图 2-3 可以看出，盐岩强度随围压增加而增加，且与围压之间近似为线性关系，基本符合 Mohr-Coulomb 准则。将表 2-1 中相关数据代入式（2-1）进行回归分析即可得到参数 A 和 B，进而利用式（2-2）可得到盐岩的黏聚力和内摩擦角。

$$\varphi = \arcsin \frac{A-1}{A+1} \tag{2-2a}$$

$$c = \frac{B(1-\sin\varphi)}{2\cos\varphi} \tag{2-2b}$$

经计算，各围压下盐岩峰值应力与围压的关系式为 $\sigma_1 = 4.70\sigma_3 + 25.08$，相关系数为 0.9901，进而可得盐岩黏聚力 $c = 5.79$MPa，内摩擦角 $\varphi = 40.46°$。

（2）盐岩的变形特征

从图 2-2 可以看到，本次试验盐岩应力-应变曲线在单轴压缩情况下可大致分为四个阶段，即压密阶段、弹性变形阶段、塑性变形阶段和破坏阶段（应变软化）；而在三轴压缩情况下盐岩则表现为应变硬化特征，其应力-应变曲线只有前三个阶段。由于试件的差异性，围压 15MPa 岩样的压密阶段比较明显，其余三个岩样压密阶段则相对不明显。①在单轴压缩情况下，当轴向应力达到峰值强度以后，应力随应变增加而缓慢降低，这与花岗岩等脆性材料表现出突然崩裂现象不同，从而说明盐岩具有很强的塑性变形能力，属于典型的塑性材料；②在三轴压缩情况下，随着围压增加，盐岩强度和塑性变形能力迅速提高。当围压在 5MPa 以上时，盐岩已经由单轴压缩时的应变软化特性转变为应变硬化特性，出现明显的塑性流动，即在屈服点之后，岩样承载力不再降低，而是随着应变增加而缓慢增大。

郑颖人等（2010）指出岩土材料是发生应变硬化还是应变软化，主要取决于黏聚力与摩擦力发挥或衰减的速率，黏聚力比摩擦力发挥得快，则岩土材料表现为应变硬化；黏聚力比摩擦力衰减得快，则岩土材料表现为应变软化特征。一般说来，岩土材料的摩擦力主要来源于颗粒间的嵌入和联锁作用产生的咬合力；黏聚力主要来源于颗粒之间的吸引力和胶结力，包括原始黏聚力、固化黏聚力及毛细黏聚力，因而一些黏聚力大的岩土材料具有明显的软化特征。另一方面，从黏聚力发挥的角度来说，只要围压能够有效地抑制黏聚力的快速衰减，材料就不会发生软化（尤明庆，2007）。

盐岩是特殊的自然、地质、历史条件下的产物，由于其赋存条件、结构、胶结成分的差异，可被看作是微观上非均质、多缺陷的地质体（陈锋，2006），其力学表现为随应力的增加，晶体颗粒之间会产生诸如滑移、位错、相嵌、挤紧等物理现象，最终导致在特定应力状态下晶体颗粒的重排。因此，在围压较低的压缩情况下，由于围压未能充分抑制晶体颗粒的滑移、位错，导致黏聚力比摩擦力衰减快得多，从而表现为应变软化，最终形成宏观破裂面而破坏；围压较高情况下，围压能有效抑制晶体颗粒的滑移、位错，随着轴向应力增加，晶体颗粒出现了相嵌、挤紧的现象，显然这会导致黏聚力比摩擦力发挥得快，从而表现为应变硬化。Farmer 等（1984）、杨春和等（2000）的研究结果表明：当围压小于 3.5MPa，盐岩表现为应变软化特性；而当围压大于 3.5MPa，盐岩表现为应变硬化特性。陈锋（2006）、刘新荣等（2013）通过研究分别指出，金坛矿区和江苏洪泽赵集矿区盐岩由应变软化特征转向应变硬化特征的临界围压为 5.0MPa。

另由大理岩和花岗岩的应力-应变曲线（蔡美峰等，2002；尤明庆，2007）可知，对大理岩来说，当围压为 50MPa 时，虽然应力-应变曲线还具有应变软化特征，但已比较接近理想弹塑性状态；当围压为 84.5MPa 时，大理岩已表现为应变硬化特征，因而大理岩临界围压应在 50.0～84.5MPa 之间。对于花岗岩，围压为 300MPa 时，应变软化特征仍然较为明显，因而其临界围压要大于 300MPa。而盐岩围压在 5MPa 时，硬化特征已经非常明显，故盐岩临界围压约为 5.0MPa。大理岩、花岗岩和盐岩单轴抗压强度分别为 70～200MPa（陈顒等，2009）、200～300MPa（陈顒等，2009）和 10～45MPa（刘新荣等，2013）。因此，岩石单轴强度越大，临界围压可能也就越大。

（3）盐岩的破坏特征

盐岩试样在单轴和三轴压缩下的破坏情况如图 2-4 所示。由图可以看到，盐岩在单轴和三轴压缩下的破坏形式是不同的。在单轴压缩下，盐岩的破坏形式为横向膨胀和张拉劈裂破坏，出现平行于轴向的劈裂破坏面。这是由于盐岩的抗拉强度较低，而轴向压缩引起的横向拉应力超过其抗拉强度造成的；在三轴压缩下，盐岩的破坏形式为横向膨胀破坏，但没有明显的破裂面。这是由于围压的存在，极大地抑制了盐岩内部裂纹的产生和发展，阻止了盐岩晶体颗粒间的相对滑移（刘江等，2006），提高了其塑性变形能力。

谢和平等（2005）指出能量转化是岩石破坏的本质属性，而破坏方式是能量耗散与可释放弹性应变能综合博弈的结果。因此，对盐岩在单轴、三轴压缩下破坏方式的差异还可从能量的角度进行解释。单轴荷载作用下，能量耗散将导致部分岩体单元损伤强度降低，而当储存的弹性应变能超过岩体的表面能时，应变能沿最小压应力或拉应力方向进行释放（谢和平等，2008），因而在盐岩内部形成了明显的破裂面；围压较高情况下，输入的外力功既要克服围压做功，又要以表面能形式用于微裂隙的形成或滑移而被耗散掉，导致盐岩

(a) 单轴压缩　　　　　　　　　　(b) 三轴压缩

图 2-4　盐岩破坏后图片

内部因所储存的弹性应变能小于有破裂面形成时所需的表面能,因而高围压作用下盐岩易发生膨胀破坏。

2.3　巴基斯坦盐岩常规力学特性

2.3.1　试验概况

2.3.1.1　试件制备及试验设备

试验所用盐岩试样取自巴基斯坦某盐矿。试样纯度较高,其中 NaCl 含量大于 95%。盐岩试样外观颜色呈白色及浅红色,平均天然干密度为 2.14g/cm³。采用干式打磨的方法将试样加工成如图 2-5 所示的高度为 100mm,直径为 50mm 的圆柱形试件。试件加工完成后,立即用保鲜膜包裹,防止盐岩试件吸附空气中的水分而发生潮解。

此次盐岩单轴压缩试验采用的设备为 WAW-60 型微机控制电液伺服岩石刚性试验机(图 2-6),常规三轴压缩试验采用的设备为图 2-1 所示的 WSD-400 盐岩三轴高温试验机。WAW-60 型微机控制电液伺服岩石刚性试验机的设备参数如下:

图 2-5　巴基斯坦盐岩试件　　　　图 2-6　WAW-60 型微机控制电液
　　　　　　　　　　　　　　　　伺服岩石刚性试验机

最大轴向压力为 600kN，有效测量范围为 20～600kN（试验力示值相对误差不超过 1％，力分辨率为 100 N）。液压源系统压力为 21MPa，流量为 30.00L/min，精度为 5μ，具有超压保护、升温报警等功能。此外，该试验机配备有美国 EPSILON3542 型、3544 型引伸计，用于监测加载过程中试件的实时变形。

2.3.1.2 试验方法

本次试验的目的是测试巴基斯坦盐岩在不同围压下的常规力学行为，为此，对 4 个盐岩试件开展了 0MPa（单轴）、4MPa、8MPa 和 12MPa 等不同围压下的常规压缩试验。

试验过程具体分为如下步骤：

（1）盐岩单轴压缩试验

①安装盐岩试件；②开启轴压加载系统，按位移控制的方式进行加载，加载速度为 0.1mm/min，并对试件加载全过程的应力和应变进行监测和记录，直至试件发生破坏。

（2）盐岩常规三轴压缩试验

①安装盐岩试件；②以 0.05MPa/s 的加载速率施加围压至设定的应力水平，即 4MPa、8MPa 和 12MPa；③保持围压不变，以 0.1mm/min 的速度施加轴向荷载，并对试件加载全过程的应力和应变进行监测和记录，在试件应变值达到 15％时，停止加载，试验结束。

2.3.2 试验结果分析

（1）单轴压缩试验结果

通过单轴压缩试验，可得到图 2-7 所示的盐岩单轴压缩应力-应变曲线和单轴压缩力学参数（表 2-2）。从图 2-7 可以看出，总体而言，盐岩的破坏过程可划分为 4 个阶段：①压密阶段：随着荷载逐渐增大，盐岩试件中天然存在的微裂隙、微孔隙等逐渐闭合，试件被压密，宏观上表现为盐岩应力-应变曲线逐渐向应力轴弯曲。②弹性变形阶段：该阶段盐岩应力-应变曲线近似为直线。③塑性变形阶段：随轴向应力增大，应力-应变曲线逐渐偏离直线向应变轴弯曲，直至达到峰值应力。该阶段初期，盐岩内部晶粒沿着晶粒界面发生错动，微裂纹稳定扩展；此后，随轴向应力增大，微裂纹扩展速度逐渐变快。④破坏阶段：应力-应变曲线突然跌落。该阶段盐岩试件内部产生大量的穿晶裂纹，并最终形成贯通性宏观破裂面，导致盐岩承载力迅速下降，发生失稳破坏（王军保等，2012；陈锋，2006）。

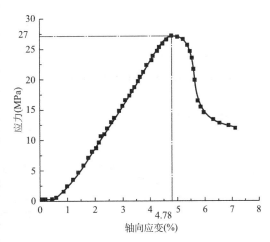

图 2-7 盐岩单轴压缩应力-应变曲线

盐岩单轴压缩力学参数　　　　　　　　　　　　　　　表 2-2

峰值应变(%)	峰值应力(MPa)	弹性模量(MPa)	泊松比
4.78	27.00	3000.04	0.30

（2）常规三轴压缩试验结果

通过常规三轴压缩试验，可得到图 2-8 所示的盐岩常规三轴压缩应力-应变曲线。由图可知，在围压作用下，盐岩的应力-应变曲线可划分为三个阶段：①压密阶段；②弹性变形阶段；③塑性变形阶段。与盐岩单轴压缩应力-应变曲线相比，盐岩常规三轴压缩应力-应变曲线中并未出现破坏阶段，这是因为围压在一定程度上限制了盐岩的横向变形，抑制了盐岩内部微裂纹的扩展（陈锋，2006；王军保，2018）。

图 2-9 给出了围压为 12MPa 时，常规三轴压缩试验前后盐岩试件的形态。由图 2-9 可以看出，在三轴压缩试验后，盐岩表面未出现明显的破裂面，即盐岩未发生破坏。但是试验后的盐岩试样高度明显减小，试样的横截面积明显增加，表现出典型的横向膨胀变形特征，此时已不适合采用名义应变和名义应力来描述盐岩的变形特征。名义应变等于试件高度或长度的变化量与试件初始高度或长度的比值［式（2-3）］，相应地，在名义应力的表述中［式（2-4）］，认为试样在变形前后横截面积变化较小，名义应力值是通过试样所承受的荷载与初始横截面积作比得到的。因此，采用名义应变描述小变形问题或者变形抗力较大的材料，例如花岗岩等硬质岩石的变形问题是比较合适的，而作为软岩的盐岩在三轴压缩试验下的变形问题已属于大变形范畴，若仍采用名义应变方式来描述其变形行为是不合适的。

$$\varepsilon = \frac{\Delta l}{l_0} \qquad (2\text{-}3)$$

$$\sigma = \frac{F}{A_0} \qquad (2\text{-}4)$$

式中：ε 为名义应变；Δl 为试件变形量；l_0 为加载前试件的初始高度；F 为施加的荷载；A_0 为试件的初始横截面积；σ 为名义应力。

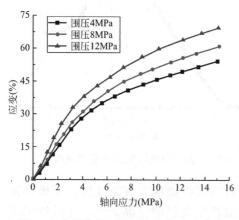

图 2-8　盐岩常规三轴压缩应力-应变曲线

图 2-9　三轴压缩试验前后盐岩试样形态

除了名义应变和名义应力外，对于大变形问题，通常采用真实应变和真实应力来表征材料的变形特征。真实应变也被称为对数应变，其认为材料在变形过程中每一时刻的高度或长度是不同的，真实的材料应变应该是每个微小应变之和（刘建锋等，2014），即公式（2-5）所表述的形式。相应地，在应力的表达中，也采用真实面积来代替名义应力中的初始横截面积，其修正公式见式（2-6），进而可由式（2-7）计算得到材料变形过程中的真实应力值。在三轴压缩情况下，盐岩的变形已属于大变形。因此，用真实应变和真实应力来表述更为合适。

$$\varepsilon_{ln} = \int_{l_0}^{l_n} \frac{dl}{l} = \ln \frac{l_n}{l_0} = \ln \frac{l_0 + \Delta l}{l_0} = \ln(1 + \varepsilon_1) \tag{2-5}$$

$$A_{ln} = \frac{A_0}{1 - \varepsilon_{ln}} \tag{2-6}$$

$$\sigma_{ln} = \frac{F}{A_{ln}} \tag{2-7}$$

式中：ε_1 为名义轴向应变；ε_{ln} 为对数应变；Δl 为试件高度变化量；l_0 为加载前试件的初始高度；l_n 为加载后的试件高度；F 为轴向荷载；A_0 为试件的初始横截面积；A_{ln} 为修正后的试件横截面积；σ_{ln} 为修正后的轴向应力。

利用式（2-5）～式（2-7）对图 2-8 中盐岩的常规三轴压缩试验数据进行修正，可得到图 2-10 所示的盐岩常规三轴压缩真实应力-应变曲线。

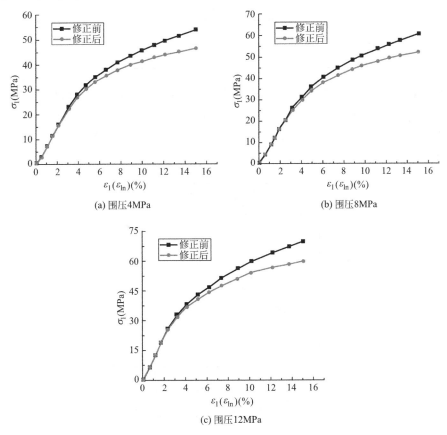

图 2-10　真实应力-应变曲线和名义应力-应变曲线的对比

对比修正前后的三轴压缩应力-应变曲线可以发现，整体上修正后的真实应力要小于修正前的名义应力，且当盐岩变形小于某一界限值时，两种方法得到的应力-应变曲线基本重合，而随着变形增大，两种方法得到的应力-应变曲线间的差异逐渐加大，在围压为4MPa、8MPa和12MPa时，该界限值基本在3.50%左右。这是因为盐岩在三轴压缩前期的变形属于小变形，由名义应变和真实应变得到的结果差异较小；在三轴压缩后期盐岩的变形较大，已属于大变形范畴，由名义应变和真实应变得到的结果差异较大。

此外，由图2-10还可看出，采用名义应变和真实应变得到的盐岩常规三轴压缩应力-应变曲线均未出现明显的应力下降，即盐岩在常规三轴压缩试验过程中并未发生破坏。若取盐岩应变值为10%时对应的应力值为峰值应力，则可得修正前后盐岩常规三轴压缩试验结果对比情况，见表2-3。由表2-3可知，当围压为4MPa、8MPa和12MPa时，修正后盐岩的峰值应力分别为41.88MPa、46.96MPa和54.30MPa，分别比修正前减小了3.77MPa、4.11MPa和4.84MPa。因此，随着围压增大，修正前后的峰值应力之间的差异也逐渐增大。

盐岩常规三轴压缩试验结果   表2-3

围压(MPa)	峰值应变(%)	峰值应力(MPa)		
		修正前	修正后	变化量
4	10	45.65	41.88	3.77
8	10	51.07	46.96	4.11
12	10	59.14	54.30	4.84

根据盐岩单轴压缩和修正后的三轴压缩试验结果，可得盐岩峰值应力随围压的变化情况，见图2-11。利用式（2-1）对图2-11中的数据进行拟合，并利用式（2-2）对拟合结果进行处理，可得巴基斯坦盐岩的抗剪强度参数为内摩擦角 $\varphi=21.72°$，黏聚力 $c=10$MPa。

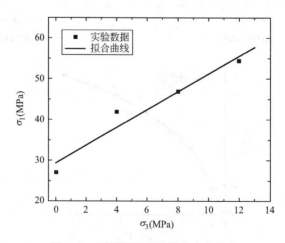

图2-11 不同围压下的峰值应力分布

2.4　不同加载速率下盐岩单轴压缩力学特性

盐穴储气库和压气蓄能电站的长期运营过程包括低压运行、注气加压、高压运行和采气降压四个阶段。采气降压阶段，盐穴储气库内压逐渐减小，洞周围岩不平衡力逐渐增大；采气速率不同，围岩受荷速率也就不同，而盐岩在不同加载速率下的力学行为必然会表现出一定的差异。因此，研究应力加载速率对盐岩基本力学特性的影响对于保证盐穴储气库和压气蓄能电站的长期安全性和稳定性具有重要意义。

2.4.1　试验概况

2.4.1.1　试件制备及试验设备

试验对象为巴基斯坦盐岩，试件制备情况同 2.3.1.1 节。本次试验在图 2-6 所示的 WAW-60 型微机控制电液伺服岩石刚性试验机上进行。此外，采用 SAEU2S-1016-4 型多通道声发射仪（图 2-12）对盐岩试件破坏过程中的声发射事件进行监测。

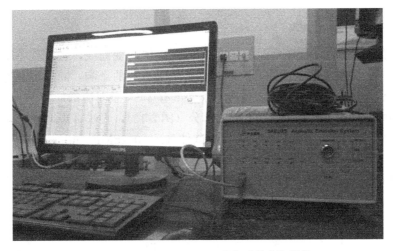

图 2-12　SAEU2S-1016-4 型多通道声发射仪

SAEU2S-1016-4 型声发射仪主要由主机、前置放大器、声发射传感器、声发射采集卡、声发射采集箱和声发射信号采集软件六部分组成。其中：①声发射采集卡硬件的每个通道具有声发射特征参数实时提取功能，可采集到的声发射特征参数主要有过门限到达时间、振铃计数、持续时间、上升计数、上升时间、幅度和能量等；②硬件实时数字滤波器可在 0～3MHz 频率范围内任意选取低通、高通、直通、带通和带阻等，每个通道的连续信号经过数字滤波后进行波形重构，重构后的波形将产生相应的声发射参数；③该声发射监测仪的最大采样频率和采样精度分别为 10MHz 和 16bit。

2.4.1.2　试验方案

本节对盐岩开展了不同应力加载速率下的单轴压缩试验，拟选取的应力加载速率 u 分别为 0.25MPa/min、1.00MPa/min、1.50MPa/min、2.00MPa/min、3.00MPa/min 和 5.00MPa/min。同时，为了减小由于盐岩试件离散性对试验结果造成的影响，每个应力加载速率下试验设置 3～4 组重复试验。不同应力加载速率下盐岩单轴压缩试验的具体试验方案见表 2-4。

不同应力加载速率下盐岩单轴压缩试验方案　　　　　　　　　　　表 2-4

加载速率(MPa/min)	0.25	1.00	1.50	2.00	3.00	5.00
试件编号	A1～A3	B1～B3	C1～C3	D1～D4	E1～E4	F1～F4

2.4.1.3 试验过程

试验过程包括以下步骤：

（1）将盐岩试件安装在试验机上，安装及预调整轴向和径向应变计；

（2）将声发射探头固定在盐岩试件中部，并在试件和声发射探头之间涂抹一层耦合剂（凡士林），以保证其良好的声学耦合效果；

（3）同步开启轴向应力加载装置、声发射监测系统，对盐岩试件变形破坏过程中的应力、应变和声发射信号（声发射振铃技术等参数）进行同步监测和记录，直至试件发生破坏。

2.4.2 试验结果分析

图 2-13 给出了盐岩试件在不同加载速率下的应力-应变曲线，各试件单轴压缩试验结果汇总见表 2-5。为减小盐岩试件离散性对试验结果造成的影响，同一加载速率条件下设置了 3～4 组重复试验，因此每个加载速率条件下有 3～4 条对应的应力-应变曲线。但是，由于这些应力-应曲线之间存在相互重叠的部分（图 2-13），无法直观地分析盐岩试件应力-应变曲线的阶段性特征，故在这里选取 A1 试件（$u=0.25\text{MPa/min}$）为研究对象来分析盐岩试件在单轴压缩下应力-应变曲线的阶段性特征，如图 2-14 所示。

由图 2-14 可以看出，A1 盐岩试件的应力-应变曲线在总体上包含 4 个阶段，分别为压密（阶段Ⅰ）、弹性变形（阶段Ⅱ）、非弹性变形（阶段Ⅲ）和峰后破坏阶段（阶段Ⅳ）。

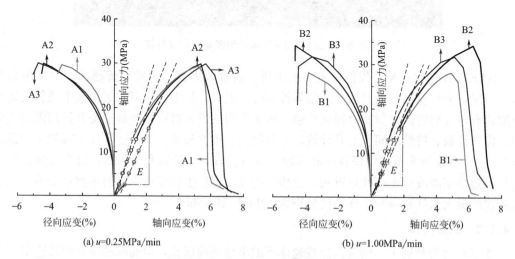

(a) $u=0.25\text{MPa/min}$　　　　　　　　(b) $u=1.00\text{MPa/min}$

图 2-13　不同加载速率下盐岩试件应力-应变曲线（一）

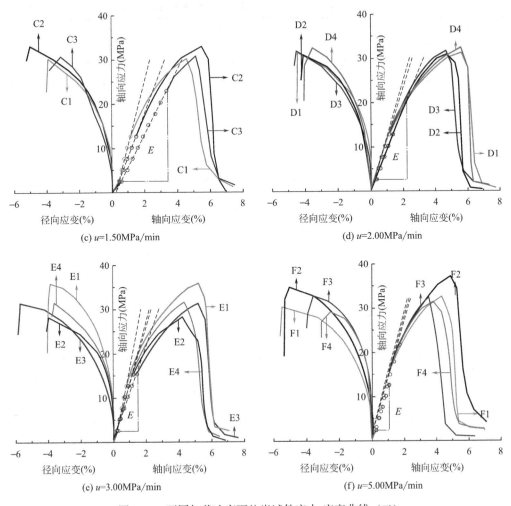

(c) u=1.50MPa/min
(d) u=2.00MPa/min
(e) u=3.00MPa/min
(f) u=5.00MPa/min

图 2-13　不同加载速率下盐岩试件应力-应变曲线（二）

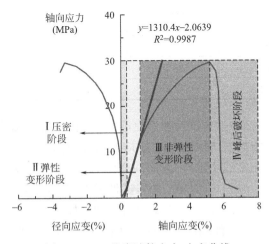

图 2-14　A1 盐岩试件应力-应变曲线

不同加载速率下盐岩单轴压缩试验结果 表 2-5

加载速率 (MPa/min)	试件编号	峰值应力 (MPa)	峰值点应变 (%)	弹性模量 (MPa)	泊松比
0.25	A1	29.52	5.21	1310.4	0.25
	A2	29.86	5.36	939.2	0.30
	A3	30.00	5.69	857.0	0.26
	平均值	29.79	5.42	1035.5	0.27
1.00	B1	28.04	4.93	874.7	0.30
	B2	34.11	6.26	975.3	0.31
	B3	31.68	5.10	1282.7	0.28
	平均值	31.28	5.43	1044.2	0.30
1.50	C1	30.34	4.52	1446.4	0.32
	C2	33.14	5.45	994.6	0.30
	C3	30.88	5.09	745.0	0.30
	平均值	31.45	5.02	1062.0	0.31
2.00	D1	31.22	5.67	1198.1	0.27
	D2	30.83	4.73	928.0	0.29
	D3	31.62	4.74	1192.6	0.30
	D4	32.36	5.61	1266.3	0.28
	平均值	31.76	5.19	1146.3	0.29
3.00	E1	36.03	5.18	1655.8	0.27
	E2	28.30	4.20	1216.1	0.27
	E3	31.48	5.17	1012.1	0.34
	E4	31.70	4.30	1323.6	0.28
	平均值	31.88	4.71	1301.9	0.29
5.00	F1	30.53	4.34	1243.7	0.31
	F2	35.05	4.90	1277.4	0.28
	F3	32.68	3.57	1318.6	0.28
	F4	29.29	3.82	1348.7	0.29
	平均值	31.89	4.16	1297.1	0.29

需要说明的是，表 2-2 中盐岩试件弹性模量 E 和泊松比 ν 的确定方法如下：

（1）弹性模量 E 是指盐岩试件轴向应力-应变曲线中弹性变形阶段的斜率（如图 2-13 中的虚线和图 2-14 中的粗实线所示）。下面同样以 A1 盐岩试件为例来说明弹性模量的确定方法：利用线性函数 $y=kx+b$ 对 A1 盐岩试件弹性变形阶段的试验结果进行拟合，可得参数 k 的取值为 1310.4。因此，A1 盐岩试件的弹性模量可确定为 1310.4MPa。

（2）泊松比 ν 是指盐岩试件轴向应力-应变曲线中弹性变形阶段中径向应变与轴向应变的比值，即：

$$\nu = \frac{\varepsilon_x}{\varepsilon} \tag{2-8}$$

式中：ε_x 为径向应变；ε 为轴向应变。

泊松比的具体计算步骤如下：①分别在盐岩试件的径向应力-应变曲线和轴向应力-应变曲线的弹性变形阶段中选取一系列数据点，如 $(\varepsilon_{x1}, \sigma_1)$、$(\varepsilon_{x2}, \sigma_2)$、$(\varepsilon_{x3}, \sigma_3)$、$\cdots$、$(\varepsilon_{xn}, \sigma_n)$ 和 $(\varepsilon_1, \sigma_1)$、$(\varepsilon_2, \sigma_2)$、$(\varepsilon_3, \sigma_3)$、$\cdots$、$(\varepsilon_n, \sigma_n)$。②根据式 (2-8)，可得到盐岩试件弹性变形阶段不同轴向应力水平下的泊松比取值 $(\nu_1、\nu_2、\nu_3、\cdots、\nu_n)$。③取 ν_1、ν_2、ν_3、$\cdots$、ν_n 平均值作为该盐岩试件最终泊松比 ν 的取值。其他盐岩试件弹性模量和泊松比的取值均可按照上述方法确定。

2.4.2.1　加载速率对应力-应变曲线和声发射特征的影响

岩石发生破坏时，储存在其内部的能量会以弹性波的形式向外界释放，进而导致声发射现象出现。因此，试验过程中利用声发射监测仪采集到的声发射振铃计数、b 值、撞击数和能量等参数蕴藏着岩石内部损伤演化的重要信息。在上述众多声发射参数中，声发射振铃计数是分析岩石在变形破坏过程中损伤演化的最重要、也是最常用的参数。通过捕获盐岩试件在不同加载速率下的声发射振铃计数，可以很好地了解加载速率对盐岩内部损伤演化的影响规律。图 2-15 给出了 A1 ($u = 0.25\text{MPa/min}$)、B3 ($u = 1.00\text{MPa/min}$)、C2 ($u = 1.50\text{MPa/min}$)、D2 ($u = 2.00\text{MPa/min}$)、E3 ($u = 3.00\text{MPa/min}$) 和 F4 ($u = 5.00\text{MPa/min}$) 六个典型盐岩试件的轴向应力-应变曲线和声发射振铃计数随轴向应变的变化规律。

由图 2-15 可以看出，盐岩试件在不同加载速率下的轴向应力-应变曲线在总体上均可分为压密阶段（阶段Ⅰ）、弹性变形阶段（阶段Ⅱ）、非弹性变形阶段（阶段Ⅲ）和峰后破坏阶段（阶段Ⅳ）四个阶段。每个阶段的轴向应力-应变曲线特征和声发射振铃计数随轴向应变的变化规律如下：

(1) 压密阶段（阶段Ⅰ）：盐岩试件内部原始缺陷（微裂纹和微孔隙等）在轴向应力作用下逐渐闭合，盐岩试件逐渐被压密，轴向应力-应变曲线逐渐向应力轴偏转，曲线斜率逐渐增大。盐岩试件在该阶段内产生的新的缺陷（孔隙、裂隙等）较少，因此声发射活动相对较弱。经分析，除 C2 盐岩试件在压密阶段产生的累计声发射振铃计数占总累计振铃计数的最大比例为 0.35% 外，其他盐岩试件在该阶段内产生的累计声发射振铃计数占总累计振铃计数的最大比例均低于 0.1%。

(2) 弹性变形阶段（阶段Ⅱ）：轴向应力作用下，盐岩晶粒间发生相互挤压，轴向应变随轴向应力增加近似呈线性规律增大。该阶段内，盐岩试件内部产生的新的缺陷（孔隙、裂隙等）仍较少，声发射活动仍处于相对较低的水平。经分析，除 C2 和 D2 盐岩试件在弹性变形阶段内产生的累计声发射振铃计数占总累计振铃计数的最大比例分别为 4.94% 和 7.31% 外，其他盐岩试件在该阶段内产生的累计声发射振铃计数占总累计振铃计数的最大比例均低于 1.42%。

(3) 非弹性变形阶段（阶段Ⅲ）：随轴向应力增加，盐岩试件轴向应力-应变曲线逐渐向应变轴弯曲，直至到达峰值应力处。该阶段初期，盐岩试件内部颗粒开始沿晶界发生位错运动，微裂纹稳定发展，声发射活动逐渐趋于活跃。但总体而言，加载速率较低时，盐

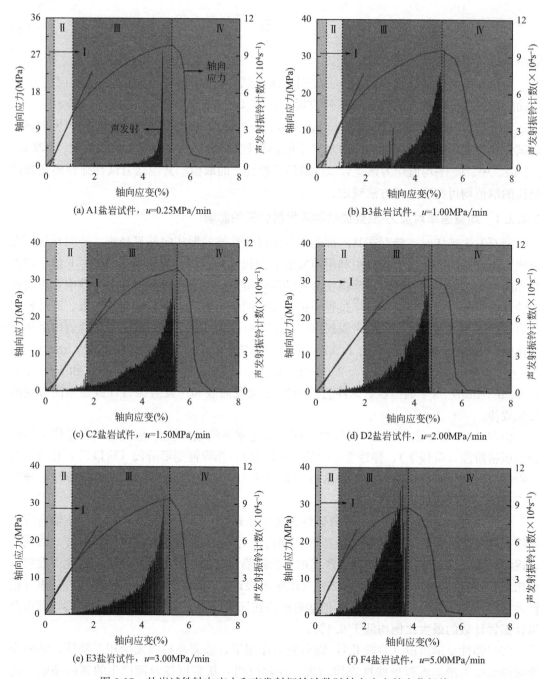

图 2-15　盐岩试件轴向应力和声发射振铃计数随轴向应变的变化规律

岩试件的声发射活动仍不明显；随加载速率增大，声发射振铃计数逐渐增加。此后，随轴向应力进一步增加，微裂纹进入不稳定发展阶段，此时盐岩试件内部微裂纹不断扩展和发育，并逐渐贯通为对盐岩试件变形破坏起主导作用的宏观裂纹。该过程中，盐岩试件内部产生大量裂纹，声发射振铃计数迅速增加，并在接近峰值应力处达到最大值。

（4）峰后破坏阶段（阶段Ⅳ）：盐岩试件发生变形破坏，承载力急剧下降，轴向应力-应变曲线骤然下跌。该阶段内，盐岩试件内部产生的大量微裂纹最终贯通形成对变形破坏起主导作用的宏观破裂面，承载力迅速下降，进而发生失稳破坏。接近峰值应力时，由于盐岩试件发生破坏，声发射探头与盐岩试件分离，因此试验中没有采集到盐岩试件在峰后破坏阶段的声发射数据。

2.4.2.2　加载速率对峰值应力的影响

图 2-16 给出了盐岩试件平均峰值应力随加载速率的变化规律。由图 2-16 和表 2-5 可以看出，加载速率 u 从 0.25MPa/min 增加至 2.00MPa/min 时，盐岩试件平均峰值应力从 29.79MPa 增大至 31.76MPa，增加了 6.21%；但加载速率 u 从 2.00MPa/min 增加至 5.00MPa/min 时，盐岩试件平均峰值应力从 31.76MPa 增大至 31.89MPa，增加的幅度仅为 0.41%。由此可知，随加载速率增加，盐岩试件平均峰值应力虽然在总体上呈逐渐增大的变化趋势，但增加的幅度逐渐减小。因此，加载速率对盐岩平均峰值应力的影响存在一个临界值（2.00MPa/min）：当加载速

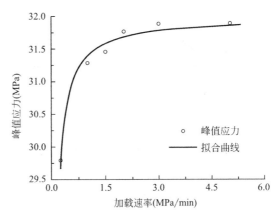

图 2-16　平均峰值应力随加载速率的变化规律

率较小（$u \leqslant 2.00$MPa/min）时，加载速率的变化对盐岩试件平均峰值应力的影响相对较大；而当加载速率较大（$u > 2.00$MPa/min）时，随加载速率增加，加载速率对盐岩试件平均峰值应力的影响逐渐减弱。

经拟合分析，盐岩试件平均峰值应力随加载速率的变化规律可用式（2-9）表示的函数描述，相关系数 R 为 0.992。图 2-16 中同时给出了拟合曲线和试验结果的对比情况。可以看出，总体而言，两者吻合良好。

$$\sigma_c = \frac{1+1656.16u}{11+51.79u} \tag{2-9}$$

式中：σ_c 为盐岩试件平均峰值应力。

加载速率对盐岩峰值应力的影响与其内部微裂纹的形成、扩展和发育等过程密切相关。加载速率较低时，盐岩试件发生破坏所需要的时间较长，内部微裂纹的形成、扩展和发育等过程可与外部荷载增加协调发展，吸收的能量可充分用于盐岩内部晶粒自身的变形以及晶粒间的滑移和相互错动，此时盐岩峰值应力相对较小。随加载速率增加，盐岩试件发生破坏所需的时间大幅度缩短，盐岩内部微裂纹的形成、扩展和发育等过程相对于外荷载增加存在一定程度上的滞后效应，吸收的能量不能及时以微裂纹形成、扩展和发育等形式向外界释放，只能储存在盐岩内部，从而使盐岩强度得到一定程度的提高，即盐岩平均峰值应力在总体上随加载速率增加而逐渐增大。当加载速率增加至 2.00MPa/min 时，盐岩内部所能储存的能量基本到达极限值，此后基本不随加载速率增加而发生变化，故盐岩峰值应力随加载速率增加的变化较小。因此，随加载速率增加，盐岩峰值应力在总体上表现出先增加后基本稳定的变化趋势。

2.4.2.3　加载速率对弹性模量的影响

图 2-17 给出了盐岩试件平均弹性模量随加载速率的变化规律。从宏观角度上来看，

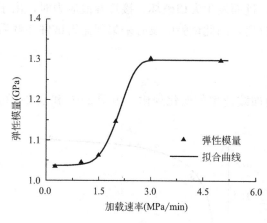

图 2-17 平均弹性模量随加载速率的变化规律

弹性模量是反映材料在外部荷载作用下抵抗变形的能力的参数；从微观角度上来看，弹性模量是表征材料内部分子、原子或离子之间键合强度的指标。由图 2-17 和表 2-5 可以看出，总体而言，随加载速率增加，盐岩试件平均弹性模量表现出先增大后基本稳定的变化规律。加载速率由 0.25MPa/min 增大至 3.00MPa/min 时，盐岩试件平均弹性模量由 1035.5MPa 增大至 1301.9MPa，增加了 25.73%；而加载速率增至 5MPa/min 时，盐岩试件平均弹性模量基本保持在 1297.1MPa 左右。

通过拟合分析，加载速率对盐岩试件平均弹性模量的影响规律可用式（2-10）表示的函数来描述，相关系数 R 为 0.999。图 2-17 中同时给出了拟合曲线与试验结果的对比情况。可以看出，两者吻合良好。

$$E = 1038.641 + 261.122[1 - \exp(-8.246 \times 10^{-3} u^{6.013})] \tag{2-10}$$

式中：E 为盐岩试件平均弹性模量。

其他学者得到的盐岩弹性模量以及其他几种常见岩石弹性模量随加载速率的变化规律见表 2-6 和 2-7。可以看出，即使是同一种岩石材料，其弹性模量随加载速率的变化规律也不尽相同。

盐岩弹性模量随加载速率的变化规律　　　　　　　　　　　　　　表 2-6

变化规律	文献
增大	Dubey 和 Gairola(2005)
基本不发生变化	Liang 等(2011)
基本不发生变化	姜德义等(2012)
增大	Fuenkajorn 等(2012)
减小	纪文栋等(2011)
增大	Mansouri 和 Ajalloeian(2018)

其他常见岩石弹性模量随加载速率的变化规律　　　　　　　　　　表 2-7

岩石类型	变化规律	文献
凝灰岩	基本不发生变化	Ma 和 Daemen(2006)
砂岩	增大	Fuenkajorn 和 Kenkhuntho(2010)
大理岩	基本不发生变化	苏承东等(2013)
花岗岩	增大	徐小丽等(2015)
泥岩	减小→增大	Mao 等(2015)
页岩	增大	Mahanta 等(2018)
石灰岩	增加→减小→基本不发生变化	Tang 等(2011)
玄武岩	基本不发生变化	Brodsk 等(1979)
煤	减小	李彦伟等(2016)

2.4.2.4　加载速率对峰值点应变和泊松比的影响

图 2-18 给出了盐岩平均峰值点应变和平均泊松比随加载速率的变化规律。可以看出，随加载速率增加，盐岩平均峰值点应变总体上呈逐渐减小的变化规律。当加载速率为 0.25MPa/min 时，平均峰值点应变为 5.42%；当加载速率增大至 5.00MPa/min 时，平均峰值点应变为 4.16%，降低幅度为 23.25%。

通过拟合分析，盐岩试件平均峰值点应变随加载速率的变化规律可用式（2-11）表示的线性函数描述，相关系数 R 为 0.918。图 2-18 中同时给出了试验结果和拟合曲线的对比情况。可以看出，式（2-11）表示的线性函数可以较好地反映出加载速率对盐岩试件平均峰值点应变的影响规律。

$$\varepsilon_{c1} = -2.584 \times 10^{-3} u + 5.494 \times 10^{-2} \tag{2-11}$$

式中：ε_{c1} 为盐岩试件平均峰值点应变。

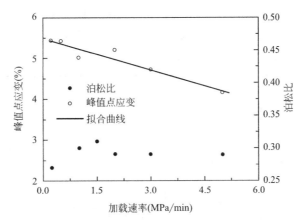

图 2-18　平均峰值点应变和平均泊松比随加载速率的变化规律

盐岩峰值点应变随加载速率的变化规律可从以下两个方面来解释：①加载速率越慢，盐岩试件发生变形破坏所需的时间越长。因此，加载速率较低时，盐岩内部晶粒有充分的时间发生相对位错和滑移等自适应性变形，这会直接导致盐岩变形量增大。②随加载速率增加，盐岩发生变形破坏所需的时间大幅度缩短，盐岩内部晶粒的相对位错和滑移等自适应变形不充分，此时盐岩发生变形破坏时所产生的变形量相对较小。

对于多数岩石材料而言，其峰值点应变均随着加载速率增大而减小。然而 Mansouri 和 Ajalloeian（2018）的试验结果表明，加载速率从 0.05mm/min 增加到 0.20mm/min 时，盐岩试件的峰值点应变从 4.1% 增加到 5.0%，增加了 21.95%。但其试验中仅涉及两个加载速率（即 0.05mm/min 和 0.20mm/min），因而无法对盐岩在其他加载速率条件下峰值点应变的变化趋势进行预测。

此外，从图 2-18 和表 2-5 还可以看出，盐岩试件在不同加载速率下的平均泊松比在数值上比较接近，分别为 0.27（$u=0.25$MPa/min）、0.30（$u=1.00$MPa/min）、0.31（$u=1.50$MPa/min）、0.29（$u=2.00$MPa/min）、0.29（$u=3.00$MPa/min）和 0.29（$u=5.00$MPa/min）。因此，可认为加载速率的变化对盐岩泊松比基本没有影响，这与 Fuenkajorn 等（2012）得到的试验结果基本一致。按照求平均值的方法可确定本次试验所用盐岩试件的泊松比 $\nu=0.29$。

2.4.2.5　加载速率对宏观破坏特征的影响

岩石的变形破坏是其抵抗外部荷载作用失效的反映；受力条件不同，岩石表现出的破坏方式和破坏特征等方面亦存在较大差别。一般而言，岩石在单轴压缩条件下的宏观破坏形态主要为剪切破坏、劈裂破坏和张拉破坏等；而在三轴压缩状态下的宏观破坏形态主要为劈裂破坏（低围压）、破坏面与最大主应力方向呈 $45°\pm\varphi/2$ 的斜面剪切破坏（中等围压）和塑性流动破坏（高围压）等。图 2-19 给出了 A1（$u=0.25$MPa/min）、B3（$u=1.00$MPa/min）、C2（$u=1.50$MPa/min）、D2（$u=2.00$MPa/min）、E3（$u=3.00$MPa/min）和 F4（$u=5.00$MPa/min）六个典型盐岩试件的宏观破坏形态及其对应的素描图。可以看出，盐岩试件在不同加载速率下的宏观破坏形式均呈现出"X"形共轭剪切破坏，同时伴有因剪胀剥落形成的碎屑。由此可知，加载速率对本次试验所用盐岩宏观破坏形态基本没有影响，但加载速率与盐岩破碎程度密切相关。加载速率较低时，破碎程度较高，且在破坏过程中产生的碎块体积较小、数量较多；随加载速率增加，破碎程度逐渐降低，且在破坏过程中产生的碎块体积较大、数量较少。

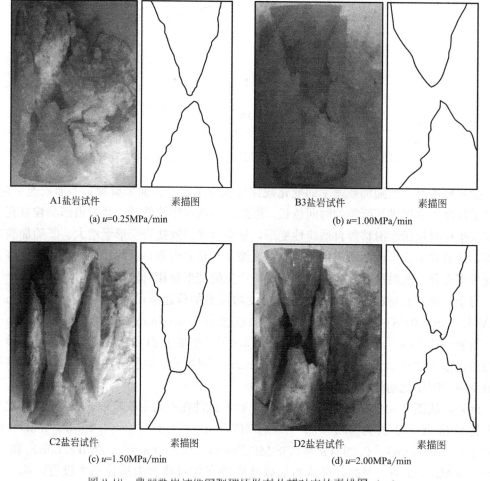

图 2-19　典型盐岩试件宏观破坏形态及其对应的素描图（一）

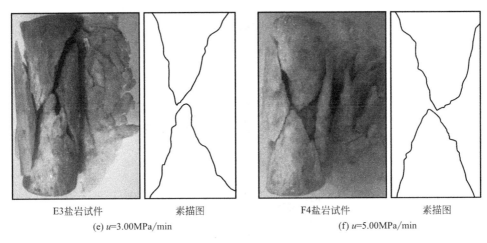

E3盐岩试件	素描图		F4盐岩试件	素描图
(e) u=3.00MPa/min			(f) u=5.00MPa/min	

图 2-19　典型盐岩试件宏观破坏形态及其对应的素描图（二）

从细观角度来看，纯盐岩在单轴压缩条件下的裂纹扩展和发育主要是由盐岩晶粒之间的相对滑移、攀爬和位错等自适应变形造成的。①加载速率较低时，盐岩试件发生破坏所需的时间较长（加载速率为 0.25MPa/min 时，A1～A3 盐岩试件发生破坏所需的时间分别为 118.18min、119.54min 和 120.11min）；盐岩晶粒有充足的时间发生滑移和位错运动等自适应变形，此时盐岩内部会形成大量长度短、分布密集的微裂纹；随轴向应力增加，微裂纹进一步发育、聚集，并逐渐形成对破坏起主导作用的贯通性裂纹，进而导致盐岩试件发生宏观破坏。因此，加载速率较低时，盐岩破碎程度较高，同时在破坏过程中产生的碎块数量较多、体积较小。②加载速率较高时，盐岩试件发生破坏所需要的时间大幅度缩短（加载速率为 5MPa/min 时，F1～F4 盐岩试件发生破坏所需的时间仅分别为 6.21min、7.11min、6.64min 和 5.96min）；由于破坏时间短，盐岩晶粒间的滑移、位错等自适应变形不充分，其内部裂纹扩展方式主要以盐岩颗粒组成的晶块或晶团之间的相互错动为主，此时盐岩内部会形成长度相对较大、分布稀疏的微裂纹；随轴向应力进一步增大，这些微裂纹在短时间内迅速扩展和贯通，进而导致盐岩试件发生宏观破坏。此时，盐岩破碎程度较低，并带有一定的脆性破坏特征，同时在破坏过程中产生的碎块数量较少、体积较大。

2.4.2.6　加载速率对盐岩能量交换特征的影响

根据热力学相关知识可知，任何物理过程都是各种能量（如机械能和热能等）之间相互转换的过程，即物体在外部荷载作用下的失稳破坏是其内部能量驱动的必然结果。岩石在外部荷载作用下的整个变形破坏过程（如压密、弹性变形、非弹性变形以及峰后破坏阶段）均伴随着能量交换。因此，利用热力学知识研究岩石在外部荷载作用下的能量变化规律，有助于正确理解岩石变形破坏的内在机理和本质。

单轴（三轴）压缩过程中，试验机对岩石做的功主要以三种形式存在（图 2-20）：①一部分以弹性应变能的形式储存在岩石内部；卸载时，这部分能量会以机械能的形式向外界释放。因此，弹性应变能是可逆的。②一部分能量以耗散应变能（塑性能）的形式向外界释放；这部分能量主要用于岩石内部原始微裂纹的闭合以及新裂纹的萌生和扩展等方面。因此，耗散应变能是不可逆的。③由于岩石内部裂纹、结构面以及矿物颗粒间的摩擦

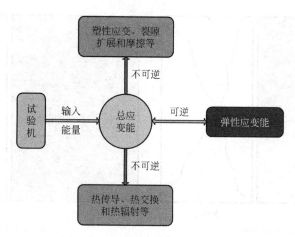

图 2-20　岩石内部能量转换示意图

作用，试验机对岩石所做的一小部分功会以热能和辐射能（声发射、红外辐射、电磁辐射）等形式向外界释放，这部分能量同样是不可逆的。

外部荷载作用下，岩石内部的能量交换过程主要经历了"能量积累→能量耗散→能量释放"三个过程，如图 2-21 所示。①能量积累阶段。加载初期，吸收的能量主要以弹性应变能的形式储存在岩石内部，仅有少量的能量用于岩石原始缺陷闭合等方面，故该阶段是一个能量积聚的过程。②能量耗散阶段。外荷载超过岩石屈服应力后，吸收的能量主要用于岩石内部微裂纹的萌生、扩展和贯通，因此该过程是一个能量耗散的过程。③能量释放阶段。当吸收的能量足够克服结构面的摩擦作用时，岩石便发生失稳破坏，储存在岩石内部的能量以动能的形式向外界环境释放。

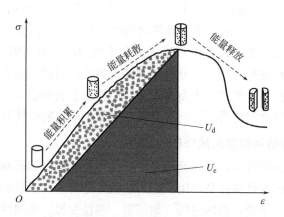

图 2-21　岩石内部能量交换过程（Ma 等，2020）

假设在整个加载过程中，岩石内部与外界环境之间没有发生热交换（即认为试验机和岩石是一个封闭体系）。则根据热力学第一定律，试验机对岩石所做的功可表示为：

$$U = U_e + U_d + U_h \tag{2-12}$$

式中：U 为试验机对岩石所做的功（总输入能量）；U_e 为弹性应变能；U_d 为耗散应变能；U_h 为以热传导、热交换和热辐射等形式消耗的能量。

一般而言，由热传导、热交换和热辐射等形式消耗的能量 U_h 占总输入能量 U 的比例相对较少，可以忽略不计。则式（2-12）可变换为：

$$U = U_e + U_d \tag{2-13}$$

其中，试验机对岩石输入的总能量 U 可利用式（2-14）进行计算：

$$U = \int \sigma_1 \mathrm{d}\varepsilon_1 + \int \sigma_2 \mathrm{d}\varepsilon_2 + \int \sigma_3 \mathrm{d}\varepsilon_3 \tag{2-14}$$

式中：σ_1、σ_2 和 σ_3 分别为三个方向的主应力；ε_1、ε_2 和 ε_3 分别为三个方向的主应变。

弹性应变能 U_e（图 2-21 中黑色三角形部分面积）可按照式（2-15）进行计算：

$$U_e = \frac{1}{2}\sigma_1\varepsilon_1 + \frac{1}{2}\sigma_2\varepsilon_2 + \frac{1}{2}\sigma_3\varepsilon_3 \tag{2-15}$$

对于单轴压缩试验而言（$\sigma_3 = 0$），总输入能 U 可表示为：

$$U = \int \sigma_1 \mathrm{d}\varepsilon_1 = \sum_{i}^{n} \frac{1}{2}(\sigma_i + \sigma_{i-1})(\varepsilon_i - \varepsilon_{i-1}) \tag{2-16}$$

式中：σ_i 和 σ_{i-1} 分别为应力-应变曲线上任意一点的应力；ε_i 和 ε_{i-1} 分别为应力点 σ_i 和 σ_{i-1} 所对应的应变。

此时弹性应变能可表示为：

$$U_e = \frac{1}{2}\sigma_1\varepsilon_1 = \frac{\sigma_1^2}{2E_u} \tag{2-17}$$

式中：E_u 为卸载模量。

因此，利用式（2-13）、式（2-16）和式（2-17）可计算得到岩石在变形破坏过程中吸收的总应变能 U、储存在岩石内部的弹性应变能 U_e 以及用于裂纹扩展等方面的耗散应变能 U_d 的具体数值。

（1）盐岩变形破坏过程中的能量演化规律

图 2-22 给出了 A1（$u = 0.25\mathrm{MPa/min}$）、B3（$u = 1.00\mathrm{MPa/min}$）、C2（$u = 1.50\mathrm{MPa/min}$）、D2（$u = 2.00\mathrm{MPa/min}$）、E3（$u = 3.00\mathrm{MPa/min}$）和 F4（$u = 5.00\mathrm{MPa/min}$）六个典型盐岩试件变形破坏过程中各部分能量随轴向应变的变化规律。可以看出，随轴向应变增加，盐岩试件内部的能量演化过程可以分为三个阶段：

① 能量积累阶段（阶段 i）：对应于应力-应变曲线的压密阶段和弹性变形阶段。该阶段内，盐岩试件吸收的大部能量以弹性应变能的形式储存在盐岩试件内部，只有极少部分能量用于盐岩试件内部初始缺陷（微裂纹和微孔隙等）的闭合。从总体上来看，盐岩试件在该阶段吸收的总应变能、弹性应变能和耗散应变能均较小。经分析，各盐岩试件在该阶段内吸收的总应变能均低于 $0.1\mathrm{MJ/m^3}$；其中，储存在盐岩试件内部的可释放弹性应变能占总吸入能量的 90% 以上。

② 能量耗散阶段（阶段 ii）：对应于应力-应变曲线的非弹性变形阶段。该阶段初期，盐岩试件内部开始出现新裂纹，且新裂纹的扩展速率较为稳定。该阶段内，吸收的能量仍主要以弹性应变能的形式储存在盐岩试件内部，耗散应变能的增长较为缓慢。该阶段后期，随轴向应变进一步增加，盐岩内部裂纹发展进入不稳定扩展阶段。此时弹性应变能虽随轴向应变增加而不断增加，但增加的速率逐渐减慢；吸收的能量主要以耗散应变能的形式用于盐岩试件内部裂纹的扩展等方面，耗散应变能增加的速率越来越快。

③ 能量释放阶段（阶段 iii）：对应于应力-应变曲线的峰后破坏阶段。随轴向应变增

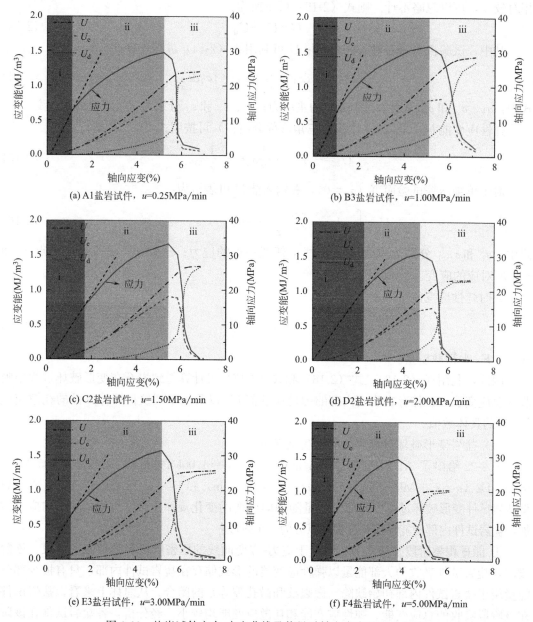

(a) A1盐岩试件，u=0.25MPa/min

(b) B3盐岩试件，u=1.00MPa/min

(c) C2盐岩试件，u=1.50MPa/min

(d) D2盐岩试件，u=2.00MPa/min

(e) E3盐岩试件，u=3.00MPa/min

(f) F4盐岩试件，u=5.00MPa/min

图 2-22　盐岩试件应力-应变曲线及能量随轴向应变的变化规律

加，盐岩试件内部裂纹不断扩展、汇聚，进而贯通形成对破坏起主导作用的宏观裂纹，进而导致盐岩试件失去承载力。该阶段内，盐岩试件内部储存的能量在短时间内以动能和摩擦能等形式向外界释放，弹性应变能迅速减小至 0，而耗散应变能快速增大。

　　(2) 加载速率对盐岩峰值点应变能的影响

　　图 2-23 给出了盐岩试件峰值点应变能（总应变能、弹性应变能和耗散应变能）平均值随加载速率的变化规律。可以看出，总体而言，随加载速率增加，盐岩试件峰值点总应变能平均值和耗散应变能平均值逐渐减小，而弹性应变能平均值逐渐增大。经分析，加载速率由 0.25MPa/min 增加至 5MPa/min 时，峰值点总应变能平均值由 1.12MJ/m^3 减小至 0.87MJ/m^3，

减小了 22.32%；峰值点耗散应变能平均值由 0.45MJ/m³ 减小至 0.09MJ/m³，减小了 80%；而峰值点弹性应变能平均值由 0.67MJ/m³ 增加至 0.78MJ/m³，增加了 16.42%。

图 2-24 给出了盐岩试件峰值点弹性应变能占总应变能（U_e/U）比值和耗散应变能占总应变能比值（U_d/U）随加载速率的变化规律。可以看出，随加载速率增加，峰值点弹性应变能占总应变能的比值 U_e/U 逐渐增大，而耗散应变能占总应变能的比值 U_d/U 逐渐减小。经分析，加载速率由 0.25MPa/min 增加至 5MPa/min 时，峰值点弹性应变能占总应变能的比值由 0.6 增加至 0.9，增加了 49.87%；而峰值点耗散应变能平均值占总应变能的比值由 0.4 减小至 0.1，减小了 74.25%。

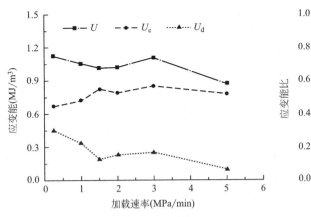

图 2-23　峰值点应变能与加载速率的关系

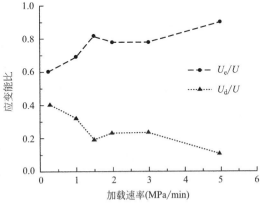

图 2-24　峰值点应变能比与加载速率的关系

变形破坏过程中，盐岩试件吸收的总应变能一部分以弹性应变能的形式储存在试件内部，另一部分以耗散应变能（主要用于原始微裂纹闭合、新裂纹的萌生和扩展等过程）的形式向外界释放。加载速率较慢时，盐岩试件发生变形破坏所需时间较长，吸收的总应变能较多，盐岩试件内部裂纹萌生、扩展和发育等过程较为缓慢，但较为充分，耗散应变能相对较大，此时盐岩试件的损伤程度较高。因此，盐岩试件在较低加载速率下的破碎程度较高。随加载速率增加，盐岩试件发生变形破坏所需的时间大幅度缩短，吸收的总应变能逐渐减少。由于破坏时间短，盐岩试件内部裂纹扩展和发育等过程不充分，破碎程度和损伤程度均较低，耗散应变能相对较小，吸收的总应变能主要以弹性应变能的形式储存在盐岩试件内部。这也是导致盐岩试件在较高加载速率条件下破碎程度较低、峰值应力较高的根本原因（罗可等，2020）。

（3）岩石碎块数量、尺寸与能量之间的关系

外部荷载作用下，岩石内部裂纹的扩展和发育过程是由微观裂纹到细观（中观）裂纹，再到宏观裂纹的过程。在裂纹扩展和发育的过程中，新裂纹的产生必然伴随着新自由表面的增加；因此，耗散应变能 U_d 在裂纹扩展过程中主要体现为新裂纹面的表面能 U_s。为方便描述，假设岩石破坏后产生的碎块为等体积球体，则表面能的耗散过程可表示为（张志镇，2013）：

$$U_s = \left(\sum 4\pi r^2 - \pi dh - \frac{1}{2}\pi d^2 \right) \delta_s \qquad (2\text{-}18)$$

式中：d 和 h 分别为圆柱体岩石试件的直径和高度；r 为岩石碎块等效球体的半径；δ_s 为

表面自由能，指形成单位裂纹面积所需要消耗的能量，该参数也是反映岩石抵抗裂纹扩展能力的物理量。

由于岩石破坏前后的体积不变，则有：

$$\sum \frac{4}{3}\pi r^3 = \frac{1}{4}\pi d^2 h \tag{2-19}$$

假设岩石破坏后形成的等体积球体数量为 N，则根据式（2-18）和式（2-19）可得：

$$N = \frac{\left(\dfrac{U_s}{\delta_s} + \pi dh + \dfrac{1}{2}\pi d^2\right)}{\dfrac{9}{4}\pi^3 d^4 h^2} \tag{2-20}$$

取 $d=50\text{mm}$，$h=100\text{mm}$，图 2-25 分别给出了不同表面能条件下碎块数量随耗散应变能的变化规律。可以看出，在岩石体积一定的条件下，耗散应变能越大，岩石破坏后产生的碎块数量越多，对应的碎块尺寸也就越小。这主要是因为耗散应变能越大，岩石内部产生的裂纹数量和破裂面越多，破坏后产生的碎块数量也就越多，对应的碎块尺寸也就越小。此外，在耗散应变能保持不变的条件下，表面能 δ_s 越大，形成单位裂纹面积所需要消耗的能量越多，即岩石抵抗裂纹扩展和发育的能力越强，破坏后产生的碎块数量越少，碎块尺寸也就越大。

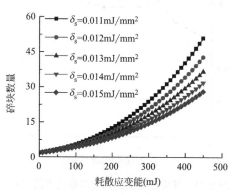

图 2-25　岩石碎块数量随耗散应变能的变化规律

（4）岩石破碎剧烈程度与能量之间的关系

岩石的破碎剧烈程度与其破坏时碎块的动能大小密切相关，该部分能量是由岩石内部剩余弹性应变能转换而来。对于同等质量的岩石碎块而言，剩余的弹性应变能越多，碎块所具有的动能越多，破坏时碎块的飞溅速率也就越快。为分析岩石破碎剧烈程度随弹性应变能的变化规律，这里作如下假设：①试验机对岩石输入的总能量 U 不变，转化为弹性应变能的比例为 x，则转换为耗散应变能的比例为 $1-x$；②耗散应变全部用于岩石内部裂纹的扩展和发育，即耗散应变能可近似看作是裂纹的表面能，则有：

$$\sum \frac{2}{3}\rho \pi r^3 v_1^2 = xU \tag{2-21}$$

$$\left(\sum 4\pi r^2 - \pi dh - \frac{1}{2}\pi d^2\right)\delta_s = (1-x)U \tag{2-22}$$

式中：ρ 为岩石密度；v_1 为岩石破坏时碎块的飞溅速率。

同时，仍假设岩石破坏后产生的碎块为等体积的球体，且形成的等体积球体数量为 N，则根据式（2-19）、式（2-21）和式（2-22）可得：

$$N = \frac{\left[\dfrac{(1-x)U}{\delta_s} + \pi dh + \dfrac{1}{2}\pi d^2\right]^3}{\dfrac{9}{4}\pi^3 d^4 h^2} \tag{2-23}$$

$$\nu = \left\{ \frac{x}{1-x} \frac{\left[4\pi\left(\frac{3}{16}d^2h\right)^{2/3}N^{1/3} - \pi dh - \frac{1}{2}\pi d^2\right]\delta_s}{\frac{1}{8}\rho\pi d^2 h} \right\}^{1/2} \tag{2-24}$$

取 $d = 50\text{mm}$，$h = 100\text{mm}$，$\delta_s = 0.015\text{MJ}/\text{mm}^2$，$\rho = 2.14\text{t}/\text{m}^3$，图 2-26 给出了不同总输入能条件下碎块飞溅速率随弹性应变占比的变化规律。

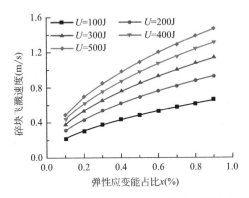

图 2-26　碎块飞溅速率随弹性应变能占比的变化规律

由图 2-26 可以看出，总输入能一定的条件下，随弹性应变能占比增加，碎块飞溅速率在总体上表现出逐渐增大的变化趋势，但增大的幅度逐渐减小。此外，弹性应变能占比一定时，总输入能越大，塑性应变能越多，岩石破坏后产生的碎块质量越小，飞溅速率也就越快。

2.5　不同径向渗透压力下盐岩单轴压缩力学特性

不同于隧道等地下工程，盐穴储库由于无法施作支护和衬砌（裸洞），洞内储存的高压流体（天然气、压缩空气、石油等）和洞壁表面将直接接触。因此，在盐岩储库运行过程中，洞内储存的高压流体会对围岩产生辐射状渗透压力。本节对盐岩开展了不同径向渗透压力下的单轴压缩试验，同时，利用核磁共振设备对不同径向渗透压力下盐岩试件试验前后的微细观孔隙结构进行了测试，基于测试结果，分析了径向渗透压力对盐岩单轴压缩力学特性和微细观孔隙结构演化的影响规律。

2.5.1　试验概况

2.5.1.1　试件制备

本次试验对象为巴基斯坦盐岩，首先按照 2.3.1.1 节方法将试样加工成直径 50mm、高度 100mm 的圆柱形试件。为了对圆柱形盐岩试件施加径向渗透压力，从试件端面中心钻取了如图 2-27 所示的直径为 3mm 的轴向通孔。

2.5.1.2　试验设备

不同径向渗透压力下的单轴压缩试验在图 2-6 所示的 WAW-60 型微机控制电液伺服岩石刚性试验机上进行，渗透压力采用 Floxlab BT 柱塞泵（图 2-28）施加。该设备可为岩芯分析等相关试验研究提供连续的无脉冲流体。该设备用于注入高压流体，可进行精准的压力控制、高精度的流速控制和精确的流体体积测量，所用流体可以是水、油或者盐水。通过厂家研发的控制软件，使用自带的触摸屏电脑即可实现对该设备的控制和操作。此外，该设备可以提供不同类型的工作模式，包括恒流模式、恒压模式，同时也可以实现双向工作，即注入流体或吸入流体。

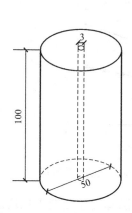

图 2-27　盐岩试件钻孔示意图

图 2-28　Floxlab BT 柱塞泵

2.5.1.3　试验方案

考虑到盐岩遇到淡水会溶解，本次试验的渗透介质采用饱和卤水。对 4 个钻有直径 3mm 轴向通孔的盐岩试件开展了不同径向渗透压作用下的单轴压缩试验，所加径向渗透压分别为 0.15MPa、0.2MPa、0.3MPa 和 0.4MPa。具体试验方案见表 2-8。

不同径向渗透压作用下盐岩常规单轴压缩试验方案　　　　　　表 2-8

试件编号	H-1	H-2	H-3	H-4
径向渗透压(MPa)	0.15	0.2	0.3	0.4

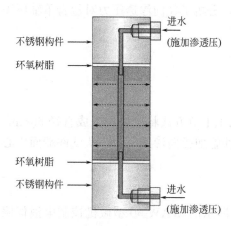

图 2-29　径向渗透压施加方法示意图

2.5.1.4　试验步骤

试验过程包括以下步骤：

（1）将盐岩试件按照试件编号，依次与高密度不锈钢构件连接（图 2-29），为防止饱和卤水从试件与不锈钢构件的接缝处渗漏，在试件与构件连接的接触面涂抹环氧树脂，并静置 24 h；

（2）将试件连同构件装入轴向加载设备中，对试样进行预加载，使轴向加载系统上压头与试件端面充分接触；

（3）将构件与渗透压力控制设备相连，通过渗压控制设备自带的触摸屏控制渗透压力在恒流模式下以 10mL/min 的流速达到预设压力值，然后将渗压控制设备转为恒压模式；渗压控制设备通过注液或吸液将渗压维持在预设值，从而形成内外压力差稳定的渗流；

（4）开启轴向应力加载系统，以 0.4kN/s 的加载速度加载轴向应力，直至试件破坏；卸载轴压、渗压，取下试件，重复步骤（1）～（4），完成对 4 个试件的试验。

2.5.2　宏观试验结果分析

图 2-30 给出了不同径向渗透压作用下的盐岩单轴压缩应力-应变曲线。可以看出，在不同径向渗透压作用下的盐岩单轴压缩应力-应变曲线均可分为 4 个阶段：孔隙压密阶段、线弹性变形阶段、微破裂稳定发展阶段和非稳定破裂发展阶段，但线弹性变形阶段较短。随着径向渗透压增加，盐岩应力-应变曲线向右下方偏移。

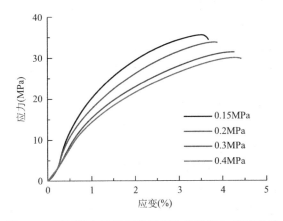

图 2-30　不同径向渗透压作用下的盐岩应力-应变曲线

不同径向渗透压下盐岩单轴压缩峰值点应变和峰值应力见表 2-9。可以看出，随着径向渗透压增加，峰值点应变逐渐增加，而峰值应力逐渐降低。

不同径向渗透压下盐岩单轴压缩试验结果　　　　　　　　　　　　　　表 2-9

径向渗透水压力（MPa）	峰值点应变（%）	峰值应力（MPa）
0.15	3.542	35.64
0.2	3.817	33.96
0.3	4.182	31.54
0.4	4.299	30.13

这主要是由于：

（1）在将径向渗透压加载至目标值的过程中，高压饱和卤水开始进入盐岩试件的初始孔隙及微裂隙中，由于楔劈效应，盐岩初始孔隙及裂隙开始扩张、延伸。

（2）当径向渗透压加载至目标值后，开始加载轴向应力。由图 2-30 可知，在轴向应力较小时，试件处于孔隙压密阶段。在此阶段，盐岩试件内部的孔隙及裂隙在轴向应力作用下开始闭合，被孔隙水充满的孔隙及裂隙，将因此产生超压作用，而超压作用使得这部分孔隙及裂隙进一步扩展和延伸。

（3）随着轴向应力增大，盐岩试件开始进入弹性变形阶段。在此阶段，试件在轴向应力作用下，轴向变形继续增加，充满卤水的孔隙及裂隙被进一步压缩产生超压作用，这使得这部分孔隙及裂隙进一步扩展、连通。

（4）随着轴向应力的进一步增加，盐岩试件进入微破裂稳定发展阶段。在此阶段，在轴向应力作用下盐岩试件轴向应变进一步增加且内部开始萌生新的孔隙及裂隙。因此，孔隙水开始进入新产生的孔隙及裂隙中，由于楔形作用及超压作用的存在，新产生的孔隙及裂隙进一步扩展。原有孔隙及裂隙在轴压和渗透压的共同作用下继续扩展、延伸、连通。

（5）随着轴向应力的继续增加，盐岩进入非稳定破裂发展阶段。在此阶段，由于渗透压和轴向应力的共同作用，盐岩试件内部孔隙及裂隙不断扩展、贯通，最终形成主要破裂面，盐岩试件迅速破坏。

总体而言，随着径向渗透压增大，饱和卤水对盐岩试件内部孔隙及裂隙的楔形效应及超压作用增强，作用范围更大。因此，随着径向渗透压的增加盐岩变形性能增加，强度降低。

通过对不同径向渗透压作用下盐岩单轴压缩峰值点应变试验值进行拟合分析，峰值点应变和径向渗透压之间的关系可用式（2-25）描述，相关系数为 0.994。图 2-31 给出了峰值点应变随径向渗透压的变化规律。可以看出，试验结果和拟合曲线较为贴合，说明式（2-25）可以较好地反映径向渗透压对盐岩单轴压缩峰值点应变的影响规律。

$$\varepsilon = 4.42 - 3.03 \times (2.82 \times 10^{-4})^P \tag{2-25}$$

式中：P 为径向渗透压（MPa）；ε 为峰值点应变。

通过对不同径向渗透压作用下盐岩单轴压缩峰值应力试验值进行拟合分析，发现峰值应力和径向渗透压之间的关系可用式（2-26）描述，相关系数为 0.999。图 2-32 给出了盐岩峰值应力随径向渗透压的变化规律。可以看出，试验结果和拟合曲线较为贴合，说明式（2-26）可以较好地反映径向渗透压对盐岩峰值应力的影响规律。

$$\sigma = 27.87 + 16.37 \times 0.007^P \tag{2-26}$$

式中：σ 为峰值应力（MPa）。

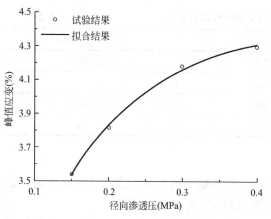

图 2-31　峰值点应变随径向渗透压的变化规律

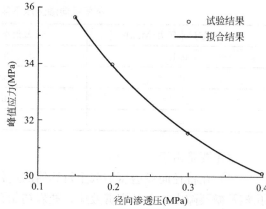

图 2-32　峰值应力随径向渗透压的变化规律

2.5.3　径向渗透压力对盐岩微细观孔隙结构的影响

为了研究径向渗透压力对盐岩微细观孔隙结构演化的影响规律，本节利用核磁共振设备对不同径向渗透压力下盐岩单轴压缩试验前后的微细观孔隙结构进行了测试。

2.5.3.1　试件制备及试验设备

试验对象为巴基斯坦盐岩，试件制备方法同 2.5.1.1 节。不同径向渗透压力下的单轴压缩试验在图 2-6 所示的 WAW-60 型微机控制电液伺服岩石刚性试验机上进行，渗透压力采用 Floxlab BT 柱塞泵（图 2-28）施加。核磁共振试验在 MacroMR 12-150H-I 型核磁共振分析与成像系统（图 2-33）上进行。该设备主要由核磁共振永磁体试验台和操作台两部分组成，配套有自主研发的核磁共振分析软件。该设备的主要技术参数为：磁场强度和均匀度分别为 0.3 ± 0.05 T 和 35 ppm，峰值输出大于 300 W，线性失真度小于 0.5%，有效样品检测范围为 $\phi150\text{mm}\times H100\text{mm}$。

图 2-33　核磁共振测试分析与成像系统

2.5.3.2　试验方案

本次试验的目的是研究有轴向应力作用时，径向渗透压力对盐岩微细观孔隙结构的影响，为了达到这一试验目的，分别对 E-1～E-5 共 5 个孔钻盐岩试件在不同渗透压力条件下施加 10MPa 轴向应力，具体试验方案见表 2-10。

径向渗透压对盐岩微细观结构影响试验方案　　　　　　　　　　表 2-10

试件编号	E-1	E-2	E-3	E-4	E-5
渗透压(MPa)	0.2	0.3	0.4	0.5	0.6

2.5.3.3　试验步骤

试验过程包括以下步骤：

（1）对选取的试件在饱和卤水中进行负压饱和，将饱和试件取出擦干表面水分后，用保鲜膜进行封装、密封，进行核磁共振试验，获得试件初始孔隙结构参数；

（2）将盐岩试件按照试件编号依次与高密度不锈钢构件连接，为防止饱和卤水从盐岩与不锈钢构件的接缝处渗漏，在试件与构件连接的接触面涂抹环氧树脂，静置 24h；

（3）将构件与渗压控制装置相连，通过 Floxlab BT 柱塞泵自带的触摸屏控制渗透压力以流速为 10mL/min 达到目标值，然后将渗透压力控制模式调整为恒压模式；

（4）将试件连同构件一起装入轴向加载设备中，对盐岩试件进行轴向预加载，然后以 0.4kN/s 的速率将轴向应力加载至 10MPa；

（5）卸载轴向应力和径向渗透压力，取下试件。重复步骤（1），获得试验后盐岩试件的微细观孔隙结构参数。

2.5.3.4 试验结果分析

（1）核磁共振测试原理

核磁共振（Nuclear Magnetic Resonance，NMR）是指原子核中的质子被外界磁场磁化后对射频的响应能力。当原子核中的质子数或中子数至少有一项为奇数或者两项均为奇数时，该原子核即具备释放核磁共振信号的能力（包晗，2019），如氢核（^{1}H）、碳-13（^{13}C）和氮-14（^{14}N）等。其中，由于 ^{1}H 在自然界中的含量最为丰富，且具有较大磁矩、可以产生较强的核磁共振信号以及检测灵敏度高等优点，故几乎全部核磁共振技术都是以氢（H）原子核响应为基础（李杰林，2012）。

原子核中的质子是一个带正电荷且很小的粒子，其角动量不为零；即原子核中的质子具有自旋能力。由于质子的自旋运动，每个质子可以看作是一个可以产生磁场的电流环。因此，每个原子核都相当于一个磁针，且磁轴与原子核的自旋轴方向一致。当原子核较多且无外部磁场存在时，原子核自旋轴的方向是随机分布的，如图 2-34（a）所示。外部磁场存在时，外部磁场会对原子核施加一个力矩，进而使原子核质子的自旋轴与外部磁场方向一致，此时磁场中的原子核会朝着同一个方向排成一列。由量子力学理论相关知识可知，原子核质子在外部磁场作用下会被分解为两个能级，但质子具体处于哪个能级与其进动轴和外部磁场之间的相对方向密切相关。当二者方向平行时，质子处于低能态；反之处于高能态，如图 2-34（b）所示。当进动轴平行于外部磁场方向的自旋质子数量多于进动轴反向于外部磁场方向的自旋质子数量时就会产生核磁共振信号。

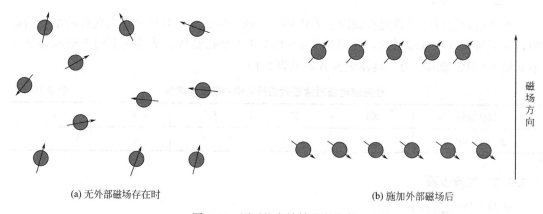

(a) 无外部磁场存在时　　　　　　　　　　　(b) 施加外部磁场后

图 2-34　原子核自转轴取向分布

原子核质子在外部磁场作用下由排列无序化到定向化排列的过程即为磁化现象。外部磁场解除后，原子核质子恢复到原来的平衡位置，磁化矢量消失，这一过程称为弛豫。弛豫过程分为纵向弛豫过程（该过程的持续时间被称为纵向弛豫时间 T_1）和横向弛豫过程（该过程的持续时间被称为横向弛豫时间 T_2），且均呈指数形式逐渐衰减。其中，T_2 衰减包含了多孔介质的大部分物理信息（如孔隙尺寸分布、孔隙率和渗透率等），是核磁共振检测的主要目标（董均贵，2020）。

对于饱和岩石，其内部孔隙流体在外部磁场作用下存在三种不同的弛豫机制，即表面弛豫机制、分子自扩散弛豫机制和自由流体的弛豫机制（钟杨，2017），且这三种机制的弛豫时间与横向弛豫时间之间 T_2 的关系满足：

$$\frac{1}{T_2} = \frac{1}{T_{2s}} + \frac{1}{T_{2d}} + \frac{1}{T_{2b}} \tag{2-27}$$

式中：T_{2s} 为表面弛豫机制引起的孔隙流体的横向弛豫时间（ms）；T_{2d} 为梯度磁场影响下扩散弛豫机制引起的孔隙流体的横向弛豫时间（ms）；T_{2b} 为足够大容器内获取的孔隙流体的横向弛豫时间（ms）。

其中，T_{2s} 满足：

$$T_{2s} = \rho_0 \left(\frac{S}{V}\right) = F_s \frac{\rho_0}{r} \tag{2-28}$$

式中：ρ_0 为表面弛豫强度（$\mu m/ms$）；S 和 V 分别为孔隙表面积（cm^2）和孔隙体积（cm^3）；r 为孔隙半径（μm）；F_s 为孔隙形状参数（当岩石内部孔隙为柱状时，$F_s = 2$；当岩石内部孔隙为球形时，$F_s = 3$）。

将式（2-28）代入式（2-27），可得：

$$\frac{1}{T_2} = F_s \frac{\rho_0}{r} + \frac{1}{T_{2d}} + \frac{1}{T_{2b}} \tag{2-29}$$

一般而言，横向弛豫时间 T_2 远远小于 T_{2b}。此时，式（2-29）中等式右边的第三项，即 $1/T_{2b}$ 可以忽略；而在均匀磁场中，$1/T_{2d} \approx 0$，则式（2-29）可变换为：

$$r = F_s \rho_0 T_2 \tag{2-30}$$

由式（2-30）可以看出，饱和岩石内部流体的横向弛豫时间 T_2 与孔隙半径 r 之间成正比，即横向弛豫时间 T_2 越长，岩石内部孔隙半径越大；横向弛豫时间 T_2 越短，岩石内部孔隙半径越小。对于盐岩，$F_s \rho_0$ 一般可取 $14\mu m/s$（Chen 等，2020），因此根据式（2-30）可将盐岩试件的 T_2 谱转换为孔隙孔径分布曲线。此外，根据孔隙尺寸大小（Jia 等，2020），可将盐岩内部孔隙分为纳米孔隙（$r \leqslant 0.025\mu m$）、微观孔隙（$0.025\mu m < r < 50\mu m$）和宏观孔隙（$r \geqslant 50\mu m$）。

（2）应力-应变曲线

图 2-35 和图 2-36 给出了试件 E-1～E-5 在径向渗透压分别为 0.2MPa、0.3MPa、0.4MPa、0.5MPa、0.6MPa 时，轴向应力加载至 10MPa 的应力-应变曲线及轴向应变随径向渗透压的变化规律。可以看出，当试件 E-1～E-5 的径向渗透压加至目标值，再以 0.4kN/s 的加载速率将轴向应力加载至 10MPa 后，各试件的轴向应变分别为 0.122%、0.132%、0.1397%、0.155%、0.188%。观察以上数据可知，当轴压相同时，随着渗透压的增加，盐岩试件轴向应变也逐渐增大。这说明随径向渗透压增加，盐岩试件的变形能力逐渐增强。

盐岩试件轴向应变随径向渗透压的变化与盐岩内部细观结构的发育及演变密切相关。在径向渗透压和轴向应力的共同作用下，楔劈效应和超压作用将在一定程度上促进盐岩内部微细观孔隙结构的扩展和发育。即随着渗透压力增大，饱和卤水可进入的范围扩大，在相同渗透深度处，饱和卤水可进入尺寸更小的孔隙中。因此，在相同轴向应力下，随着径

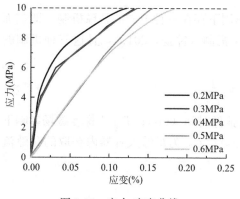

图 2-35　应力-应变曲线

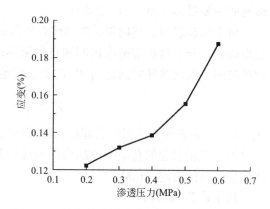

图 2-36　径向渗透压对盐岩轴向应变的影响规律

向渗透压力增加，楔形效应和超压作用的作用范围更大、更充分，试件产生的轴向应变也就逐渐增大。

（3）孔隙尺寸分布

图 2-37 给出了 E-1～E-5 试件试验前后的孔隙孔径分布图。可以看出，试验前 E-1～E-5 试件内部最小孔隙半径分别为 $5.12\times10^{-2}\mu m$、$7.85\times10^{-3}\mu m$、$2.09\times10^{-3}\mu m$、$4.20\times10^{-3}\mu m$ 和 $1.04\times10^{-2}\mu m$，试验后最小孔隙半径分别为 $2.44\times10^{-4}\mu m$、$1.85\times10^{-4}\mu m$、$1.98\times10^{-4}\mu m$、$1.98\times10^{-4}\mu m$ 和 $2.58\times10^{-3}\mu m$。即试验后，各试件的最小孔隙半径均出现一定程度的减小，说明在径向渗透压和轴向应力的共同作用下，盐岩内部萌生出孔隙半径更小的纳米孔隙。此外，试验前 E-1～E-5 试件内部最大孔隙半径分别为 $15.18\mu m$、$12.33\mu m$、$13.21\mu m$、$14.16\mu m$ 和 $23.03\mu m$，试验后最大孔隙半径分别为 $16.27\mu m$、$28.36\mu m$、$14.16\mu m$、$24.68\mu m$ 和 $26.46\mu m$。即试验后，各试件的最大孔隙半径均出现一定程度的增大，说明在径向渗透压和轴向应力的共同作用下，盐岩内部孔隙不断扩展或连通，形成了半径更大的微观孔隙。

（4）孔隙度随径向渗透压力的变化规律

孔隙度是指固体材料内部孔隙体积占固体材料总体积的百分比。研究表明，岩石孔隙度与其内部孔隙流体的核磁共振信号呈正比例关系（Shen 等，2020）。岩石试件的孔隙度可应用式（2-31）进行计算（张二锋等，2018）：

$$n=\frac{M(0)}{M_{100\%}(0)}=\frac{\sum M_{0i}}{M_{100\%}(0)}=\sum\frac{M_{0i}}{M_{100\%}(0)}=\sum n_i \qquad (2-31)$$

式中：n 为孔隙度，$M_{0i}(0)$ 为第 i 类孔隙的初始核磁信号强度，$M_{100\%}(0)$ 为岩石试件相同体积的纯水产生的信号强度，n_i 为第 i 类尺寸孔隙的孔隙度。

试验前 E-1～E-5 试件的孔隙度分别为 0.355%、0.396%、0.383%、0.399%、0.410%，试验后各试件的孔隙度分别为 0.464%、0.557%、0.581%、0.638%、0.696%，试验前后孔隙度增量分别为 0.109%、0.160%、0.199%、0.239%、0.286%。图 2-38 给出了 E-1～E-5 试件试验前后孔隙度增量随径向渗透压的变化规律。可以看出，随径向渗透压力增大，盐岩孔隙度增量近似呈线性规律增大。

由图 2-35 可以看出，随着轴向应力的增加，5 个试件的单轴压缩过程均经历了孔隙压

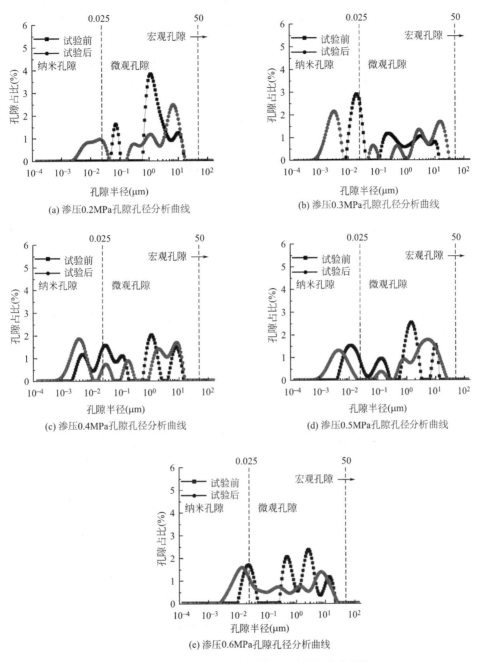

图 2-37　不同渗透压下盐岩内部孔隙孔径分布曲线

密、线弹性变形和微破裂稳定发展阶段。在径向渗透压和轴向应力的共同作用下，以上三个阶段均有一定渗透压的饱和卤水参与。一方面，在径向渗透压力施加过程中，在渗透压驱动下，饱和卤水进入盐岩内部的初始孔隙及裂隙中，此时，由于楔劈效应，这部分孔隙及裂隙开始扩展、延伸，导致盐岩孔隙体积增大，如图 2-39（a）所示。当径向渗透压力增大至目标值后，开始加载轴向应力。在轴向应力加载至目标值的过程中，盐岩先经历了

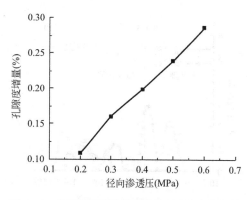

图 2-38 孔隙度增量随径向渗透压的变化规律

孔隙压密阶段。由于此时盐岩内部的初始孔隙被饱和卤水充满，随着孔隙压密，在该部分孔隙中将产生超压作用，从而促使裂隙进一步扩展、连通，孔隙体积增加，如图 2-39（b）所示。随着轴向应力继续增加，盐岩试件进入线弹性变形阶段，此时随轴向应变增大，盐岩内部被饱和卤水充满的孔隙及裂隙将继续产生超压作用，促使盐岩内孔隙及裂隙的进一步扩展。随着轴向应力进一步增大，盐岩进入微破裂稳定发展阶段，此时盐岩内部开始萌生新的孔隙及裂隙，且饱和卤水在渗透压驱动下进入新萌生的孔隙和裂隙中。同时，由于轴向应变继续增大，在充满饱和卤水的孔隙及裂隙中，超压现象依然存在，进而促使盐岩内部孔隙及裂隙的进一步扩展，孔隙体积继续增大，如图 2-39（c）所示。另一方面，随着渗透压力增大，饱和卤水可进入的范围扩大，对同一渗透深度，饱和卤水可进入尺寸更小的裂隙中。即随着径向渗透压力增加，超压作用及楔劈效应的作用范围更大、更充分。因此，试验后盐岩孔隙度增加，且径向渗透压越大，试验后盐岩孔隙度增量越大。

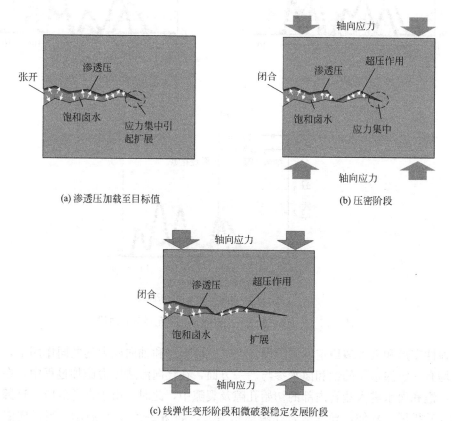

图 2-39 试验过程中渗透压促进孔隙扩展发育示意图

（5）迂曲度随径向渗透压力的变化规律

迂曲度反映了流体通过固相路程的难易程度，迂曲度较大，说明材料内部孔隙结构形成的渗透路径越复杂，流体越难流通。多孔介质材料的平均迂曲度 τ 可按照式（2-32）进行计算（Jia 等，2020），即：

$$\tau = \frac{1}{2}\left[1 + \frac{1}{2}K + K\frac{\sqrt{\left(\frac{1-K}{K}\right)^2 + \frac{1}{4}}}{1-K}\right] \tag{2-32}$$

式中：$K = \sqrt{1-n}$。

试验前，E-1～E-5 试件的迂曲度分别为 141.23、126.56、131.01、125.75、122.46；试验后，这 5 个试件的迂曲度分别为 108.21、90.21、86.37、78.75、72.22。可以看出，相对于试验前，试验后各试件的迂曲度均有不同程度的减小，且试验前后迂曲度减小的绝对值分别为 33.02、36.35、44.64、46.99、50.24。迂曲度减小绝对值越大，说明相较于试验前而言，试验后盐岩内部渗流通道的弯折程度降低越多，流体在盐岩内部孔隙网络中通过的运移通道越短。

图 2-40 给出了 E-1～E-5 试件试验前后迂曲度减小绝对值随径向渗透压力的变化规律。可以看出，随着径向渗透压力增大，试验前后迂曲度减小绝对值近似呈线性规律增大。这是由于径向渗透压力越大，楔劈效应和超压作用越强，从而使得盐岩内部孔隙及裂隙的连通程度越高。因此，流体通过盐岩内部孔隙网络的运移通道越短，越容易通过。

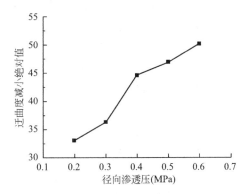

图 2-40　迂曲度减小绝对值随径向渗透压的变化规律

第3章 盐岩蠕变特性试验研究

3.1 盐岩蠕变试验研究进展

蠕变特性作为盐岩最为重要的力学性质之一，是影响储存库溶腔大小、工作年限以及稳定性和安全性的关键因素之一。由于盐岩在能源地下储存方面的重要地位，近年来国内外学者对盐岩的蠕变特性进行了较多研究，取得了大量的研究成果。

King（1973）通过一系列试验研究了盐岩在不同温度和不同轴向应力水平下的蠕变特性，获得了变形和时间的关系。Cristescu 和 Parasclliv（1996）、Hampel 和 Hunsche（1996）采用多种不同加载方式（考虑温度影响的单级加载、分级加载），对盐岩在多个蠕变阶段的特性进行了试验研究。研究表明，盐岩的初始蠕变与温度、应力水平及加载路径有关；当温度和应力状态一定时，盐岩的稳态蠕变率变化不大；在盐岩加速蠕变阶段，随蠕变率不断增大，盐岩逐渐进入破坏阶段。Munson 等（1993）通过盐岩蠕变试验提出了盐岩变形机制：①低应力和高温作用下的位错攀升；②低应力和低温作用下的转换变形；③较高应力作用下的位错滑移和耗散流变。Günther 等（2015）对盐岩开展了不同偏应力和不同温度条件下的多级蠕变试验，并推导了预测盐岩蠕变过程进入稳态蠕变阶段所需时间的计算公式。Zhang 等（2012）分析了偏应力对盐岩蠕变特性的影响规律，并提出了描述盐岩衰减蠕变和稳态蠕变阶段蠕变行为的本构模型。Wu 等（2020）研究了盐岩蠕变应变和蠕变速率随轴向应力的变化规律，并基于分数阶导数理论建立了盐岩黏弹塑性损伤蠕变模型。Huang 等（2021）研究了温度对盐岩蠕变特性的影响规律，并提出了考虑温度影响的盐岩非线性蠕变损伤模型。Mansouri 和 Ajalloeian（2018）研究了盐岩微观结构在蠕变过程中的演化规律，并指出晶界开裂和晶界滑移是引起盐岩产生蠕变变形的主要原因。Zhu 等（2015）从细观角度研究了盐岩由稳态蠕变阶段向加速蠕变阶段转变的机理，并指出加速蠕变是由盐岩内部晶粒破碎引起的。Zhou 等（2018）对盐岩开展了为期 1 年的单轴压缩蠕变试验，分析了盐岩蠕变过程中的声发射时空演化规律和能量转换特征。Wang 等（2020；2021；2022）分别研究了盐岩在恒定应力、三角形低频循环荷载、梯形低频循环荷载下的蠕变特性。Mohammad 等（2019）分别对盐岩开展了长期和短期蠕变试验，分析了应力水平对盐岩时效变形参数的影响。Taheri 等（2020）对盐岩开展了不同温度和应力下的三轴蠕变试验，并指出盐岩蠕变特性对温度变化具有较强的敏感性，而对应力变化的敏感性较弱。

杨春和等（2000）通过对单轴、三轴盐岩变应力路径的应力松弛与蠕变试验结果的分析，研究了应力状态及加载路径对盐岩时间相关性特征的影响。陈锋等（2006）通过对云应盐矿盐岩、含夹层盐岩两种盐岩试样进行不同围压、不同轴压下的蠕变试验，研究了云应盐矿两种岩样的蠕变特性，通过试验数据建立了蠕变本构关系。邸保平等（2007）通过对湖北应城含高盐分泥岩的盐岩单轴压缩蠕变试验，指出该盐岩具有良好的蠕变特性，且纯盐岩蠕变应变高于泥岩夹层，横向应变大于泥岩夹层。此外，黄小兰等（2014）、马纪伟等（2014）、周志威等（2016）也对层状盐岩的蠕变特性进行了深入研究，并指出层状盐岩轴向蠕变应变和稳态蠕变率介于纯盐岩和泥岩之间，且层状盐岩的轴向蠕变应变主要由盐岩层贡献。高小平等（2005）通过对盐岩单轴、三轴蠕变实验结果的分析，研究了应力状态对盐岩强度及其时间相关性特征的影响，指出围压对盐岩力学性质影响较大，初始蠕变极限可以表示成稳态蠕变率的函数。梁卫国等（2007）通过对金坛盐矿储气库盐岩的蠕变试验发现，高应力水平作用下的变形量较低应力水平作用下的变形大，随应力水平提高，盐岩蠕变率变化十分明显。李萍等（2012）对川东气田盐岩、膏盐岩进行了蠕变试验，分析了固有的矿物成分、温度、围压对蠕变的影响。唐明明等（2010）对含泥岩夹层盐岩、纯泥岩和纯盐岩 3 种岩芯试样开展了不同围压下三轴压缩蠕变试验，分析了其蠕变变形规律。王军保等（2013）研究了盐岩在不同加载路径下的蠕变特性。刘江等（2006）对金坛盐岩蠕变规律开展了试验研究，分析了应力状态和温度对盐岩蠕变特性的影响，并通过试验获取了蠕变曲线和蠕变特征参数。吴池等（2016）、曾寅等（2019）通过对盐岩蠕变过程中声发射事件点的还原，分析了盐岩蠕变损伤演化规律，并对其蠕变损伤破坏路径进行了探讨。

尽管目前国内外学者已对盐岩的蠕变特性进行了较多研究，但仍存在以下不足：

（1）岩石蠕变过程中产生的总应变由与时间无关的瞬时应变和随蠕变时间延长而逐渐增大的蠕变应变两部分构成（徐鹏等，2016；Wang 等，2022）。其中，瞬时应变由可恢复的瞬时弹性应变和不可恢复的瞬时塑性应变两部分组成；类似地，蠕变应变由可恢复的黏弹性蠕变应变和不可恢复的黏塑性蠕变应变两部分组成（宋勇军，2013）。如果能将岩石总应变分离成上述四部分，则对于正确理解岩石蠕变变形机理和建立合理的蠕变模型均具有重要意义（赵延林等，2016；Zhao 等，2009）。欲将上述四部分应变从岩石总应变中分离出来，则需要在蠕变测试之后进行弹性后效试验，以获得岩石卸载后可恢复的变形数据，然而目前对盐岩在经过长时间蠕变之后的卸载回弹特性研究较少。

（2）通过试验观察到的盐岩蠕变行为是其内部微细观结构演化的宏观反映，目前关于盐岩蠕变过程中内部微细观孔隙结构演化规律的研究还较少。

（3）在盐岩储库长期运行过程中，洞内储存的高压流体会对围岩产生辐射状渗透压力，而目前关于渗透压力（特别是径向渗透压力）对盐岩蠕变行为影响的研究还较少。

基于此，本章对盐岩开展了不同试验条件下的蠕变试验，基于试验结果，分析了盐岩在不同试验条件下的宏观蠕变特性和各因素对盐岩蠕变行为的影响规律，并借助核磁共振试验设备，研究了盐岩蠕变过程中微细观孔隙结构的变化规律。

3.2　盐岩单轴压缩蠕变及弹性后效试验

3.2.1　试验概况

3.2.1.1　试件制备及试验设备

试验对象为巴基斯坦盐岩，试件制备情况同 2.3.1.1 节。本次试验在 YSZL 型岩石流变试验机上完成，如图 3-1 所示。该设备主要由压力机、微机控制系统、轴向和侧向加载系统等四部分组成。该设备可用于岩石常规单轴和双轴压缩试验、单轴压缩蠕变试验、单轴拉伸试验、循环加卸载试验和压剪试验等。该设备在竖直方向上可提供的最大轴向拉伸荷载和最大压缩荷载分别为 250kN 和 500kN，在水平方向上可提供的最大轴向压缩荷载为 300kN，测力误差和变形测量误差均低于 0.5%。

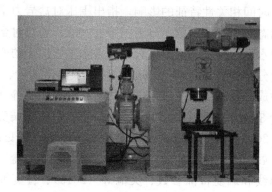

图 3-1 YSZL 型岩石流变试验机

3.2.1.2 试验方案

本次试验对 8 个盐岩试件开展了不同轴向应力下的单轴压缩蠕变和卸载回弹试验，所选取的轴向应力水平 σ_1 分别为 6.5MPa、9.5MPa、12.5MPa、14MPa、17.5MPa、21MPa、24MPa 和 26MPa，分别为盐岩单轴抗压强度 σ_c 的 20.74%、30.31%、39.89%、44.67%、55.84%、67.01%、76.58%和 82.96%；加载方式采用单级加载（即对每个盐岩试件仅施加一级轴向荷载），具体试验方案见表 3-1。

盐岩单轴压缩蠕变和卸载回弹试验方案　　　　　　　　　　　　　表 3-1

试件编号	CX1	CX2	CX3	CX4	CX5	CX6	CX7	CX8
轴向应力 σ_1(MPa)	6.5	9.5	12.5	14	17.5	21	24	26
σ_1/σ_c(%)	20.74	30.31	39.89	44.67	55.84	67.01	76.58	82.96

3.2.1.3 试验过程

盐岩单轴压缩蠕变和卸载回弹试验具体过程包括如下步骤：

（1）将盐岩试件安装于试验机上；

（2）施加轴向应力 σ_1 到各盐岩试件轴向应力预设值，加载速率为 1kN/s；

（3）维持轴向应力恒定，对盐岩试件变形过程进行记录，直至蠕变时间达到 120h 左右后卸载轴向应力（盐岩试件未发生蠕变破坏）或在盐岩试件发生蠕变破坏后终止试验。

需要说明的是，如果盐岩试件在试验持续时间内（120h 左右）未发生蠕变破坏，则卸载轴向应力后继续记录盐岩试件的变形恢复情况；如果盐岩试件在试验过程中发生蠕变破坏，则试件破坏后立即终止试验，不再观察卸载效应。此外，试验过程中，实验室温度始终保持在 25±1℃，相对湿度为 32%左右。

3.2.2　蠕变试验结果分析

3.2.2.1　轴向蠕变曲线

图 3-2 给出了盐岩试件在不同轴向应力下的轴向蠕变曲线。其中，图 3-2（a）为轴向应力 $\sigma_1 \leqslant 21\text{MPa}$（低应力水平）时的轴向蠕变曲线，图 3-2（b）为轴向应力 $\sigma_1 = 24\text{MPa}$ 和 26MPa（高应力水平）时的轴向蠕变曲线。

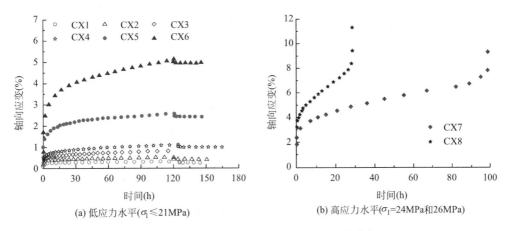

图 3-2　不同轴向应力下盐岩试件轴向蠕变曲线

由图可以看出：（1）施加轴向应力（轴向应力从 0 增加至各盐岩试件轴向应力设定值）后，盐岩试件立即产生瞬时应变；（2）轴向应力 $\sigma_1 \leqslant 21\text{MPa}$ 时，CX1～CX6 盐岩试件在试验持续时间范围内未发生蠕变破坏，这 6 个盐岩试件的蠕变过程仅经历了衰减和稳态蠕变两个阶段；（3）轴向应力 $\sigma_1 = 24\text{MPa}$ 和 26MPa 时，CX7 和 CX8 盐岩试件在试验过程中发生了蠕变破坏，这 2 个盐岩试件的蠕变过程包含衰减、稳态和加速蠕变三个阶段；（4）卸载轴向应力后（图 3-2a），盐岩试件轴向应变会发生瞬时弹性恢复和随时间延长不断增大的黏弹性恢复。

需要说明的是，对于 CX3 盐岩试件（$\sigma_1 = 12.5\text{MPa}$），当蠕变时间达到 115.2h 时，由于实验室突然断电导致试验提前终止，因而没有获得该盐岩试件卸载后的变形恢复数据。

3.2.2.2　瞬时应变和蠕变应变

蠕变过程中，岩石产生的总应变由加载阶段产生的瞬时应变 ε_n 和恒定荷载作用下产生的蠕变应变 ε_c 两部分组成。其中，瞬时应变是指岩石在轴向应力从 0 增加至轴向应力预设值 σ_1 过程中产生的应变，该部分应变只与试验过程中施加的轴向应力有关，而与时间无关；蠕变应变是指岩石在恒定荷载作用下产生的随蠕变时间延长不断增加的应变，该部分应变具有明显的时间效应。

（1）瞬时应变 ε_n

经计算，CX1～CX8 盐岩试件在加载过程中产生的瞬时应变分别为 0.0858%（$\sigma_1 = 6.5\text{MPa}$）、0.1546%（$\sigma_1 = 9.5\text{MPa}$）、0.2708%（$\sigma_1 = 12.5\text{MPa}$）、0.3332%（$\sigma_1 = 14\text{MPa}$）、0.5288%（$\sigma_1 = 17.5\text{MPa}$）、0.7878%（$\sigma_1 = 21\text{MPa}$）、1.8960%（$\sigma_1 = 24\text{MPa}$）和 2.4890%（$\sigma_1 = 26\text{MPa}$）。图 3-3 给出了盐岩试件瞬时应变随轴向应力的变化规律。可

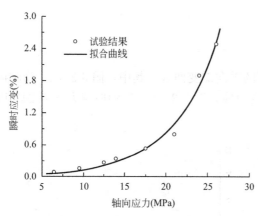

图 3-3 轴向应力对盐岩试件瞬时应变的
影响规律

以看出，随轴向应力增加，盐岩试件瞬时应变呈非线性规律增大。

经过拟合分析，盐岩试件瞬时应变和轴向应力之间的关系可用式（3-1）表示的函数进行描述，相关系数 R 为 0.999。图 3-3 中同时给出了拟合曲线和试验结果的对比情况。可以看出，试验结果和拟合曲线之间吻合良好，说明式（3-1）表示的指数函数可以较好地反映轴向应力对盐岩试件瞬时应变的影响规律。

$$\varepsilon_n = 2.013 \times 10^{-4} \exp(0.186\sigma_1) \quad (3\text{-}1)$$

对于线弹性材料而言，其应力、应变关系满足 Hooke 定律，即随轴向应力增加，材料轴向应变呈线性规律增大。而根据本次试验结果可知（图 3-3），随轴向应力增加，盐岩试件瞬时应变呈非线性规律增大。由此可推断出，盐岩试件在加载阶段产生的轴向应变由瞬时弹性应变和瞬时塑性应变两部分组成，这两部分轴向应变的具体数值可通过蠕变和卸载回弹试验结果进行确定，下文将会对这部分内容进行详细介绍。然而，在以往研究中，多数学者把岩石在加载阶段产生的瞬时应变近似看作是弹性变形，这种做法从理论意义上来看是不严密的。

（2）蠕变应变 ε_c

由于 CX7（σ_1=24MPa）和 CX8（σ_1=26MPa）盐岩试件在试验过程中发生了蠕变破坏，这 2 个盐岩试件的蠕变过程持续时间明显短于其他 6 个盐岩试件。因此，在这里以 CX1～CX6 盐岩试件为例（蠕变时间 t 取 110h）来分析轴向应力对盐岩试件蠕变应变的影响规律。

经计算，CX1～CX6 盐岩试件在蠕变时间 t=110h 时产生的蠕变应变分别为 0.3072%（σ_1=6.5MPa）、0.4949%（σ_1=9.5MPa）、0.7961%（σ_1=12.5MPa）、1.0702%（σ_1=14MPa）、2.5288%（σ_1=17.5MPa）和 5.0126%（σ_1=21MPa）。图 3-4 给出了盐岩试件蠕变应变随轴向应力的变化规律。可以看出，随轴向应力增加，盐岩试件在相同时刻产生的蠕变应变表现出非线性快速增大的变化规律。

经过拟合分析，盐岩试件蠕变应变和轴向应力之间的关系可用式（3-2）表示的函数来表述，相关系数 R 为 0.999。图 3-4 中同时给出了拟合曲线和试验结果的对比情况。可以看出，两者吻合良好，说明式（3-2）表示的函数可以很好地反映轴向应力对盐岩试件蠕变应变的影响规律。

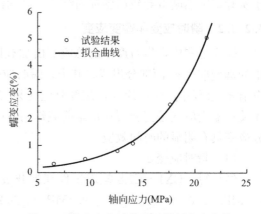

图 3-4 轴向应力对盐岩试件蠕变应变的
影响规律

$$\varepsilon_c = 6.335 \times 10^{-4} \exp(0.208\sigma_1) \tag{3-2}$$

3.2.2.3　蠕变速率

图 3-5 分别给出了 CX1~CX8 盐岩试件蠕变应变和蠕变速率随蠕变时间的变化规律。可以看出：①轴向应力 σ_1 不超过 21MPa 时，CX1~CX6 盐岩试件在试验持续时间范围内没有发生蠕变破坏，这 6 个盐岩试件的蠕变过程仅包括衰减蠕变阶段和稳态蠕变阶段；随蠕变时间延长，盐岩试件蠕变速率在总体上呈现出"逐渐减小—基本不变"的变化趋势，如图 3-5（a）~图 3-5（f）所示。②轴向应力 σ_1 为 24MPa 和 26MPa 时，CX7 和 CX8 盐岩试件在试验过程中发生了蠕变破坏，这 2 个盐岩试件的蠕变过程包含衰减、稳态和加速蠕变三个阶段；随蠕变时间延长，盐岩试件蠕变速率在总体上呈现出"逐渐减小—基本不变—逐渐增大"的变化趋势，如图 3-5（g）和图 3-5（h）所示。

此外，由图 3-5 还可以看出，在稳态蠕变阶段，盐岩试件蠕变应变随蠕变时间延长近似呈线性规律增大（如图 3-5 中的实线所示），相关系数 R 均在 0.975 以上。但从蠕变速率随蠕变时间变化的规律来看，各盐岩试件的稳态蠕变率（稳态蠕变阶段的蠕变速率）并非常数，而是随蠕变时间的延长不断发生变化，如图 3-5 中的局部放大图所示。具体而言，盐岩稳态蠕变率随蠕变时间的变化规律可分为以下两种情况：①轴向应力 σ_1 不超过 21MPa 时，CX1~CX6 盐岩试件在试验过程中没有发生蠕变破坏；随蠕变时间延长，这 6

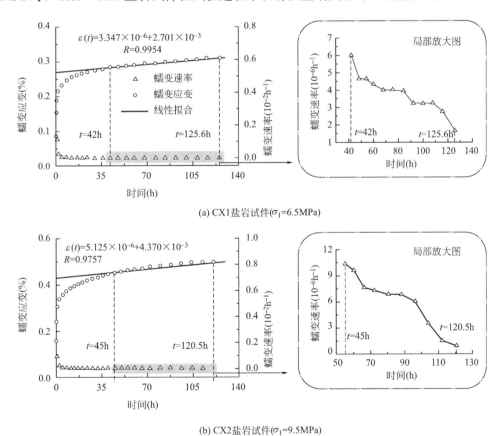

(a) CX1盐岩试件(σ_1=6.5MPa)

(b) CX2盐岩试件(σ_1=9.5MPa)

图 3-5　盐岩试件蠕变应变和蠕变速率随蠕变时间变化规律（一）

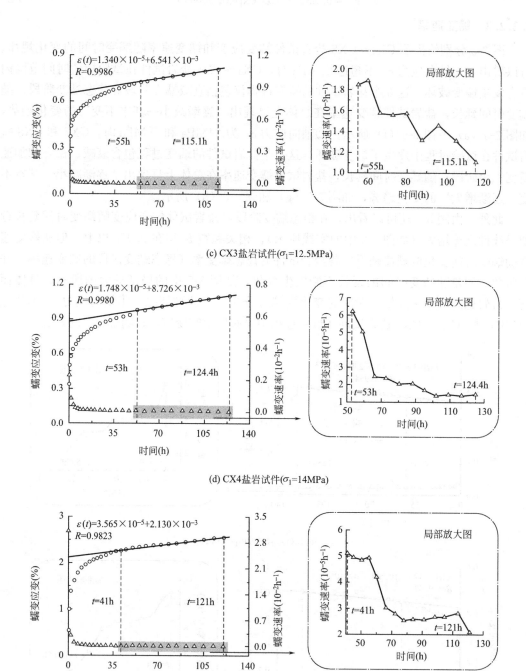

(c) CX3盐岩试件(σ_1=12.5MPa)

(d) CX4盐岩试件(σ_1=14MPa)

(e) CX5盐岩试件(σ_1=17.5MPa)

图 3-5　盐岩试件蠕变应变和蠕变速率随蠕变时间变化规律（二）

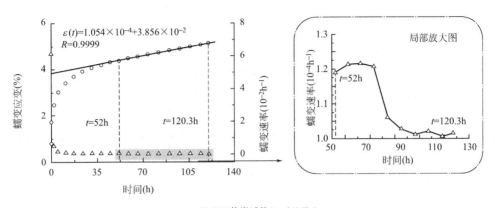

(f) CX6盐岩试件(σ_1=21MPa)

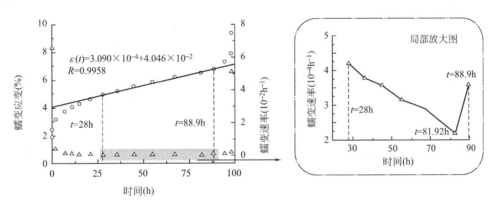

(g) CX7盐岩试件(σ_1=24MPa)

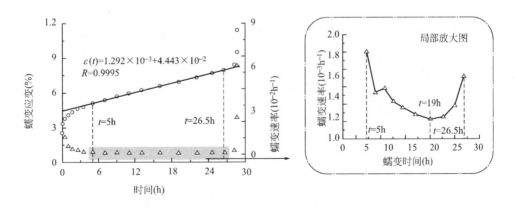

(h) CX8盐岩试件(σ_1=26MPa)

图 3-5　盐岩试件蠕变应变和蠕变速率随蠕变时间变化规律（三）

个盐岩试件的稳态蠕变率在总体上表现出逐渐减小的变化规律，如图 3-5（a）～图 3-5（f）所示；②轴向应力 σ_1 为 24MPa 和 26MPa 时，CX7 和 CX8 盐岩试件在试验过程中发生了蠕变破坏；随蠕变时间延长，这 2 个盐岩试件的稳态蠕变率先逐渐减小，分别在第 82h 和 19h 左右到达最小值，随后又逐渐增大，如图 3-5（g）和图 3-5（h）所示。

因此，本次试验所用盐岩试件的蠕变过程并不存在严格意义上的稳态蠕变阶段，所谓稳态蠕变阶段只是盐岩试件蠕变速率在该阶段内的变化幅度比较小而已（不同轴向应力下 CX1～CX8 盐岩试件稳态蠕变率变化范围介于 9.46×10^{-6}～$9.24\times10^{-4}\mathrm{h}^{-1}$ 之间）。

为方便描述，分别取图 3-5 中直线段（实线）斜率作为 CX1～CX8 盐岩试件的稳态蠕变率，具体汇总结果见表 3-2，稳态蠕变率随轴向应力的变化规律如图 3-6 所示。由表 3-2 和图 3-6 可以看出：

（1）轴向应力不超过 17.5MPa 时，盐岩试件稳态蠕变率随轴向应力增加的变化相对较小；轴向应力从 6.5MPa 增加至 17.5MPa 时，稳态蠕变率由 $3.347\times10^{-6}\mathrm{h}^{-1}$ 增加至 $3.565\times10^{-5}\mathrm{h}^{-1}$，仅增加了 10.65 倍。

（2）轴向应力超过 17.5MPa 后，随轴向应力增加，盐岩稳态蠕变率增加的幅度明显提高；轴向应力从 17.5MPa 增加至 26MPa，稳态蠕变率由 $3.565\times10^{-5}\mathrm{h}^{-1}$ 增加至 $1.292\times10^{-3}\mathrm{h}^{-1}$，增加了 386.02 倍。

不同轴向应力下盐岩试件稳态蠕变率 表 3-2

试件编号	CX1	CX2	CX3	CX4	CX5	CX6	CX7	CX8
轴向应力 σ_1(MPa)	6.5	9.5	12.5	14	17.5	21	24	26
稳态蠕变率 (h^{-1})	3.347×10^{-6}	5.215×10^{-6}	1.340×10^{-5}	1.748×10^{-5}	3.565×10^{-5}	1.054×10^{-4}	3.090×10^{-4}	1.292×10^{-3}

在盐岩储气库长期运营过程中，储库围岩变形在大部分时间内均属于稳态蠕变，因此相关学者对影响盐岩稳态蠕变率的因素进行了深入研究（杜超等，2012；王军保等，2018）。大量试验成果指出，盐岩稳态蠕变率与轴向应力之间关系可用指数函数、幂函数和双曲正弦函数等函数进行描述。本章分别尝试利用式（3-3）表示的指数函数、式（3-4）表示的幂函数和式（3-5）表示的双曲正弦函数来表述轴向应力对盐岩稳态蠕变率的影响规律。图 3-6 分别给出了这 3 个函数拟合曲线和试验结果的对比情况。可以看出，拟合曲线和均与试验结果吻合良好。

$$\dot{\varepsilon}_s = 2.739\times10^{-11}\exp(0.680\sigma_1) \tag{3-3}$$

$$\dot{\varepsilon}_s = 9.908\times10^{-27}\sigma_1^{17.042} \tag{3-4}$$

$$\dot{\varepsilon}_s = 7.791\times10^{-12}\sinh(0.751\sigma_1) \tag{3-5}$$

式中：$\dot{\varepsilon}_s$ 为盐岩稳态蠕变率，式（3-3）～式（3-5）的相关系数 R 分别为 0.999、0.998 和 0.999。

3.2.2.4　长期强度

大量岩石蠕变试验结果指出，当作用于岩石上的外部荷载小于某一个临界值时，随蠕变时间延长，岩石蠕变应变在增大到一定程度后将达到上限值，其蠕变曲线如图 3-7 中曲

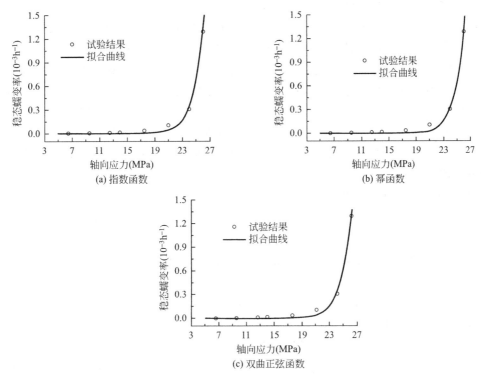

图 3-6　稳态蠕变率随轴向应力变化规律拟合结果

线Ⅰ的形式（即蠕变过程仅包含衰减蠕变阶段），此时岩石不会发生蠕变破坏，这种现象称为稳定蠕变。当外部荷载超过该临界值后，岩石蠕变应变不会保持在某一稳定的上限值，而是随蠕变时间延长不断增大，直到发生蠕变破坏，这种现象称为不稳定蠕变。一般将这个临界应力称为岩石的长期强度。

　　当作用于岩石上的荷载超过其长期强度时，蠕变曲线通常表现为图 3-7 中曲线Ⅱ的形式（蠕变过程包括衰减和稳态蠕变两个阶段）或曲线Ⅲ的形式（蠕变过程包括衰减、稳态和

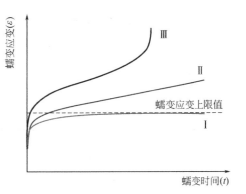

图 3-7　岩石蠕变曲线形态示意图

加速蠕变三个阶段）。对于曲线Ⅱ而言，蠕变应变随蠕变时间延长不断增加，蠕变过程将会出现加速蠕变阶段，即曲线Ⅱ最终将会演化为曲线Ⅲ的形式。但是，受试验条件等因素限制，室内蠕变试验的持续时间往往不会太久，进而导致岩石试件蠕变过程在进入加速蠕变阶段之前便已提前停止试验。目前，确定岩石长期强度的最常用方法有过渡蠕变法、等时应力-应变曲线拐点法、稳态蠕变率拐点法等。

　　（1）过渡蠕变法

　　过渡蠕变法的核心思想是将蠕变速率为 0 时所对应的最大应力视作岩石的长期强度（沈明荣等，2011；刘新喜等，2020）。这种方法是将岩石在蠕变过程中产生的扩容效应

和内部裂纹扩展过程相互联系起来，并认为存在一个引起岩石内部裂纹由稳定扩展向不稳定扩展过渡的应力阈值。当所施加的应力水平低于该阈值时，裂纹以较为稳定的速率发展，岩石不会发生蠕变破坏；当所施加的应力水平大于该阈值时，裂纹由稳定扩展转变为不稳定发展，直至岩石发生蠕变破坏。因此，通过分析岩石在蠕变过程中的蠕变速率变化，找出内部裂纹由稳定扩展向不稳定扩展过渡时所对应的应力阈值，即可确定出岩石的长期强度。然而，利用该方法确定岩石长期强度时，只能得到一个大致取值范围，并不能得到长期强度的精确数值。同时，根据该方法得到的岩石长期强度取值范围与蠕变试验中所施加的应力级差密切相关，施加的应力级差越小，岩石长期强度的取值范围也就越小。

（2）等时应力-应变曲线拐点法

利用等时应力-应变曲线拐点法确定长期强度的基本思路是根据不同应力水平下的岩石蠕变曲线在相同时间所对应的蠕变应变与应力水平之间的关系绘制成等时应力-应变曲线；然后将等时应力-应变曲线拐点（由直线向曲线转变时所对应的点）所对应的应力水平视作岩石的长期强度（武东生等，2016）。等时应力-应变曲线的拐点预示着岩石变形由黏弹性变形向黏塑性变形转变，标志着岩石内部结构发生变化，出现损伤。

图 3-8 给出了对图 3-2 中试验结果进行处理后得到的当时间 $t=5h$、$10h$、$20h$、$50h$、$80h$ 和 $115h$ 时的盐岩等时应力-应变曲线簇。由图 3-8 可以看出：

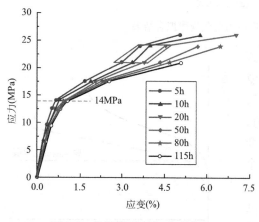

图 3-8　盐岩等时应力-应变曲线

① 对于某一时间的应力-应变曲线来说，当轴向应力不超过 9.5MPa 时，曲线近似为直线；当轴向应力超过 9.5MPa 后，随应力增大，应力-应变曲线逐渐向应变轴偏转；当时间为 5h、10h 和 20h 且轴向应力从 21MPa 增大到 24MPa 时，三条曲线均出现了向应力轴偏转的情况（图中菱形区域），这是由于轴向应力为 24MPa 的试件的离散性造成的。但从总体趋势来看，轴向应力越大，应力-应变曲线向应变轴偏转越明显。

② 随时间延长，盐岩等时应力-应变曲线也逐渐向应变轴偏转。以上分析表明，盐岩蠕变过程存在非线性特征，轴向应力越大，时间越长，非线性特征越明显。

利用等时曲线拐点法确定岩石长期强度，首先需要确定应力-应变曲线由直线向曲线过渡的拐点（偏转点），该法认为拐点对应的应力即为岩石长期强度。由图 3-8 可见，当轴向应力超过 14MPa 以后，盐岩等时应力-应变曲线向应变轴发生了明显偏转。因此，可将轴向应力为 14MPa 的数据点视为盐岩等时应力-应变曲线由直线向曲线过渡的拐点，由此可确定盐岩长期强度为 14MPa。

需要说明的是，利用等时曲线拐点法确定长期强度时首先需要根据蠕变试验结果做出岩石在不同蠕变时间下的应力-应变曲线，当荷载级数较多，试验数据量较大时，该方法在操作上稍显复杂。

（3）稳态蠕变率拐点法

蒋昱州等（2011）提出了一种根据稳态蠕变率-应力水平关系曲线拐点确定岩石长期强度的方法，该方法建议分别用两个线性函数拟合应力水平较低和较高时岩石稳态蠕变率-应力水平实测数据，则两条直线的交点即为稳态蠕变率-应力水平关系曲线的拐点，该拐点对应的应力即为岩石长期强度。

按照该方法分别用两个线性函数对图 3-6 中轴向应力较低（6.5MPa、9.5MPa 和 12.5MPa）和轴向应力较高（21MPa、24MPa 和 26MPa）时盐岩稳态蠕变率和轴向应力的关系进行拟合分析，可得两个线性函数的表达式分别为式（3-6）和式（3-7），相关系数分别为 0.9949 和 0.8872。

$$\dot{\varepsilon}_s = 1.67 \times 10^{-6}\sigma - 8.83 \times 10^{-6} \tag{3-6}$$

$$\dot{\varepsilon}_s = 2.18 \times 10^{-4}\sigma - 4.61 \times 10^{-3} \tag{3-7}$$

图 3-9 给出了利用稳态蠕变率拐点法确定盐岩长期强度的过程。根据式（3-6）和式（3-7）可确定本次试验所用盐岩试件的长期强度（图 3-9 中两直线交点对应的轴向应力）为 21.27MPa。从图 3-8 可以看出，当轴向应力为 21.27MPa 时，盐岩等时应力-应变曲线已经向应变轴发生了明显的偏转，因而根据稳态蠕变率拐点法确定的盐岩长期强度明显偏大。因此，该方法对于本次试验所用盐岩是不适用的。

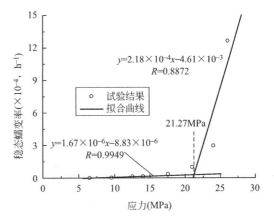

图 3-9　稳态蠕变率拐点法确定盐岩长期强度

（4）改进的稳态蠕变率拐点法

鉴于等时应力-应变曲线拐点法操作复杂，而稳态蠕变率拐点法适应性差的缺点，作者在稳态蠕变率拐点法的基础上提出了一种新的岩石长期强度确定方法，该方法包括以下步骤：

①对岩石试件开展一系列不同应力水平下的蠕变试验，通过处理试验数据获得岩石在不同应力水平下的稳态蠕变率；②将不同应力水平下的稳态蠕变率取倒数，并以应力水平为自变量、稳态蠕变率的倒数为因变量在直角坐标系中绘制岩石稳态蠕变率的倒数和应力水平的对应关系；③分别用两个线性函数拟合应力水平较低和应力水平较高时岩石稳态蠕变率的倒数和应力水平的关系；④将两条拟合曲（直）线延长并相交，该交点对应的应力即为岩石长期强度。

按照上述方法，对图 3-6 中盐岩稳态蠕变率取倒数后将其与轴向应力的对应关系绘制于直角坐标系中，见图 3-10。从图 3-10 可以看出，当轴向应力较低（6.5MPa、9.5MPa 和 12.5MPa）和较高（21MPa、24MPa 和 26MPa）时，盐岩稳态蠕变率的倒数均随轴向应力基本呈线性规律变化。分别用两个线性函数拟合轴向应力较低（6.5MPa、9.5MPa 和 12.5MPa）和较高（21MPa、24MPa 和 26MPa）时盐岩稳态蠕变率的倒数和轴向应力的关系，相关系数分别为 0.9998 和 0.9924。这两个线性函数的表达式分别为：

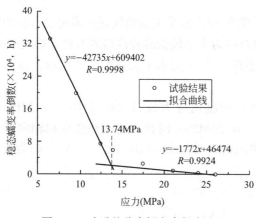

图 3-10 改进的稳态蠕变率拐点法
确定盐岩长期强度

$$\frac{1}{\dot{\varepsilon}_s} = -42735\sigma + 609402 \quad (3-8)$$

$$\frac{1}{\dot{\varepsilon}_s} = -1772\sigma + 46474 \quad (3-9)$$

根据式（3-8）和式（3-9）可确定盐岩长期强度（图 3-10 中两直线交点对应的轴向应力）为 13.74MPa。通过对比可以发现，改进的稳态蠕变率拐点法确定的盐岩长期强度值要明显低于稳态蠕变率拐点法，且该法确定的结果与等时应力-应变曲线拐点法确定的结果（14MPa）非常接近。若以等时曲线拐点法确定的长期强度值（14MPa）为基准，则改进稳态蠕变率拐点法确定结果的相对误差仅为 1.86%。可以看出，误差非常小，说明该方法是可行的。同时，从数据处理过程可以看出，该方法操作简单，方便实用，可为类似研究提供一定的参考和借鉴。

（5）改进稳态蠕变率拐点法的进一步验证

为了进一步说明改进稳态蠕变率拐点法的适用性，这里利用闫云明等（2017）提供的紫红色泥岩和张玉等（2016）提供的碎屑岩的试验结果对其进行了验证。

根据闫云明等（2017）紫红色泥岩在围压 2MPa、轴向偏应力分别为 4MPa、8MPa、12MPa、16MPa、20MPa、24MPa 和 28MPa 下的稳态蠕变率试验结果，按照改进稳态蠕变率拐点法确定岩石长期强度的步骤，将该泥岩稳态蠕变率的倒数与轴向偏应力的对应关系绘制于直角坐标系中（图 3-11），并分别用两个线性函数拟合低偏应力水平（4MPa、8MPa 和 12MPa）和高偏应力水平（20MPa、24MPa 和 28MPa）下泥岩稳态蠕变率倒数与轴向偏应力的关系。经拟合分析，这两个线性函数的表达式分别为式（3-10）和式（3-11），相关系数分别为 0.9993 和 0.9969。根据式（3-10）和式（3-11）可确定该泥岩在围压 2MPa 下的长期强度为 21.03MPa。闫云明等（2017）根据等时应力-应变曲线拐点法给出了其长期强度为 22.5MPa。若以等时曲线拐点法确定的结果（22.5MPa）为基准，则改进稳态蠕变率拐点法确定结果的误差为 6.5%。

$$\frac{1}{\dot{\varepsilon}_s} = -13393\Delta\sigma + 304762 \quad (3-10)$$

$$\frac{1}{\dot{\varepsilon}_s} = -3230\Delta\sigma + 91049 \quad (3-11)$$

式中：$\Delta\sigma$ 为偏应力。

此外，图 3-12 中给出了碎屑岩在围压为 2MPa，轴向偏应力分别为 1MPa、1.75MPa、2.5MPa、3.25MPa 和 4MPa 下稳态蠕变率的倒数和轴向偏应力的对应关系（张玉等，2016）。分别用两个线性函数拟合低偏应力水平（1MPa 和 1.75MPa）和高偏应力水平（3.25MPa 和 4MPa）下碎屑岩稳态蠕变率的倒数与轴向偏应力的关系，可得这两个线性函数的表达式分别为式（3-12）和式（3-13）。根据式（3-12）和式（3-13）可确定该碎屑岩在围压 2MPa 下的长期强度为 3.03MPa。张玉等（2016）根据等时应力-应变曲线拐点法给出了其长期强度为 3.28MPa。同样，若以等时曲线拐点法确定的结果（3.28MPa）为基准，则改进稳态蠕变率拐点法确定结果的误差为 7.7%。

$$\frac{1}{\dot{\varepsilon}_s} = -426\Delta\sigma + 1765 \tag{3-12}$$

$$\frac{1}{\dot{\varepsilon}_s} = -311\Delta\sigma + 1426 \tag{3-13}$$

　　基于以上分析，结合盐岩长期强度的确定结果可以看出，改进稳态蠕变率拐点法确定的岩石长期强度值与等时曲线拐点法的确定结果非常接近，误差较小，说明该方法具有一定的适用性。同时，从该方法数据处理过程可以看出，该法操作简单，方便实用，可为类似研究提供一定的参考和借鉴。

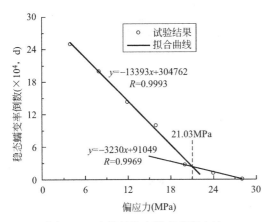

图 3-11　改进的稳态蠕变率拐点法
确定泥岩长期强度

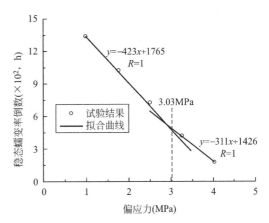

图 3-12　改进的稳态蠕变率拐点法
确定碎屑岩长期强度

3.2.2.5　蠕变损伤演化

　　Kachanov（1958）在分析外部荷载作用下材料力学性质劣化机理的基础上，提出以连续度来描述材料力学性质的劣化过程：

$$\frac{\mathrm{d}\varphi}{\mathrm{d}t} = -A\left(\frac{\sigma}{\varphi}\right)^v \tag{3-14}$$

式中：A 和 v 为材料常数；φ 为连续度，且与损伤变量 D 之间的关系满足（Bai 等，2014；Zhao 等，2018）：

$$\varphi + D = 1 \tag{3-15}$$

将式（3-14）代入式（3-15），可得：

$$\frac{\mathrm{d}D}{\mathrm{d}t} = A\left(\frac{\sigma}{1-D}\right)^v \tag{3-16}$$

对式（3-16）积分，可得岩石蠕变破坏时间 t_F：

$$t_F = \frac{1}{A(v+1)\sigma^v} \tag{3-17}$$

　　根据本次试验结果可知，轴向应力 σ_1 为 24MPa 和 26MPa 时，CX7 和 CX8 盐岩试件在试验过程中发生了蠕变破坏，对应的蠕变破坏时间 t_F 分别为 98.60h 和 28.62h。将 $\sigma_1 =$

24MPa、$t_F = 98.60$h 和 $\sigma_1 = 26$MPa、$t_F = 28.62$h 分别代入式（3-17），建立二元一次方程组。通过求解该二元一次方程组可得参数 $A = 2.89 \times 10^{-9}$，$v = 15.45$。将参数 A 和 n 的数值代入式（3-17），可得预测盐岩在任意轴向应力下蠕变破坏时间的数学表达式：

$$t_F = 2.11 \times 10^{23} \sigma_1^{-15.45} \tag{3-18}$$

结合式（3-16）和式（3-18）可得：

$$D = 1 - \left(1 - \frac{t}{2.11 \times 10^{23} \sigma_1^{-15.45}}\right)^{0.06} \tag{3-19}$$

根据式（3-19）可得 CX1～CX8 盐岩试件的蠕变损伤演化过程，如图 3-13 所示。可以看出，随蠕变时间延长，盐岩内部损伤逐渐增大；但在衰减蠕变阶段和稳态蠕变阶段产生的损

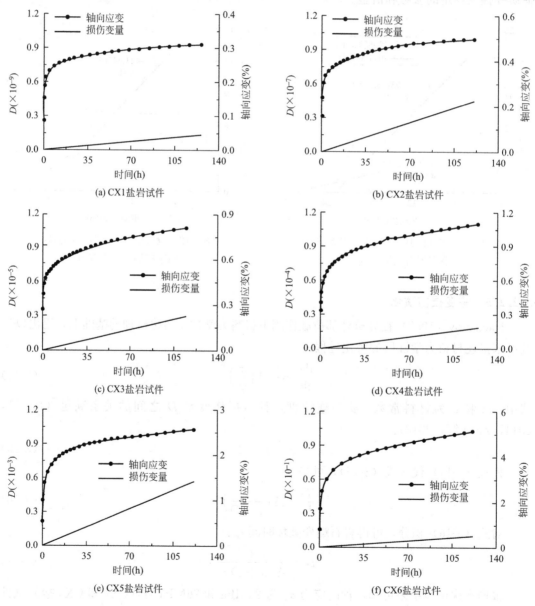

图 3-13 盐岩蠕变损伤演化过程（一）

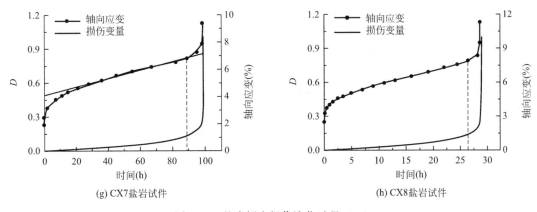

(g) CX7盐岩试件　　　　　　　　　　(h) CX8盐岩试件

图 3-13　盐岩蠕变损伤演化过程（二）

伤相对较小，只有进入加速蠕变阶段，损伤才快速发展，直至盐岩试件发生蠕变破坏。

3.2.3　盐岩黏弹塑性应变特性

　　岩石蠕变过程中产生的总应变包括与时间无关的瞬时应变和随蠕变时间延长而逐渐增大的蠕变应变两部分。其中，瞬时应变由可恢复的瞬时弹性应变和不可恢复的瞬时塑性应变两部分组成；类似地，蠕变应变由可恢复的黏弹性蠕变应变和不可恢复的黏塑性蠕变应变两部分组成。如果能将岩石在蠕变过程中产生的总应变分离成上述四部分，则对于正确理解岩石的变形机理和建立合理的蠕变模型均具有重要意义。然而，目前对盐岩在经历长时间蠕变之后的卸载回弹特性研究较少，且既有基于元件组合模型建立的岩石蠕变模型几乎均未考虑岩石在加载过程中产生的瞬时塑性应变（即将岩石瞬时应变近似视为弹性变形），因而导致模型参数的确定不够准确。基于上述认识，本节在分析盐岩单轴压缩蠕变和卸载回弹试验结果的基础上，首次将盐岩试件总应变分离成瞬时弹性应变、瞬时塑性应变、黏弹性蠕变应变和黏塑性蠕变应变四部分，并分析了各部分应变随轴向应力的变化规律。

　　图 3-14 为岩石蠕变及卸载回弹曲线示意图。蠕变过程中，岩石在任意时刻 t_0 所产生的轴向总应变 ε 由加载过程产生的与时间无关的瞬时应变 ε_n 和恒定荷载作用下随蠕变时间延长而不断增大的蠕变应变 ε_c 两部分组成，即：

$$\varepsilon = \varepsilon_n + \varepsilon_c \qquad (3-20)$$

　　加载过程产生的瞬时应变 ε_n 由卸载后可恢复的瞬时弹性应变 ε_{ne} 和不可恢复的瞬时塑性应变 ε_{np} 两部分组成，即：

$$\varepsilon_n = \varepsilon_{ne} + \varepsilon_{np} \qquad (3-21)$$

　　其中，瞬时应变 ε_n 可根据试验结果直接得到，而瞬时弹性应变 ε_{ne} 也可根据卸载试验直接得到，则瞬时塑性应变 ε_{np} 为：

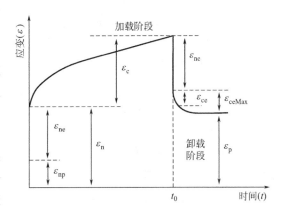

图 3-14　岩石蠕变及卸载曲线示意图

$$\varepsilon_{np} = \varepsilon_n - \varepsilon_{ne} \tag{3-22}$$

恒定荷载作用下，岩石蠕变应变 ε_c 由卸载后随时间延长而逐渐恢复的黏弹性蠕变应变 ε_{ce} 和不可恢复的黏塑性蠕变应变 ε_{cp} 两部分组成，即：

$$\varepsilon_c = \varepsilon_{ce} + \varepsilon_{cp} \tag{3-23}$$

结合式（3-20）和式（3-23），则有：

$$\varepsilon_{cp} = \varepsilon - \varepsilon_n - \varepsilon_{ce} \tag{3-24}$$

其中，岩石总应变量 ε 和瞬时应变 ε_n 可由试验结果直接得到，黏弹性蠕变应变 ε_{ce} 可根据卸载回弹试验得到。因此，利用式（3-24）即可计算 t_0 时刻岩石所产生的黏塑性应变 ε_{cp}。

此外，岩石总塑性应变 ε_p 由瞬时塑性应变 ε_{np} 和黏塑性蠕变应变 ε_{cp} 两部分组成，则有：

$$\varepsilon_p = \varepsilon_{np} + \varepsilon_{cp} \tag{3-25}$$

按照上述数据处理方法对图 3-2（a）中 CX1、CX2、CX4、CX5 和 CX6 盐岩试件的试验结果进行处理，可得到这 5 个盐岩试件在不同轴向应力下的瞬时弹性应变、瞬时塑性应变、黏弹性蠕变应变和黏塑性蠕变应变的具体数值。

3.2.3.1 瞬时弹性应变

根据图 3-2（a）中卸载试验结果，CX1、CX2、CX4、CX5 和 CX6 试件的瞬时弹性应变 ε_{ne} 分别为 0.0510%、0.0706%、0.0796%、0.1028% 和 0.1326%。图 3-15 给出了盐岩瞬时弹性应变随轴向应力的变化规律。可以看出，随轴向应力增加，盐岩试件瞬时弹性应变也逐渐增大。

岩石材料的弹性应力-应变关系通常用 Hooke 定律来描述，即：

$$E = \frac{\sigma_1}{\varepsilon_{ne}} \tag{3-26}$$

根据式（3-26）可计算得到这 5 个盐岩试件的弹性模量分别为 12745MPa、13456MPa、17588MPa、17023MPa 和 15837MPa。可以看出，尽管这 5 个盐岩试件的弹性模量存在一定的差别，但总体而言差别不大。因此，本次试验所用盐岩试件的弹性模量可采用取平均值的方法确定为 $E = 15330MPa$。将 $E = 15330MPa$ 代入式（3-26），进而可绘制出盐岩轴向应力-瞬时弹性应变关系理论曲线（图 3-15 中直线）。可以看出，总体而言，理论曲线能够较好地反映盐岩试件瞬时弹性应变随轴向应力的变化规律。因此，本次试验所用盐岩试件的轴向应力-瞬时弹性应变关系可用 Hooke 定律来描述。

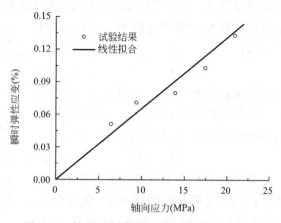

图 3-15　轴向应力对盐岩试件瞬时弹性应变的影响规律

3.2.3.2 瞬时塑性应变

根据图 3-2（a）中试验结果，CX1、CX2、CX4、CX5 和 CX6 盐岩试件在轴向应力施加后所产生的瞬时应变 ε_n 分别为 0.0858%、0.1546%、0.3332%、0.5288% 和 0.7878%。根据式（3-21），将各盐岩试件在加载过程中产生的瞬时应变 ε_n 减去对应的瞬时弹性应变 ε_{ne}，可得其瞬时塑性应变 ε_{np}。经计算，这 5 个盐岩试件的瞬时塑性应变分别为 0.0348%、0.0840%、0.2536%、0.4260% 和 0.6552%。图 3-16 给出了盐岩瞬时塑性应变随轴向应力的变化规律。可以看出，随轴向应力增加，盐岩瞬时塑性应变呈非线性增大趋势。

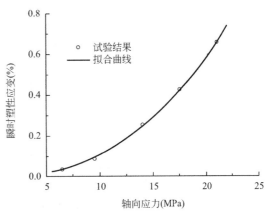

图 3-16　轴向应力对盐岩试件瞬时塑性应变的影响规律

经拟合分析，盐岩瞬时塑性应变随轴向应力的变化规律可用式（3-27）表示的函数来描述，相关系数 R 为 0.999。图 3-16 中同时给出了拟合曲线和试验结果的对比情况。可以看出，两者吻合良好，进而说明式（3-27）可以很好地描述轴向应力和盐岩试件瞬时应变之间的关系。

$$\varepsilon_{np} = 4.025 \times 10^{-6} \sigma_1^{2.431} \tag{3-27}$$

此外，这 5 个盐岩试件瞬时塑性应变与瞬时总应变的比值（$\varepsilon_{np}/\varepsilon_n$）分别为 0.41、0.54、0.76、0.81 和 0.83。由此可知，随轴向应力增加，盐岩试件瞬时塑性应变与瞬时总应变的比值也逐渐增大。当轴向应力从 6.5MPa 增加到 21MPa 时，盐岩瞬时塑性应变占瞬时应变的比重从 41% 增加到了 83%，而瞬时弹性应变所占比重从 59% 减小到了 17%。即在较高的轴向应力下，盐岩试件瞬时应变主要由不可恢复的瞬时塑性应变构成，而瞬时弹性应变所占比例较小。

3.2.3.3　黏弹性蠕变应变

研究表明，岩石在恒定荷载作用下所产生的黏弹性蠕变应变随蠕变时间延长而逐渐增大，但其存在最大值。当岩石黏弹性应变达到该轴向应力下的最大值后将不再随蠕变时间延长而发生变化。此外，岩石黏弹性蠕变应变在轴向应力卸载后可随蠕变时间延长而全部恢复，因而岩石黏弹性蠕变应变具有可逆性（赵延林等，2016；Zhao 等，2009）。根据黏弹性蠕变应变的可逆性可知，岩石在恒定荷载作用下经过时间 t_1 时所产生的黏弹性蠕变应变 $\varepsilon_{ce}(t_1)$ 应与卸载后经过时间 t_1 时岩石恢复的黏弹性蠕变应变 $\varepsilon'_{ce}(t_1)$ 相等（赵延林等，2008），如图 3-17 所示。

根据图 3-2（a）中卸载试验结果可得到 CX1、CX2、CX4、CX5 和 CX6 盐岩试件在加载蠕变过程中的黏弹性蠕变曲线，如图 3-18 所示。可以看出，轴向应力 σ_1 为 6.5MPa、9.5MPa、14MPa、17.5MPa 和 21MPa 时，CX1、CX2、CX4、CX5 和 CX6 盐岩试件黏弹性蠕变应变分别经过大约 13h、23h、27.5h、19h 和 21h 后达到了最大值，此后各盐岩试件的黏弹性蠕变应变将保持最大值而不再随蠕变时间发生变化（见图 3-18 中虚线）。由此可知，各盐岩试件黏弹性蠕变变形过程持续的时间相对较短（均在 30h 之内），且轴向应力对盐岩试件黏弹性蠕变变形过程的持续时间没有明显影响。此外，从图 3-18 还可以看

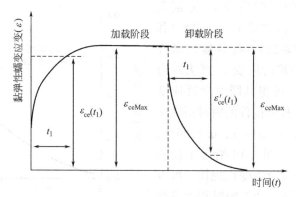

图 3-17 岩石黏弹性蠕变曲线示意图

出，盐岩试件最大黏弹性蠕变应变随轴向应力增加而逐渐增大。

在元件组合蠕变模型中，岩石最大黏弹性蠕变应变 ε_{ceMax} 可利用式（3-28）进行计算，即：

$$\varepsilon_{ceMax} = \frac{\sigma_1}{3G_K} \tag{3-28}$$

式中：G_K 为岩石黏弹性剪切模量。

经计算，CX1、CX2、CX4、CX5 和 CX6 盐岩试件在蠕变过程中产生的最大黏弹性蠕变应变分别为 0.0111%、0.0156%、0.0274%、0.0356% 和 0.0416%。根据式（3-28）可确定上述 5 个盐岩试件的黏弹性剪切模量分别为 19520MPa、20299MPa、17032MPa、16386MPa 和 16827MPa。结合这 5 个盐岩试件弹性模量可以看出，对于本次试验所用盐岩试件，无论是弹性模量，还是黏弹性剪切模量，其值均比较接近。因此，可认为这 2 个参数是盐岩材料常数，与轴向应力无关。对这 5 个盐岩试件的黏弹性剪切模量取平均值，可确定本次试验所用盐岩试件的黏弹性剪切模量为 $G_K=18013$MPa。将 $G_K=18013$MPa 代入式（3-28）即可预测盐岩试件最大黏弹性蠕变应变随轴向应力的变化规律。图 3-19 给出了理论曲线（直线）和试验结果的对比情况。可以看出，总体而言，两者吻合良好。因此，本次试验所用盐岩试件的最大黏弹性蠕变应变随轴向应力增加近似呈线性规律增大。

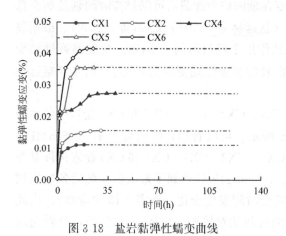

图 3-18 盐岩黏弹性蠕变曲线

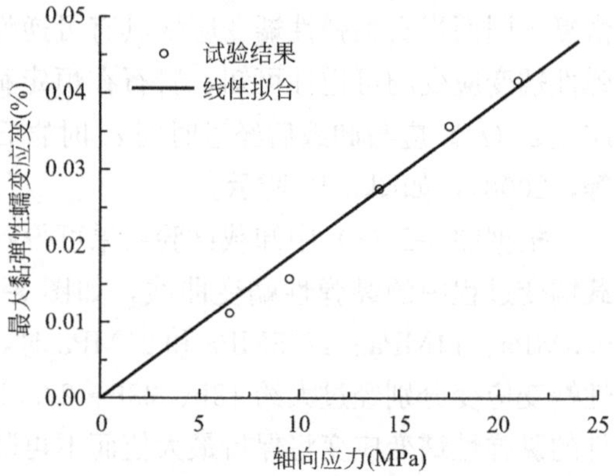

图 3-19 轴向应力对盐岩试件最大黏弹性蠕变应变的影响规律

3.2.3.4 黏塑性蠕变应变

将盐岩试件在蠕变时间为 t 时所产生的总应变 $\varepsilon(t)$ 减去加载过程产生的瞬时应变 ε_n 可得盐岩在该时刻的蠕变应变 $\varepsilon_c(t)$；再将 $\varepsilon_c(t)$ 减去盐岩在该时刻产生的黏弹性蠕变应变 $\varepsilon_{ce}(t)$，可得盐岩试件在该时刻产生的黏塑性蠕变应变 $\varepsilon_{cp}(t)$。按照上述处理方法对图 3-2（a）中加载阶段盐岩蠕变试验结果进行处理可得到 CX1、CX2、CX4、CX5 和 CX6 盐岩试件在加载蠕变过程中的黏塑性蠕变曲线，如图 3-20 所示。可以看出，这 5

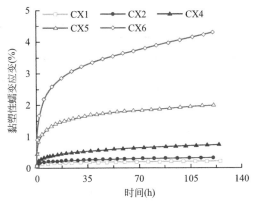

图 3-20 盐岩黏塑性蠕变曲线

个盐岩试件在蠕变过程中产生的黏塑性蠕变应变随蠕变时间的变化过程也包括衰减蠕变和稳态蠕变两个阶段，且经过相同蠕变时间后，轴向应力越大，盐岩所产生的黏塑性蠕变应变也就越大。

蠕变时间为 40h、80h 和 120h 时，这 5 个盐岩试件所产生的蠕变应变 ε_c、黏弹性蠕变应变 ε_{ce} 和黏塑性蠕变应变 ε_{cp} 的具体数值见表 3-3～表 3-5。可以看出，轴向应力相同时，随蠕变时间延长，盐岩试件黏塑性应变与蠕变应变的比值（$\varepsilon_{cp}/\varepsilon_c$）逐渐增大；而在蠕变时间相同的情况下，随轴向应力增加，盐岩试件黏塑性应变与蠕变应变的比值（$\varepsilon_{cp}/\varepsilon_c$）也逐渐增大。此外，当轴向应力为 6.5MPa 时，经过 40h 蠕变后，盐岩试件黏塑性应变与蠕变应变的比值（$\varepsilon_{cp}/\varepsilon_c$）为 0.943；当轴向应力为 21MPa 时，经过 120h 蠕变后，盐岩试件黏塑性应变与蠕变应变的比值（$\varepsilon_{cp}/\varepsilon_c$）达到了 0.990。由此可知，在外加荷载作用下，盐岩试件所产生的蠕变应变主要由不可恢复的黏塑性蠕变应变贡献，而可恢复的黏弹性蠕变应变仅占非常小的比例，且蠕变时间越长、轴向应力越大，黏塑性蠕变应变占总蠕变应变的比重越大。

$t=40h$ 时盐岩 ε_c、ε_{ce} 和 ε_{cp} 数值　　　　　表 3-3

试件编号	$\varepsilon_c(\%)$	$\varepsilon_{ce}(\%)$	$\varepsilon_{cp}(\%)$	$\varepsilon_{ce}/\varepsilon_c$	$\varepsilon_{cp}/\varepsilon_c$
CX1(6.5MPa)	0.1955	0.0111	0.1844	0.057	0.943
CX2(9.5MPa)	0.2894	0.0156	0.2738	0.054	0.946
CX4(14MPa)	0.5795	0.0274	0.5521	0.047	0.953
CX5(17.5MPa)	1.7333	0.0356	1.6977	0.021	0.979
CX6(21MPa)	3.4268	0.0416	3.3852	0.012	0.988

$t=80h$ 时盐岩 ε_c、ε_{ce} 和 ε_{cp} 数值　　　　　表 3-4

试件编号	$\varepsilon_c(\%)$	$\varepsilon_{ce}(\%)$	$\varepsilon_{cp}(\%)$	$\varepsilon_{ce}/\varepsilon_c$	$\varepsilon_{cp}/\varepsilon_c$
CX1(6.5MPa)	0.2112	0.0111	0.2001	0.053	0.947
CX2(9.5MPa)	0.3236	0.0156	0.3080	0.048	0.952
CX4(14MPa)	0.6838	0.0274	0.6564	0.040	0.960
CX5(17.5MPa)	1.8863	0.0356	1.8507	0.019	0.981
CX6(21MPa)	3.9080	0.0416	3.8664	0.011	0.989

$t=120\text{h}$ 时盐岩 ε_c、ε_{ce} 和 ε_{cp} 数值   表 3-5

试件编号	$\varepsilon_c(\%)$	$\varepsilon_{ce}(\%)$	$\varepsilon_{cp}(\%)$	$\varepsilon_{ce}/\varepsilon_c$	$\varepsilon_{cp}/\varepsilon_c$
CX1(6.5MPa)	0.2237	0.0111	0.2126	0.050	0.950
CX2(9.5MPa)	0.3413	0.0156	0.3257	0.046	0.954
CX4(14MPa)	0.7553	0.0274	0.7279	0.036	0.964
CX5(17.5MPa)	2.0223	0.0356	1.9867	0.018	0.982
CX6(21MPa)	4.3324	0.0416	4.2908	0.010	0.990

图 3-21 给出了蠕变时间 $t=120\text{h}$ 时，上述 5 个盐岩试件黏塑性蠕变应变随轴向应力的变化规律。可以看出，在蠕变时间相同的情况下，盐岩试件黏塑性蠕变应变随轴向应力增加呈非线性快速增大的变化趋势。经过拟合分析，盐岩试件黏塑性蠕变应变随轴向应力的变化规律可用式（3-29）表示的指数函数很好地描述，相关系数 R 为 0.999。图 3-21 中给出了拟合曲线和试验结果的对比情况。可以看出，两者吻合良好。

$$\varepsilon_{cp}(\sigma_1) = 3.69 \times 10^{-4}\left[\exp(0.227\sigma_1) - 1\right] \tag{3-29}$$

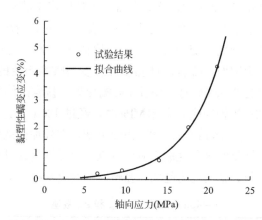

图 3-21   轴向应力对盐岩试件黏塑性蠕变应变的影响规律（$t=120\text{h}$）

3.3   盐岩单轴压缩蠕变过程中微细观孔隙结构变化规律

为了研究盐岩单轴压缩蠕变过程中其内部微细观孔隙结构的变化规律及轴向应力对微细观孔隙结构演化的影响规律，对盐岩开展了不同轴向应力下的单轴压缩蠕变试验，并利用扫描电镜、核磁共振等试验设备对试验前后盐岩的微细观结构进行了测试。

3.3.1   试验概况

3.3.1.1   试件制备及试验设备

试验对象为巴基斯坦盐岩，试件制备情况同 2.5.1.1 节。本次单轴压缩蠕变试验在 WAW-60 型微机控制电液伺服岩石刚性试验机（图 2-6）上完成，核磁共振设备采用 MacroMR 12-150H-I 型核磁共振分析与成像系统（图 2-33），电镜扫描设备采用 Quanta 200

型电镜（图 3-22），该设备具有景深大、分辨率高、成像直观、立体感强、放大倍数范围宽等特点。

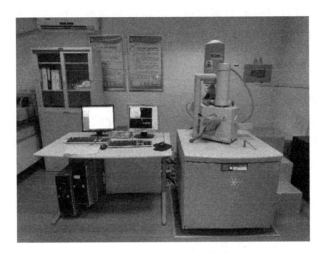

图 3-22　Quanta 200 型扫描电镜

3.3.1.2　试验方案

选取 6 个盐岩试件分别开展了轴向应力为 5MPa、10MPa、15MPa、20MPa 和 25MPa 下的单轴压缩蠕变试验。加载方式为单级加载（对各试件只施加一级轴向荷载），具体试验方案见表 3-6。

盐岩单轴压缩蠕变试验方案　　　　　　　　　　　表 3-6

试件编号	F-1	F-2	F-3	F-4	F-5	F-6
轴向应力 σ_1（MPa）	5	10	15	20	25	10

3.3.1.3　试验步骤

具体试验步骤如下：

（1）取 1 个试件（F-1～F-6 之外）进行电镜扫描，获得盐岩的初始细观结构形貌特征；

（2）将试件（F-1～F-5）在饱和卤水中进行负压饱和，饱和完成后，将试件取出并擦干表面水分，用保鲜膜进行封装、密封，进行核磁共振试验，获得试件初始孔隙结构参数；

（3）拆掉试件表面的保鲜膜，将试件放入恒温烘箱中在 40℃温度下进行烘干，每隔 2h 将试件取出称重，直至试件达到恒重；

（4）将盐岩试件安装在试验机上；

（5）以 0.4kN/s 的加载速率将轴向应力 σ_1 加载到各试件轴向应力设定值；

（6）维持轴向应力恒定，对盐岩试件变形过程进行记录，直至蠕变时间达到 200h 左右后卸载轴向应力；

（7）将试验后的盐岩试件在饱和卤水中进行饱和，饱和完成后将试件取出擦干表面水分后，用保鲜膜进行封装、密封，进行核磁共振试验，获得试验后试件的孔隙结构参数；

（8）将试验后的试件（F-1～F-5）进行电镜扫描。

此外，为研究盐岩微细观孔隙结构随蠕变时间的变化规律，取 F-6 试件进行蠕变试验，且每隔 40h 后卸载进行核磁共振测试，之后重新加载进行蠕变试验，直至试验结束，具体试验过程同步骤（2）～（7）。

3.3.2 宏观试验结果分析

（1）轴向蠕变曲线

图 3-23 给出了盐岩试件在不同轴向应力下的蠕变曲线。可以看出：①轴向应力从 0 增加至预设值的过程中，盐岩试件产生瞬时应变；②当轴向应力增加至预设值后，蠕变曲线在经历衰减蠕变阶段后开始进入稳态蠕变阶段。在本次试验所施加的不同恒定轴向应力作用下，F-1～F-5 盐岩试件在试验过程中均未出现加速蠕变阶段。同时，从图 3-23 还可以看出，轴向应力越大，衰减蠕变阶段持续时间越长，进入稳态蠕变所需时间越长。在轴向应力为 5MPa、10MPa、15MPa、20MPa、25MPa 时，盐岩试件进入稳态蠕变阶段所需时间分别为 11h、21h、34h、48h 和 71h。

（2）瞬时应变

从图 3-23 可看出，对盐岩试件施加轴向应力后，试件立即产生瞬时变形。当轴向应力为 5MPa、10MPa、15MPa、20MPa 和 25MPa 时，盐岩瞬时应变分别为 0.278%、0.438%、0.657%、1.253%、2.466%。图 3-24 给出了盐岩瞬时应变随轴向应力的变化规律。可以看出，随轴向应力增加，盐岩试件瞬时应变呈非线性规律增加。10MPa、15MPa、20MPa 和 25MPa 轴向应力下的瞬时应变分别为轴向应力为 5MPa 时瞬时应变的 1.6、2.4、4.5、8.9 倍。说明随着轴向应力的增加，盐岩瞬时应变增大，且轴向应力越大，瞬时应变增加越多。

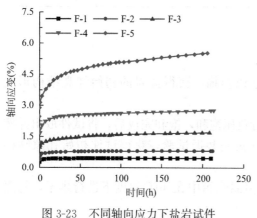

图 3-23　不同轴向应力下盐岩试件
轴向蠕变曲线

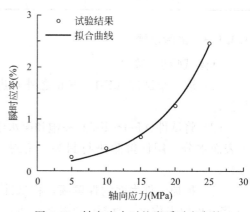

图 3-24　轴向应力对盐岩瞬时应变的
影响规律

通过拟合分析，盐岩瞬时应变和轴向应力之间的关系可用式（3-30）描述，相关系数为 0.994。图 3-24 同时给出了试验结果和拟合曲线的对比。可以看出，两者较为贴合，说明式（3-30）可以较好地反映试验所用试件瞬时应变随轴向应力的变化规律。

$$\varepsilon_n = 0.1077\exp(0.124796\sigma_1) \tag{3-30}$$

（3）蠕变应变

蠕变时间为 200h 时，F-1～F-5 试件产生的总轴向应变分别为 0.467%、0.826%、1.690%、2.748% 和 5.522%。将各试件在 200h 时的总轴向应变减去对应的瞬时应变，可得这 5 个试件在该时刻的蠕变应变，分别为 0.189%、0.388%、1.033%、1.495% 和 3.056%。图 3-25 给出了 200h 时盐岩蠕变应变随轴向应力的变化规律。可以看出，随着轴向应力增大，F-1～F-5 试件的蠕变应变逐渐增加。

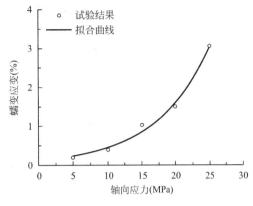

图 3-25　轴向应力对盐岩蠕变应变的影响规律

通过对试验数据进行拟合分析，盐岩蠕变应变和轴向应力之间的关系可用式（3-31）表示的函数关系来描述，相关系数为 0.987。图 3-25 同时给出了拟合曲线和试验结果的对比。可以看出，试验值与拟合曲线吻合较好，说明式（3-31）可以较好地描述盐岩试件蠕变应变随轴向应力的变化规律。

$$\varepsilon_c = 0.126 \exp(0.127\sigma_1) \tag{3-31}$$

（4）蠕变速率

通过对蠕变数据进行处理，可得到图 3-26 所示的不同轴向应力水平下盐岩蠕变率与

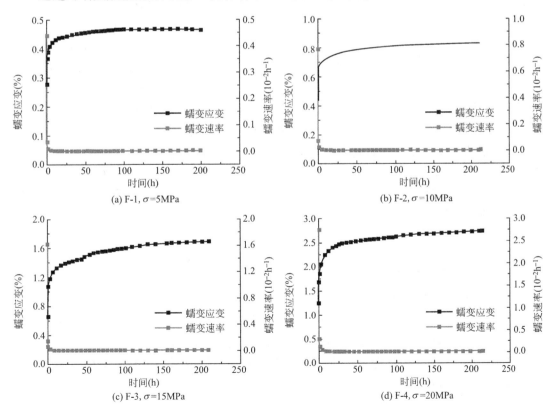

(a) F-1, σ=5MPa

(b) F-2, σ=10MPa

(c) F-3, σ=15MPa

(d) F-4, σ=20MPa

图 3-26　盐岩蠕变率随时间的变化曲线（一）

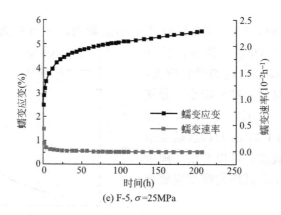

(e) F-5, $\sigma = 25\text{MPa}$

图 3-26   盐岩蠕变率随时间的变化曲线（二）

时间的关系曲线。可以看出，不同轴向应力下盐岩蠕变率随时间的变化过程为先随时间不断减小后基本保持不变，随时间延长，蠕变速率先快速减小，并很快接近一固定值，然后近似保持这一固定值不再随时间变化。

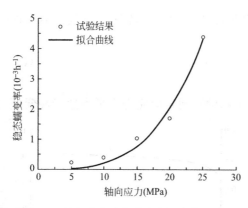

图 3-27   轴向应力对盐岩稳态蠕变率的影响

图 3-27 给出了盐岩稳态蠕变率随轴向应力的变化规律。可以看出，稳态蠕变率随着轴向应力的增加而增大。当轴向应力分别为 5MPa、10MPa、15MPa、20MPa、25MPa 时，相应的稳态蠕变率分别为 $2.1 \times 10^{-4} \text{h}^{-1}$、$3.9 \times 10^{-4} \text{h}^{-1}$、$1.0 \times 10^{-3} \text{h}^{-1}$、$1.7 \times 10^{-3} \text{h}^{-1}$、$4.4 \times 10^{-3} \text{h}^{-1}$。与轴向应力 5MPa 时相比，轴向应力为 25MPa 时，盐岩稳态蠕变率从 $2.1 \times 10^{-4} \text{h}^{-1}$ 增大到 $4.4 \times 10^{-3} \text{h}^{-1}$，提高了约 21 倍，可见轴向应力对盐岩稳态蠕变率的影响之大。

关于盐岩稳态蠕变率的研究表明，幂函数可以较好地描述轴向应力与盐岩稳态蠕变率之间的关系。因此，这里利用幂函数对盐岩稳态蠕变率和轴向应力的关系进行了拟合（式 3-32），相关系数为 0.9707。图 3-27 同时给出了拟合曲线与试验结果的对比，可以看出，两者吻合良好。

$$\dot{\varepsilon}_s = 7.52 \times 10^{-5} \sigma_1^{3.404} \tag{3-32}$$

3.3.3   SEM 试验结果分析

（1）试验前细观结构形貌特征

选取一未进行蠕变试验的盐岩试件，从该试件两处不同位置处取样制备了 y-1 和 y-2 两个小试块进行 SEM 扫描，扫描结果见图 3-28。可以看出，试验前盐岩试件结构十分致密，细观结构完整性好，孔隙及裂隙少。这也从细观角度说明盐岩具有结构致密，孔隙率、渗透率低等特点。

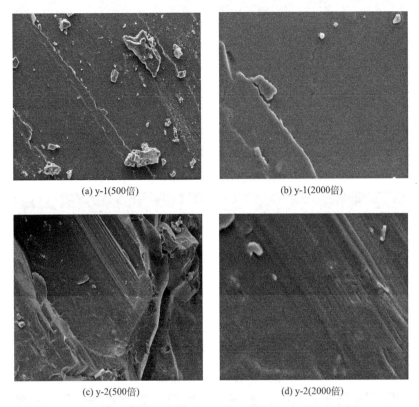

(a) y-1(500倍)　　　　　　　　　　(b) y-1(2000倍)

(c) y-2(500倍)　　　　　　　　　　(d) y-2(2000倍)

图 3-28　初始状态下盐岩细观结构 SEM 扫描图

（2）试验后细观结构形貌特征

图 3-29 给出了 F-1～F-5 试件试验后的细观结构扫描图像。由图 3-29 可以看出，与初始状态相比，蠕变试验后盐岩细观结构变化较为明显。试验后，盐岩细观结构表现出明显的脆性形貌特征，细观结构形貌有解理台阶、解理平台、河流花样、沿晶裂纹以及穿晶裂纹等。

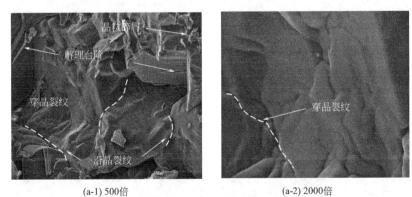

(a-1) 500倍　　　　　　　　　　(a-2) 2000倍

(a) F-1试件(轴向应力5MPa)

图 3-29　蠕变试验后盐岩试件的 SEM 扫描图（一）

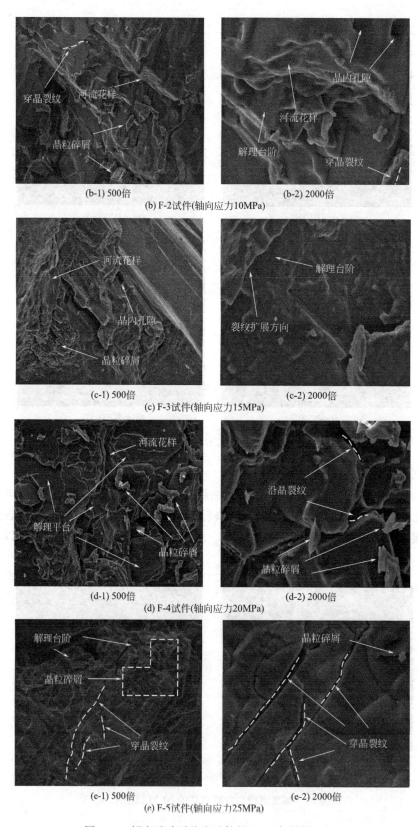

图 3-29　蠕变试验后盐岩试件的 SEM 扫描图（二）

放大 500 倍的图片表明，当轴向应力不超过 15MPa 时，部分 SEM 图像可观察到沿晶裂纹和穿晶裂纹，但数量较少，宽度较窄，细观结构形貌以解理台阶、河流花样为主；轴向应力为 20MPa 时，细观形貌以解理平台和河流花样为主；轴向应力为 25MPa 时，细观形貌以解理台阶和穿晶裂纹为主。放大 2000 倍的图片表明，当轴向应力不超过 15MPa 时，盐岩沿晶裂纹和穿晶裂纹的数量较少，宽度较窄；轴向应力为 20MPa 时，盐岩沿晶裂纹宽度增加；轴向应力为 25MPa 时，穿晶裂纹数量变多，宽度增加，细观结构形貌以穿晶裂纹为主。

综上所述，当轴向应力不超过 15MPa 时，盐岩穿晶裂纹的数量较少，宽度较窄，细观结构形貌以解理台阶、河流花样为主。当轴向应力为 20MPa 时，盐岩沿晶裂纹宽度增加，并出现解理平台，这是因为在较高轴向应力水平下，无数小解理平台不断贯通汇集成大晶体解理平台。轴向应力为 25MPa 时，穿晶裂纹数量变多，宽度增加，细观结构形貌以穿晶裂纹为主。这是因为盐岩在高应力水平蠕变下，晶体破裂较为完全，无数小晶体被穿晶裂纹贯穿，穿晶裂纹不断贯通最终形成大晶体穿晶裂纹。

3.3.4　核磁共振试验结果分析

3.3.4.1　孔隙尺寸分布

（1）孔隙尺寸分布随轴向应力的变化

图 3-30 给出了不同轴向应力下盐岩试件试验前后的孔隙孔径分布曲线。可以看出：

① 试验前，试件 F-1～F-5 内部的最小孔隙半径分别为 $1.04 \times 10^{-2} \mu m$、$2.62 \times 10^{-4} \mu m$、$1.57 \times 10^{-2} \mu m$ 和 $1.19 \times 10^{-2} \mu m$，试验后的最小孔隙半径分别为 $1.38 \times 10^{-3} \mu m$、$2.28 \times 10^{-4} \mu m$、$8.41 \times 10^{-3} \mu m$ 和 $1.04 \times 10^{-2} \mu m$。即经过约 200h 蠕变后，这 4 个试件的最小孔隙半径均出现一定程度的减小，表明在试验过程中盐岩内部萌生了孔隙半径更小的纳米孔隙。试件 F-1～F-5 试验前的最大孔隙半径分别为 $3.53 \mu m$、$13.21 \mu m$、$14.16 \mu m$ 和 $11.50 \mu m$，试验后的最大孔隙半径分别为 $8.13 \mu m$、$16.27 \mu m$、$16.27 \mu m$ 和 $18.70 \mu m$。即经过约 200h 蠕变后，这 4 个试件的最大孔隙半径均有所增大，表明盐岩内部既有孔隙在试验过程中不断扩展贯通形成孔隙半径更大的微观孔隙。

② 试验前，F-5 试件内部的最小孔隙半径为 $4.50 \times 10^{-3} \mu m$，试验后的最小孔隙半径为 $2.221 \times 10^{-2} \mu m$。即在 25MPa 轴向应力下经过约 200h 蠕变后，此试件内部的最小孔隙半径出现了一定程度的增大，这说明盐岩内部有孔隙半径较小的纳米孔隙在试验过程中扩展贯通形成孔隙半径较大的孔隙。此外，F-5 试件试验前的最大孔隙半径为 $12.33 \mu m$，试验后的最大孔隙半径为 $60.86 \mu m$。即在 25MPa 轴向应力下经过约 200h 蠕变后，此试件内部的最大孔隙半径增大，这说明盐岩内部既有孔隙在试验过程中不断扩展贯通形成孔隙半径更大的孔隙。

综上所述，相较于试验前的孔隙半径分布情况，试验后盐岩内部的最大孔隙半径均有所增大，而最小孔隙半径的变化与应力水平有关。蠕变应力为 5MPa、10MPa、15MPa、20MPa 时，蠕变试验后最小孔隙半径小于试验前的最小孔隙半径；蠕变应力为 25MPa 时，蠕变试验后最小孔隙半径大于试验前的最小孔隙半径。

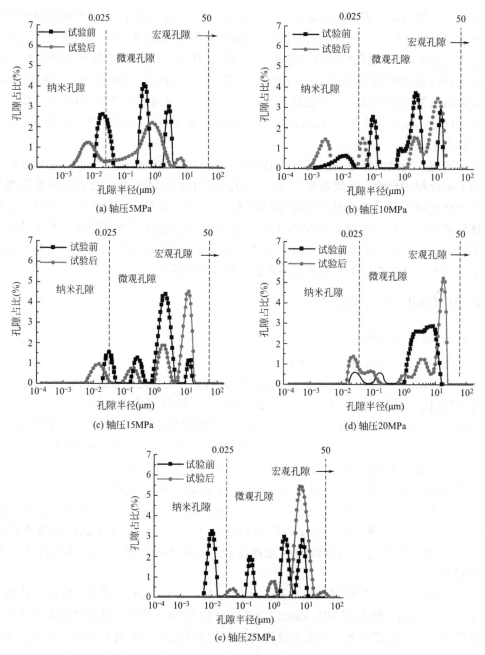

图 3-30 不同轴向应力下盐岩孔隙孔径分布曲线

（2）盐岩孔隙尺寸分布随蠕变时间的变化

图 3-31 给出了轴向应力为 10MPa 时，F-6 试件孔隙尺寸分布曲线随蠕变时间的变化规律。从图中可以看出：

① 蠕变时间从 0 增加到 80h 时，最小孔隙半径从 $5.18 \times 10^{-3} \mu m$ 减小至 $2.58 \times 10^{-3} \mu m$，最大孔隙半径从 $10.73 \mu m$ 增大到 $98.94 \mu m$。因此，当时间不超过 80h 时，随着时间延长，盐岩内部逐渐萌生出半径更小的纳米孔隙，同时既有孔隙逐渐贯通形成了半径更大的微观孔隙。

② 当蠕变时间从 80h 增加到 120h 时，最小孔隙半径从 $2.58\times10^{-3}\mu m$ 增大至 $3.66\times10^{-3}\mu m$，最大孔隙半径从 $98.94\mu m$ 减小至 $18.70\mu m$；蠕变时间从 120h 增加到 200h 时，最小孔隙半径从 $3.66\times10^{-3}\mu m$ 增大至 $4.50\times10^{-3}\mu m$，最大孔隙半径从 $18.70\mu m$ 增大至 $32.58\mu m$。由此可知，当时间超过 80h 后，随着时间延长，盐岩内部的最小孔隙半径有逐渐增大的趋势，而由于孔隙结构的复杂性，最大孔隙半径的变化规律不明确。

③ 相较于试验前而言，经过 200h 蠕变后，F-6 试件内部的最小孔隙半径由 $5.18\times10^{-3}\mu m$ 减小至 $4.50\times10^{-3}\mu m$，而最大孔隙半径由 $10.73\mu m$ 增大至 $32.58\mu m$。因此，从总体规律上来说，在盐岩蠕变过程中，最小孔隙半径呈减小的趋势，而最大孔隙半径呈增大的趋势。

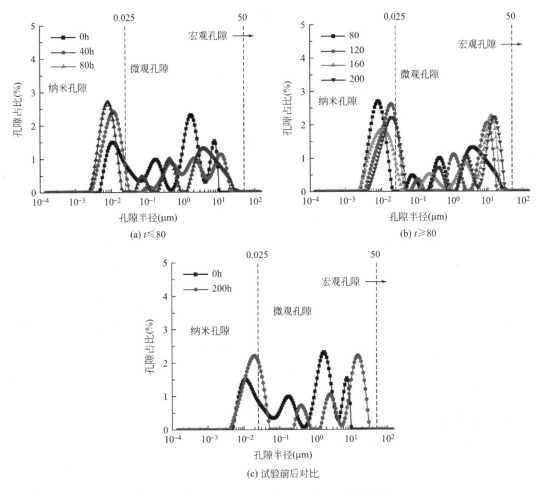

图 3-31　不同蠕变时间时的孔隙孔径分布曲线

3.3.4.2　孔隙度

（1）孔隙度随轴向应力的变化规律

F-1～F-5 试件试验前的孔隙度分别为 0.444%、0.441%、0.424%、0.435% 和 0.422%，试验后的孔隙度分别为 0.636%、0.981%、1.080%、1.236% 和 1.416%，孔隙度增量分别为 0.191%、0.540%、0.657%、0.801% 和 0.995%。由此可知，各轴向应

力下蠕变试验后盐岩孔隙度相较于试验前均有一定程度的增大。图 3-32 给出了试验前后盐岩孔隙度增量随轴向应力的变化规律。可以看出，轴向应力越大，孔隙度增量越大，且随轴向应力增大，孔隙度增量近似呈线性规律增大。

（2）孔隙度随蠕变时间的变化规律

图 3-33 给出了 F-6 试件的孔隙度随蠕变时间的变化规律。可以看出，该试件孔隙度随蠕变时间的变化规律总体上可划分为两个阶段。阶段 1：快速增长阶段。当蠕变时间不超过 40h 时，随时间延长，盐岩孔隙度快速增加。蠕变时间从 0 增加至 40h 时，孔隙度由 0.443% 增加到了 0.693%，增加了 0.251%。阶段 2：稳定增长阶段。蠕变时间超过 40h 后，随蠕变时间增加，孔隙度近似呈线性规律增大，且该阶段孔隙度的增加速率明显低于阶段 1。当蠕变时间从 40h 至 200h 时，孔隙度由 0.693% 增加到了 0.800%，增加了 0.107%。

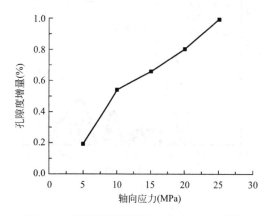

图 3-32　孔隙度增量随轴向应力的变化规律　　　　图 3-33　孔隙度随蠕变时间的变化规律

通过拟合分析发现，盐岩蠕变过程中孔隙度随时间的变化规律可用式（3-33）表示，相关系数为 0.994。图 3-33 同时给出了拟合曲线和试验结果的对比。可以看出，试验结果和拟合曲线较为吻合，说明式（3-33）可以较好地反映两者之间的关系。

$$\varphi = 0.835\exp[-11.53/(t+18.20)] \tag{3-33}$$

式中：φ 为孔隙度。

3.3.4.3　迂曲度

（1）迂曲度随轴向应力的变化规律

F-1～F-5 试件试验前的迂曲度分别为 112.925、113.715、118.396、115.282 和 118.892，试验后的迂曲度分别为 79.045、51.329、46.659、40.818、35.676。由此可知，经过 200h 蠕变后，5 个试件的迂曲度均有一定程度的降低。这说明蠕变试验后盐岩试件孔隙结构流程的弯曲程度减小，流体通过盐岩试件渗流的困难程度降低。这是由于盐岩试件蠕变过程中孔隙、裂隙的发育连通，使得复杂分布的孔道形成的渗流路径变得相对简单。图 3-34 给出了 F-1～F-5 试件迂曲度减小的绝对值随轴向应力的变化规律。可以看出，随轴向应力增大，迂曲度减小的绝对值逐渐增大。这是由于轴压越大，蠕变过程中盐岩试件内部孔隙、裂隙扩展发育连通程度越高，孔道形成的渗流路径变得更加简单。

（2）迂曲度随蠕变时间的变化规律

图 3-35 给出了 F-6 试件的迂曲度随蠕变时间的变化规律。可以看出，F-6 试件蠕变过程中迂曲度随蠕变时间的变化规律总体上可划分为"快速较小—稳定减小"两个阶段。当时间不超过 40h 时，随时间增加，迂曲度快速减小。蠕变时间从 0 增加至 40h 时，迂曲度从 113.339 减小至 72.509，减小了 40.830。当时间超过 40h 后，随时间延长，迂曲度以较慢的速率近似呈线性规律减小。蠕变时间从 40h 增加至 200h 时，迂曲从 72.509 减小至 62.854，减小了 9.655。

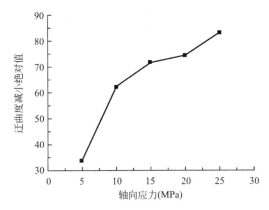

图 3-34　迂曲度减小绝对值随轴向应力变化规律

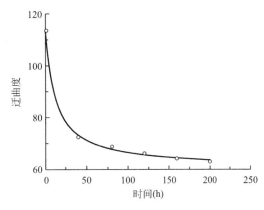

图 3-35　迂曲度随蠕变时间的变化规律

对图 3-35 中的试验数据进行拟合分析，发现盐岩蠕变过程中迂曲度随时间的变化规律可用式（3-34）来描述，相关系数为 0.998。图 3-35 同时给出了拟合曲线和试验结果的对比。可以看出，试验结果和拟合曲线较为吻合。

$$\tau = 60.50\exp[10.866/(t+17.314)] \tag{3-34}$$

式中：τ 为迂曲度。

3.3.4.4　渗透率

渗透率是表征固体材料传导流体能力的参数，其大小与固体材料孔隙度和孔隙半径等因素密切相关。一般而言，岩石渗透率 K 可按照式（3-35）进行计算（Rezaee 等，2012）：

$$K = 4n^4 T_{2m}^2 \tag{3-35}$$

式中：T_{2m} 为 T_2 谱的加权几何平均值，可按照式（3-36）进行计算。

$$T_{2m} = T_1^{\frac{m_1}{m_1+m_2+\cdots+m_{i-1}+m_i}} T_2^{\frac{m_2}{m_1+m_2+\cdots+m_{i-1}+m_i}} \cdots T_{i-1}^{\frac{m_{i-1}}{m_1+m_2+\cdots+m_{i-1}+m_i}} T_i^{\frac{m_i}{m_1+m_2+\cdots+m_{i-1}+m_i}} \tag{3-36}$$

式中：T_i 为 T_2 谱上第 i 点的横向弛豫时间；m_i 为 T_2 谱上第 i 点的信号强度。

（1）渗透率随轴向应力的变化规律

图 3-36 给出了 F-1～F-5 试件试验前后渗透率的对比情况。可以看出，这 5 个试件试验前的渗透率分别为 $2.98\times10^{-21}\,\mathrm{m}^2$、$5.35\times10^{-22}\,\mathrm{m}^2$、$4.22\times10^{-20}\,\mathrm{m}^2$、$2.65\times10^{-19}\,\mathrm{m}^2$ 和 $7.64\times10^{-21}\,\mathrm{m}^2$，试验后的渗透率分别为 $9.58\times10^{-21}\,\mathrm{m}^2$、$8.41\times10^{-19}\,\mathrm{m}^2$、$4.15\times10^{-18}\,\mathrm{m}^2$、$1.22\times10^{-17}\,\mathrm{m}^2$ 和 $2.77\times10^{-16}\,\mathrm{m}^2$。因此，试验后这 5 个试件的渗透率均有所增大，且 F-2、F-3、F-4、F-5 试件试验前后渗透率增量分别为 F-1 试件渗透率增量的

127.54、623.24、1812.12 和 42090.43 倍。说明轴向应力越大，试验前后渗透率增量的增长幅度越大。这是由于盐岩蠕变过程中孔隙、裂隙的发育连通，使得孔道形成的渗流路径变得相对简单，进而导致渗透性增强。轴向应力越大，经过相同时间后试件内部孔隙、裂隙的发育连通程度越高，渗透性也就越强。

（2）渗透率随蠕变时间的变化规律

图 3-37 给出了 F-6 试件渗透率随蠕变时间的变化规律。可以看出，该试件渗透率总体上呈现"稳定增加—快速增加"的变化规律。当时间不超过 120h 时，随时间增加，渗透率以较低的速率近似呈线性规律增大。当时间从 0 增加至 120h 时，渗透率由 $5.626\times10^{-21}\,m^2$ 增加至 $2.071\times10^{-20}\,m^2$，为试验前的 3.68 倍。当时间超过 120h 后，渗透率呈非线性快速增大趋势。当时间从 120h 增加至 200h 时，渗透率由 $2.071\times10^{-20}\,m^2$ 增加至 $1.086\times10^{-19}\,m^2$，为试验前的 19.31 倍。

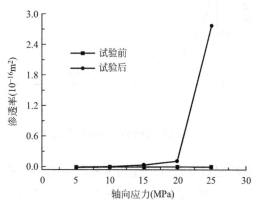
图 3-36　试验前后渗透率的对比

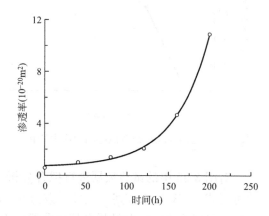
图 3-37　渗透率随蠕变时间的变化规律

通过对图 3-37 中的数据进行拟合分析，渗透率随蠕变时间的变化规律可用式（3-37）来描述，相关系数为 0.998。图 3-37 同时给出了拟合曲线和试验结果的对比。可以看出，试验结果和拟合曲线吻合良好。

$$K=0.627+0.095\exp(0.023t) \tag{3-37}$$

3.4　径向渗透压力下盐岩单轴压缩蠕变特性

为了研究径向渗透压力对盐岩单轴压缩蠕变特性的影响，对盐岩开展了不同渗透压力下的单轴压缩蠕变试验，并利用核磁共振设备对试验前后盐岩的微细观孔隙结构进行了测试。

3.4.1　试验概况

试验对象为巴基斯坦盐岩，试件制备情况同 2.5.1.1 节。本次单轴压缩蠕变试验在 WAW-60 型微机控制电液伺服岩石刚性试验机（图 2-6）上完成，渗透压力采用 Floxlab BT 柱塞泵（图 2-28）施加，渗透介质采用饱和卤水，核磁共振设备采用 MacroMR 12-150H-I 型核磁共振分析与成像系统（图 2-33）。

3.4.1.1 试验方案

本次试验的目的是研究径向渗透压力对盐岩蠕变特性的影响。为此，取 4 个盐岩试件开展了不同径向渗透压力下的单轴压缩蠕变试验，4 个试件的轴向应力均为 10MPa。具体试验方案见表 3-7。

轴向应力 10MPa 不同径向渗压作用下盐岩单轴压缩蠕变试验方案　　　　表 3-7

试件编号	RB-1	RB-2	RB-3	RB-4
径向渗透压(MPa)	0.15	0.2	0.3	0.4

3.4.1.2 试验步骤

试验过程包括如下步骤：

（1）将盐岩试件在饱和卤水中进行饱和；

（2）将饱水后的试件进行核磁共振试验；

（3）将核磁共振试验后的试件在 40℃的恒温烘箱中进行烘干，直至试件重量恒定；

（4）将盐岩试件与高密度不锈钢构件连接，为防止饱和卤水从盐岩试件与不锈钢构件的接缝处渗漏，在试件与构件接触面处涂抹环氧树脂，并静置 24h；

（5）将不锈钢构件与渗透压力控制系统连接，并以 10mL/min 的流速将渗透压力施加至目标值后保持不变；

（6）将试件连同构件安装在试验机上，以 0.4kN/s 的加载速率将轴向应力加载至 10MPa 并保持不变，记录试件变形随时间的发展历程；

（7）蠕变时间达到 200h 左右后卸载渗透压力和轴向应力，取下试件，并重复步骤（1）和（2）。

3.4.2 宏观试验结果分析

3.4.2.1 轴向蠕变曲线

图 3-38 给出了不同径向渗透压力下 RB-1～RB-4 试件的轴向蠕变曲线。可以看到，轴向应力从 0 加载至 10MPa 的过程中，盐岩试件产生了瞬时变形；之后，试件进入衰减蠕变阶段，且经过大约 50h 后进入稳态蠕变阶段。在试验持续时间内，这 4 个盐岩试件的蠕变过程经历了衰减蠕变、稳态蠕变两个阶段，并未出现加速蠕变，试件未发生蠕变破坏。此外，从

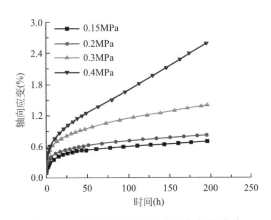

图 3-38　不同渗透压下盐岩试件蠕变曲线

图 3-38 还可以看出，在蠕变时间相同的情况下，渗透压力越大，盐岩的变形量也越大。

3.4.2.2 瞬时应变和蠕变应变

（1）瞬时应变

根据图 3-38 中的试验数据，RB-1～RB-4 试件的瞬时应变分别为 0.094%、0.144%、

0.207%、0.238%。图 3-39 给出了盐岩瞬时应变随径向渗透压力的变化规律。可以看出，随径向渗透压力增大，盐岩瞬时应变也逐渐增加，但增加速率逐渐减小。

通过拟合分析，盐岩瞬时应变随径向渗透压力的变化规律可用式（3-38）来描述，相关系数为 0.999。图 3-39 同时给出了拟合曲线和试验结果的对比。可以看出，试验结果和拟合曲线吻合良好。

$$\varepsilon = 0.272 - 48766 \times 0.0012^P \tag{3-38}$$

（2）蠕变应变

根据图 3-38 中的试验数据，试验结束时 RB-1～RB-4 试件产生的蠕变应变分别为 0.611%、0.679%、1.193% 和 2.152%。图 3-40 给出了盐岩蠕变应变随径向渗透压力的变化规律。可以看出，随径向渗透压增加，盐岩的蠕变应变表现出非线性增大的变化规律。经过拟合分析，盐岩蠕变应变随径向渗透压力的变化规律可用式（3-39）来描述。

$$\varepsilon_c = 0.237 \times 243.58^P \tag{3-39}$$

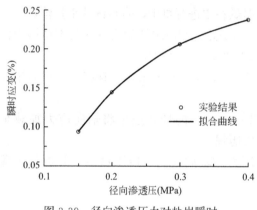
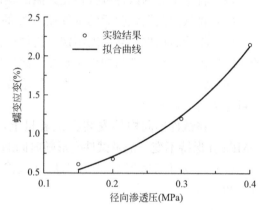

图 3-39　径向渗透压力对盐岩瞬时 应变的影响规律

图 3-40　径向渗透压力对盐岩蠕变 应变的影响规律

3.4.2.3　蠕变速率

图 3-41 给出了 RB-1～RB-4 试件的蠕变速率随时间变化的规律曲线。可以看出，盐岩的蠕变率先随时间迅速减小，大约 50h 后基本保持不变。图 3-42 给出了 RB-1～RB-4 试件的稳态蠕变率随径向渗透压力的变化规律。由图可见，随径向渗透压力增加，盐岩稳态蠕变率呈非线性规律增大。此外，这 4 个试件的稳态蠕变率分别为 1.184×10^{-3}、1.263×10^{-3}、3.313×10^{-3} 和 $9.425 \times 10^{-3} h^{-1}$，均大于 3.3.2 节中轴向应力为 10MPa 且无径向渗透压作用的 F-2 试件的稳态蠕变率（$3.9 \times 10^{-4} h^{-1}$）。RB-1～RB-4 试件的稳态蠕变率分别为 F-2 试件稳态蠕变率的 3.0、3.2、8.4、24.1 倍，可见径向渗透压力对盐岩的稳态蠕变率有着较大的影响。

通过拟合分析，盐岩稳态蠕变率和径向渗透压力之间的关系可用式（3-40）表示的函数来描述，相关系数为 0.997。图 3-42 同时给出了拟合曲线和试验结果的对比情况。可以看出，试验结果和拟合曲线较为吻合。

$$\dot{\varepsilon}_s = 0.64 + 0.07\exp(12.07P) \tag{3-40}$$

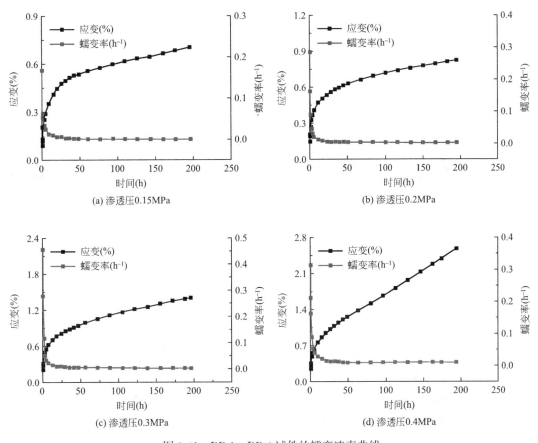

图 3-41 RB-1～RB-4 试件的蠕变速率曲线

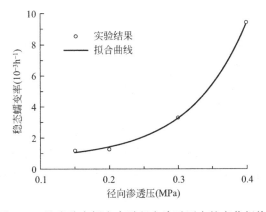

图 3-42 盐岩稳态蠕变率随径向渗透压力的变化规律

3.4.3 核磁共振试验结果分析

3.4.3.1 孔隙尺寸分布

图 3-43 给出了 RB-1～RB-4 盐岩试件试验前后孔隙孔径分布情况。可以看出:

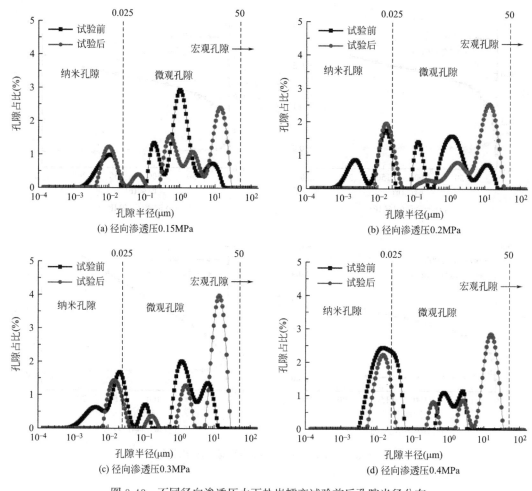

图 3-43　不同径向渗透压力下盐岩蠕变试验前后孔隙半径分布

（1）试验前，RB-1～RB-4 试件内部的最小孔隙半径分别为 $0.0015\mu m$、$0.0002\mu m$、$0.0032\mu m$、$0.0002\mu m$。试验后，各试件内部最小孔隙半径分别为 $0.0042\mu m$、$0.0068\mu m$、$0.0056\mu m$、$0.00841\mu m$。即试验后各试件的最小孔隙半径均出现一定程度的增大。

（2）试验前，RB-1～RB-4 试件内部的最大孔隙半径分别为 $17.44\mu m$、$12.33\mu m$、$3.53\mu m$、$23.03\mu m$，试验后，各盐岩试件内部最大孔隙半径分别为 $28.36\mu m$、$26.46\mu m$、$34.92\mu m$、$34.92\mu m$。即试验后，盐岩试件的最大孔隙半径均出现一定程度的增大。

3.3 节无径向渗透压力的单轴压缩蠕变试验结果显示，当轴向应力不超过 20MPa 时，单轴压缩蠕变试验后盐岩试件的最小孔隙半径相较于试验前均有一定程度的减小，而最大孔隙半径均有一定程度的增大。然而在轴向应力和径向渗透压力共同作用下，蠕变试验后盐岩试件的最大孔隙半径和最小孔隙半径均出现增大现象。这是由于在盐岩蠕变过程中渗透压力的楔劈效应促进了孔隙的扩展和连通，从而使得试验后最大和最小孔隙半径均有所增大。

3.4.3.2　孔隙度

RB-1～RB-4 试件的初始孔隙率分别为 0.70%、0.66%、0.67% 和 0.63%，试验后的孔隙率分别为 1.07%、1.11%、1.27% 和 2.18%，试验后孔隙度增量分别为 0.37%、

0.4%、0.61% 和 1.55%。图 3-44 给出了 RB-1～RB-4 试件试验前后孔隙度增量随径向渗透压增加的变化规律。由图可见，相较于试验前，试验后各试件的孔隙度均有一定程度的增大，且随径向渗透压增加，孔隙度增量也逐渐增大。

这是由于具有一定压力的饱和卤水在蠕变过程中对盐岩内部孔隙及裂隙的楔形效应、超压作用以及冲刷作用，促进了盐岩内部孔隙及裂隙的萌生、扩展和连通。随着渗透压力增大，饱和卤水可进入的范围更大，相同范围内，可进入的微孔隙更多，冲刷作用、超压作用以及楔形效应效果更加显著。因此，试验后各试件的孔隙度均有一定程度的增大，且随径向渗透压增大，孔隙度增量也逐渐增大。

3.4.3.3　迂曲度

RB-1～RB-4 盐岩试件试验前的迂曲度分别为 71.935、76.377、75.226 和 79.529，试验后的迂曲度分别为 47.096、45.610、39.615 和 23.310。可以看出，相较于试验前，试验后各试件的迂曲度均有一定程度的降低。这说明，试验后盐岩试件内部孔隙网络的复杂程度降低，连通性和通透性更好。图 3-45 给出了 RB-1～RB-4 试件试验前后迂曲度减小的绝对值随径向渗透压力的变化规律。由图可见，随径向渗透压力增大，试验前后迂曲度减小的绝对值也逐渐增大。这说明径向渗透压越大，试验后盐岩内部孔隙扩展及连通越充分，孔隙网络的连通性和通透性越好。

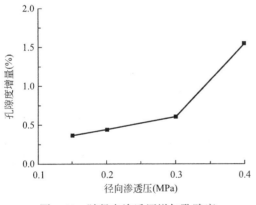

图 3-44　随径向渗透压增加孔隙度
增量变化规律

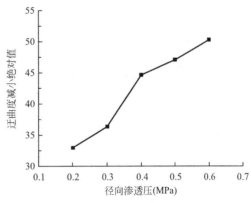

图 3-45　迂曲度减小绝对值随径向
渗透压的变化规律

在盐岩蠕变过程中，具有一定压力的饱和卤水会产生楔形效应、超压作用以及冲刷作用，而这些作用会促进孔隙及裂隙的扩展连通。随着渗透压力增大，饱和卤水可进入的范围更大，相同范围内，可进入的细观孔隙更多，楔形效应和超压作用效果更加显著，冲刷作用也更强。因此，试验后盐岩试件的迂曲度降低，且渗透压力越大，迂曲度降低越多。

3.4.3.4　渗透率

RB-1～RB-4 盐岩试件试验前的渗透率分别为 $6.77 \times 10^{-20} \, \text{m}^2$、$9.64 \times 10^{-21} \, \text{m}^2$、$2.02 \times 10^{-20} \, \text{m}^2$ 和 $7.70 \times 10^{-22} \, \text{m}^2$，试验后的渗透率分别为 $2.39 \times 10^{-18} \, \text{m}^2$、$3.43 \times 10^{-18} \, \text{m}^2$、$1.53 \times 10^{-17} \, \text{m}^2$ 和 $2.28 \times 10^{-17} \, \text{m}^2$，试验前后渗透率的增量分别为 $2.32 \times 10^{-18} \, \text{m}^2$、$3.42 \times 10^{-18} \, \text{m}^2$、$1.53 \times 10^{-17} \, \text{m}^2$ 和 $2.28 \times 10^{-17} \, \text{m}^2$。图 3-46 给出了各盐岩试件试验前后渗透率

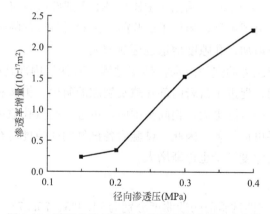

图 3-46　随径向渗透压增加渗透率增量的变化规律

增量随径向渗透压的变化规律。可见，试验后各试件的渗透率均有一定程度的增大，且渗透压越大，渗透率的增量也越大。这是由于渗透压力越大，楔形效应、超压作用、冲刷作用越强，越有利于孔隙、裂隙的扩展，迂曲度越低，从而导致盐岩渗透性越强。

3.5　盐岩三轴压缩蠕变特性

3.5.1　试验概况

3.5.1.1　试件制备及试验设备

试验对象为淮安盐岩，试件制备情况同 2.2.1 节。本次蠕变试验在 RLW-2000 岩石流变试验机上进行，见图 3-47。该设备主要由机架、轴向稳压系统、侧向稳压系统、数字控制系统及微机系统五部分组成，采用先进的伺服控制、滚珠丝杠和液压等技术组合，达到了良好的稳压效果，可进行单轴压缩试验、三轴压缩试验、蠕变试验、松弛试验、渗流试验以及循环荷载试验等。设备最大轴向荷载 2000kN，有效测力范围 10～2000kN，测力分辨率 20N，测力误差≤0.5%；最大围压 60MPa，围压测量误差≤1%，分辨率 0.001MPa。

图 3-47　RLW-2000 岩石流变试验机

3.5.1.2　试验方案

本次试验拟对 4 个试件开展 4 种不同围压下的三轴压缩蠕变试验。为了减小试件离散性对试验结果的影响，本次三轴压缩蠕变试验采用分级加载方式，即对于同一盐岩试件，围压保持恒定，由小到大逐级增加轴压。各试件具体加载方案见表 3-8。

分级加载蠕变试验加载方案（MPa）　　　　　表 3-8

围压	轴压
10	20、25、30
15	20、25、30
20	25、30、35
25	30、35、40

3.5.1.3　试验步骤

试验过程包括以下步骤：

（1）取出准备好的岩石试件，将试件与上、下垫块安装在同一条轴线上，用热缩橡皮套将试件及垫块套住，垫块与热缩橡皮套之间用"O"型圈密封，用大功率电吹风对橡皮套均匀加热使其收缩与试件和垫块密贴，并用钢丝圈拧紧"O"型圈密封的两侧。这样可以防止岩样破碎后的碎屑污染设备的压力室或堵塞油路系统。

（2）将密封好的岩样放入三轴压力室中，调整好中心位置，使岩样的轴线与试验机加载中心线重合，避免偏心受压影响岩石蠕变试验结果。

（3）按一定的加载速率同步施加轴压和围压至第一级应力水平，然后保持力恒定，测量并记录试件的蠕变变形过程。利用监测屏上描绘的蠕变曲线可以确定试件何时进入稳态蠕变，进入稳态蠕变后，再持续一段时间，之后提高轴压至下一级荷载，依此类推，直至试验结束。

（4）取出试件，整理试验数据。

3.5.2　试验结果分析

图 3-48 为盐岩试件三轴蠕变试验前后对比图。由图可以看出，与常规三轴压缩情况类似，盐岩在三轴蠕变试验后发生了较为明显的横向膨胀，而未出现明显的破裂面。图 3-49 为不同围压下盐岩分级加载三轴蠕变曲线。

根据已有的关于各种岩石的蠕变试验资料，在分级加载过程中，当应力水平较低时，岩石蠕变一般会经历衰减蠕变和稳定蠕变两个阶段；当应力水平较高时，还会有第三蠕变阶段，即加速蠕变阶段出现。相应的岩石蠕变速率变化过程也存在三个阶段：蠕

(a) 试验前　　　　　　(b) 试验后

图 3-48　盐岩试件三轴蠕变试验前后对比图

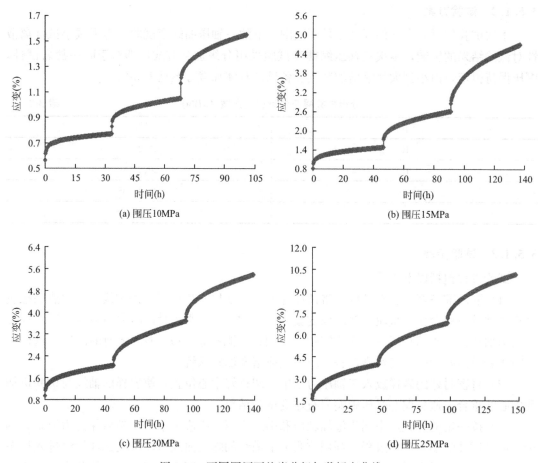

图 3-49　不同围压下盐岩分级加载蠕变曲线

变速率衰减阶段，在该阶段内随着时间增加，蠕变速率逐渐减小至某一常量；蠕变速率稳定阶段，在该阶段内随着时间增加，蠕变速率基本保持为零或大于零的常量；蠕变速率增大阶段，在该阶段内随着时间增加，蠕变速率迅速增大，直至岩石破坏失去承载能力。

从本次盐岩分级加载蠕变试验结果（图 3-49）来看，盐岩试件在各级荷载作用下的应变均由加载过程产生的瞬时应变、衰减蠕变应变以及蠕变速率较为稳定的稳态蠕变应变三部分组成。由于试验所施加的最高应力未达到使岩样发生加速蠕变的临界应力，所有盐岩试件均未出现加速蠕变阶段。从不同围压下盐岩试验结果来看，在围压不变的情况下，增加轴压，不仅瞬时应变增大，各级荷载作用下的蠕变应变也相应增大。同时，盐岩试样的稳态蠕变速率也随轴向应力增加而增大。

将盐岩试样各围压下的分级加载蠕变曲线通过陈氏加载法处理后得到分别加载的蠕变曲线簇，如图 3-50 所示（图中数字为轴压值）。不同应力水平下岩样蠕变特性指标见表 3-9。

（1）相同围压不同轴压试验结果对比

由图 3-50 和表 3-9 可以看到，对于任意围压下的盐岩蠕变试验结果，总体上瞬时应变、蠕变应变以及稳态蠕变率均随轴压增加而增大。以围压 10MPa 岩样试验结果为例，经过约 35h 蠕变后，轴压为 20MPa 时，瞬时应变量为 0.5617%，蠕变应变为 0.2115%，

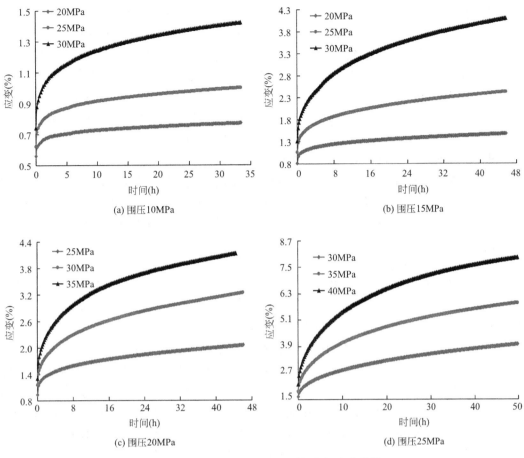

图 3-50　不同围压下盐岩分别加载蠕变曲线簇

不同应力水平下盐岩蠕变特性指标　　　表 3-9

围压 (MPa)	轴压 (MPa)	偏应力 (MPa)	瞬时应变 (%)	蠕变应变 (%)	稳态蠕变率 (h^{-1})
10	20	10	0.5617	0.2115	$1.4×10^{-5}$
	25	15	0.6206	0.3825	$2.5×10^{-5}$
	30	20	0.7417	0.6851	$4.9×10^{-5}$
15	20	5	0.8123	0.6746	$4.3×10^{-5}$
	25	10	1.0651	1.3674	$9.6×10^{-5}$
	30	15	1.3144	2.7869	$2.1×10^{-4}$
20	25	5	0.9405	1.1140	$7.0×10^{-5}$
	30	10	1.1527	2.0929	$1.4×10^{-4}$
	35	15	1.3021	2.8647	$2.2×10^{-4}$
25	30	5	1.6310	2.3691	$1.1×10^{-4}$
	35	10	1.8613	4.0126	$2.4×10^{-4}$
	40	15	2.1934	5.7299	$3.7×10^{-4}$

稳态蠕变率为 $1.4×10^{-5}h^{-1}$；轴压为 25MPa 时，瞬时应变量增加为 0.6206％，蠕变应变增加为 0.3825％，稳态蠕变率增加为 $2.5×10^{-5}h^{-1}$；而当轴压为 30MPa 时，瞬时应变量达到 0.7417％，蠕变应变达到 0.6851％，稳态蠕变率则达到 $4.9×10^{-5}h^{-1}$。当轴压从 20MPa 增加到 25MPa 和 30MPa 时，瞬时应变、蠕变应变以及稳态蠕变率分别增加为原来的 1.1、1.8、1.79 倍和 1.32、3.24、3.5 倍。可见，在围压一定的情况下，由于轴压增加，偏应力增大，导致盐岩试样瞬时应变、蠕变应变和蠕变速率均有不同程度的增大。分析其他围压情况，可得到类似的规律，只是数值上有所不同。

同时，从图 3-50 还可以看出，在围压一定的情况下，轴压越大，衰减蠕变阶段曲线的曲率半径越大，经历的时间越长，达到稳态蠕变的时间越晚。仍以围压 10MPa 岩样的试验结果为例，轴压为 20MPa 时，加载约 7h 左右蠕变达到近似稳态蠕变阶段；当轴压为 25MPa 时，加载约 15h 左右蠕变达到近似稳态蠕变阶段；而当轴压为 30MPa 时，经过约 24h 蠕变才达到近似稳态蠕变阶段。其他围压下规律类似。

（2）相同轴压不同围压试验结果对比

图 3-51 为轴压 30MPa 时，不同围压下的盐岩蠕变曲线。由图可以看出，4 个盐岩试样在相同的轴压和不同的围压下，瞬时应变量、蠕变应变量等均有较大差别，且这种差别随围压变化没有规律性。瞬时应变量由小到大依次为：围压 10MPa 岩样、围压 20MPa 岩样、围压 15MPa 岩样和围压 25MPa 岩样；蠕变应变量由小到大依次为：围压 10MPa 岩样、围压 20MPa 岩样、围压 25MPa 岩样和围压 15MPa 岩样，且围压 10MPa 岩样的蠕变应变量远小于其他三块岩样。通常认为岩石材料的变形和破坏是由于偏应力所引起的，按此观点，对于同一种岩石材料来说，在轴压一定的情况下，围压越大则偏应力越小，材料变形量越小；围压越小则偏应力越大，材料变形量越大。由此可以看出，本次试验所取的盐岩试样具有一定的离散性，在实际应用时应对试验结果取平均值。

（3）等时应力-应变曲线

根据盐岩蠕变试验数据可作出其等时应力-应变曲线，下面以围压 15MPa 岩样为例来对其等时应力-应变曲线特征进行分析，等时应力-应变曲线如图 3-52 所示。

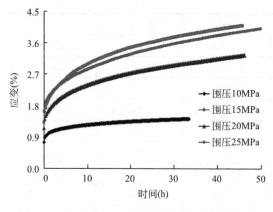

图 3-51 轴压 30MPa 不同围压下盐岩蠕变曲线

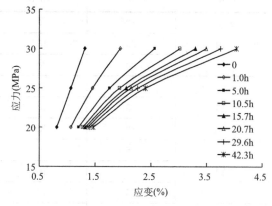

图 3-52 围压 15MPa 岩样等时应力-应变曲线

由图可见，不同时刻的等时应力-应变曲线形状不同，这说明盐岩具有明显的蠕变性。当时间为 0 时，等时应力-应变曲线近似为直线，因此，可认为瞬时应变以弹性变形为主。

当时间不为 0 时,随着蠕变时间延长,等时应力-应变曲线逐渐偏离直线向应变轴弯曲,且蠕变时间越长等时曲线偏离直线的程度越高,向应变轴弯曲越明显。同时,对于某一时刻来说,等时应力-应变曲线向应变轴弯曲的程度还与应力水平有关,应力水平越高,曲线向应变轴弯曲越明显。由此可以看出,盐岩具有非线性蠕变特征,且其非线性程度与蠕变时间和应力水平有关,蠕变时间越长、应力水平越高,非线性程度越高。

(4) 蠕变速率

图 3-53 给出了各围压下不同轴压时盐岩的蠕变速率曲线。从图中可以看出,各级荷载作用下盐岩蠕变均经历了两个阶段,即衰减蠕变阶段和近似稳态蠕变阶段。蠕变速率在开始时最大,然后迅速减小,减小到一定程度以后,以近似恒定的速率发展。在同一围压下,随着轴向应力增大,盐岩初始蠕变速率、衰减蠕变阶段的蠕变速率和稳态蠕变速率均逐渐增大;同时,随着轴向应力增加,盐岩衰减蠕变阶段持续的时间也逐渐延长。

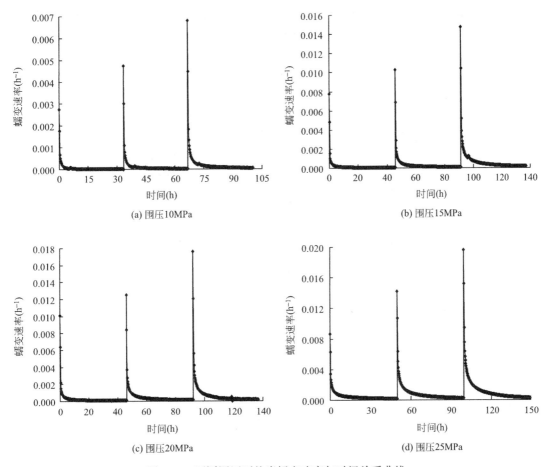

(a) 围压10MPa

(b) 围压15MPa

(c) 围压20MPa

(d) 围压25MPa

图 3-53 不同围压下盐岩蠕变速率与时间关系曲线

图 3-54 为盐岩稳态蠕变率与偏应力关系曲线图。图中的散点为各围压下盐岩稳态蠕变率与偏应力关系数据,从图中可以很直观地看出,在围压一定的情况下,盐岩稳态蠕变率随偏应力增加而增大。关于盐岩稳态蠕变本构模型,国内外学者进行了较多的研究。其中,Norton Power 模型由于具有形式简单、参数少且容易从试验数据中获取等优点,在

实际工程中得到了较多应用（马林建等，2011；贾超等，2011）。

Norton Power 模型的表达式为（杨春和等，2009）：

$$\dot{\varepsilon}_s = A(\sigma_1 - \sigma_3)^n \tag{3-41}$$

式中：A、n 为材料常数且 $n>1$；σ_1、σ_3 为最大、最小主应力。

从式（3-41）可以看出，盐岩稳态蠕变率与偏应力呈幂次方关系。将本次盐岩蠕变试验结果按照式（3-41）进行拟合，可得围压为 10MPa、15MPa、20MPa、25MPa 时的拟合表达式分别为：

$$\begin{cases} \dot{\varepsilon}_s = 2 \times 10^{-7}(\sigma_1 - \sigma_3)^{1.78} \\ \dot{\varepsilon}_s = 5 \times 10^{-6}(\sigma_1 - \sigma_3)^{1.37} \\ \dot{\varepsilon}_s = 1 \times 10^{-5}(\sigma_1 - \sigma_3)^{1.04} \\ \dot{\varepsilon}_s = 2 \times 10^{-5}(\sigma_1 - \sigma_3)^{1.11} \end{cases} \tag{3-42}$$

图 3-54 同时给出了试验结果和拟合曲线的对比情况。由图可见，围压 10MPa 和 15MPa 岩样的 n 值稍大，理论曲线向蠕变率轴弯曲；而围压 20MPa 和 25MPa 岩样的 n 值非常接近于 1，拟合曲线近似为直线。

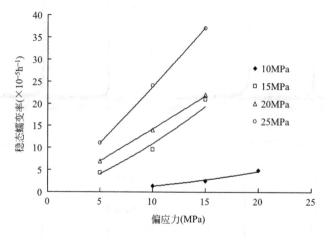

图 3-54　不同围压下盐岩稳态蠕变率与偏应力关系曲线

第4章　盐岩蠕变本构模型

4.1　引言

盐岩蠕变本构模型是盐岩蠕变特性研究中最重要的组成部分之一，同时也是将试验成果应用于工程实践的必经环节。根据盐岩蠕变试验结果，国内外学者提出了大量的本构方程来描述盐岩的蠕变响应。总体来说，这些模型可以分为以下几种（吴文等，2005；周宏伟，2011）：

（1）经验模型

经验模型是在盐岩蠕变试验基础上建立起来的函数表达式，是根据大量结果提出的经验公式。这些模型的常见形式有幂函数型、指数函数型、对数函数型等。Yang等（2000）基于大量的盐岩蠕变试验结果，提出了可以反映盐岩衰减蠕变和稳态蠕变规律的指数方程，并研究了盐岩蠕变过程中的硬化效应。Özşen等（2014）基于盐岩蠕变试验结果，构建了能够反映盐岩蠕变三阶段的经验模型。梁卫国等（2007）结合金坛盐岩的蠕变试验结果，拟合得到了相应的蠕变本构方程，但该方程无法反映加速蠕变。王军保等（2018）进行了不同应力水平下的盐岩单轴压缩蠕变试验，发现盐岩蠕变具有明显的非线性特征，并通过对 S 型函数求反函数的方法，提出了一种可以反映盐岩单轴压缩蠕变全过程的经验模型。马林建等（2012）分别采用指数模型和两参数幂指数模型对盐岩的衰减蠕变率和稳态蠕变率进行了描述，并结合损伤蠕变率分量建立了反映盐岩蠕变三阶段的经验模型。考虑到我国盐岩矿床的特点，陈锋等（2006）研究了云应盐矿纯盐岩和含夹层盐岩在不同应力条件下的蠕变特性，通过拟合试验数据得到了符合云应盐矿盐岩蠕变规律的本构方程。虽然经验模型较为简单，但经验模型的不足也显而易见，即模型太过分散，难以推广（吴文等，2005；周宏伟，2011）。

（2）细观机制模型

任何材料在一定加载条件下的宏观力学行为均与该过程中材料细观组织结构的萌生和演化有关，换言之，材料的细观结构演化特征在一定程度上决定了其宏观力学行为。因此，从细观力学角度出发所建立的蠕变模型可以更好地揭示盐岩宏观蠕变现象的物理力学本质，有助于提高人们对盐岩蠕变现象的认知。为此，国内外学者从盐岩蠕变的细观机理出发，相继提出了一些细观蠕变模型。

纵观这些细观模型，大多是从晶体学的角度出发建立起来的。Hunsche等（1999）基于对德国 Asse 盐岩的宏细观试验研究，建立了可描述 Asse 盐岩稳态蠕变的 BGRa 模型，并在后续研究中将该模型进行完善，得到了可反映衰减蠕变和稳态蠕变的复合模型。Carter（1993）以 Avery Island 盐岩为研究对象，构建了类似的蠕变模型。王贵君（2003）在 Carter 流变模型中引进损伤，提出了"损伤增速界限"的概念，建立了一种盐岩流变损伤模型，并通过试验验证了该模型的正确性。邰保平等（2008）以层状盐岩为研究对象，建立了温度应力耦合作用下的稳态蠕变率本构方程。Chan 等（1997）提出的 MDCF 模型可以同时反映位错滑移、位错攀升和损伤及损伤自修复等多种盐岩蠕变细观机理，试验研究表明该模型对纯盐岩和含泥岩盐岩均有较好的适用性。Hou 等（2003；2004）基于 Lubby 模型构建了可以反映位错蠕变、应变硬化和损伤自修复等盐岩细观变形机制的 Hou/Lux 模型，并在之后的研究中又考虑了水力耦合作用，对该模型进行了改进。李梦瑶等（2018）基于短期室内蠕变试验，对得到的 Hou/Lux 模型参数进行合理外推，进一步提高了该模型的实用性。陈剑文等（2015）根据 Orowan 定律，将盐岩蠕变过程中的宏观变形和细观结构参数联系起来，推导了盐岩塑性蠕变方程。Pouya（2000）、Yahya 等（2000）基于内变量理论分别建立了相应的盐岩蠕变细观模型。类似的，杜超等（2012）通过引入内应力及其演化方程反映盐岩蠕变的内部变形机制，构建了相应的蠕变模型，研究表明该模型与试验结果吻合度较高。韦立德等（2005）基于 Eshelby 等效夹杂理论和热力学方法建立了考虑盐岩蠕变损伤的细观模型。曹林卫等（2010）建立了针对层状盐岩的细观损伤本构模型，并通过室内蠕变试验对该模型进行了验证。任中俊等（2008）基于不可逆热力学，采用内变量描述岩石的不可逆变形历史，引入四阶损伤张量，建立了盐岩蠕变细观损伤本构模型，对盐岩在复杂应力状态下的蠕变行为进行了描述。

　　盐岩细观蠕变模型的参数大都具有一定的物理意义，这就使得模型变得更加易于理解，也赋予了模型更广的适用性。但是目前关于盐岩细观蠕变机制的认识仍然不够明晰，而且现有的一些盐岩细观蠕变模型参数过于复杂，不易确定。

　　（3）元件组合模型

　　元件组合模型是通过对具有基本功能的元件进行串并联组合的方式建立起来的蠕变本构模型，这些基本元件包括弹性元件、塑性元件和黏性元件。Passaris（1979）、Cundall（1978）根据盐岩蠕变试验结果分别建立了黏弹塑性蠕变模型来对试验结果进行模拟。邱贤德和庄乾城（1995）基于长山盐矿和乔后盐矿盐岩的蠕变试验结果，提出了由 Maxwell 模型、Kelvin 模型和 Bingham 模型组成的盐岩蠕变模型。陈卫忠等（2007）对 Burgers 模型中的黏滞系数进行了修正，提出了一种新的盐岩非线性蠕变本构模型。王军保等（2014；2014）用提出的非线性黏滞体代替了 Burgers 模型中的线性黏滞体，建立了改进的 Burgers 模型；紧接着，基于低频循环荷载下的盐岩蠕变试验结果，推导了循环荷载下 Burgers 模型的轴向蠕变方程。易其康等（2015）也做了类似的研究。刘江等（2006）基于金坛盐岩的蠕变规律，建立了由 Maxwell 模型和廖国华体串联组成的盐岩黏弹塑性蠕变本构模型。Zhou 等（2011）提出了一种基于分数阶导数的盐岩蠕变模型，吴斐等（2014）对该模型进行了改进。王军保等（2015）将改进后的广义 Kelvin 模型与 Heard 稳态蠕变模型相结合，构建了一种能够较好地描述芒硝蠕变特性的分数阶盐岩蠕变模型。唐明明等（2010）将泥质夹层含量引入 Burgers 模型参数，推导了含夹层盐岩的蠕变方程。吴池等（2017）提出了考虑杂质含量的分数阶盐岩蠕变模型。王志荣等（2014）构造了一种由开尔文体和理想黏塑性元件串联组成的蠕变模型，该模型可以较好地描述互层状盐岩的蠕变特征。赵延林等（2010）通过对湖北云应盐矿含泥岩夹层盐岩的试验研究，在 Burgers 模型的基础上建立了层状岩盐蠕变力学模型，较好地解释了层状岩盐的蠕变破坏现象。

　　此外，为描述盐岩蠕变全过程，许多研究人员结合元件组合蠕变模型，从损伤力学的角度出发开展了研究。Wang 等（2020；2015；2021）分别考虑盐岩弹性模量和黏滞系数等随时间的变化过程，建立了盐岩蠕变损伤模型。王晓波等（2016）通过引入 Abel 黏壶，建立了可描述盐岩蠕变全过程的分数阶损伤模型。佘成学（2009）将损伤引入西原正夫模型，建立了岩石非线性黏弹塑性蠕变损伤模型，并通过数值试验验证了其合理性。丁靖洋等（2015）在 Abel 黏壶元件中引入了损伤变量，并用改进后的 Abel 黏壶替代了西原正夫模型中的 Newton 黏壶，获得了盐岩分数阶流变本构模型，试验证明该模型能很好地描述盐岩流变的三阶段特征。胡其志等（2009）通过在广义 Bingham 蠕变模型中引入非线性函数和损伤变量，建立了相应的元件模型，该模型可以较好地反映盐岩在温度与应力耦合作用下的全过程蠕变特性。张华宾等（2012）将损伤引入 Burgers 模型，基于泥质盐岩蠕变试验数据构造了一种可以反映盐岩加速蠕变阶段的本构模型。

　　黏弹塑性元件组合蠕变模型本构方程形式简单，模型及其参数物理意义明确，且能够把岩石复杂的力学性质直观地表现出来，因而近年来在整个岩石力学流变领域获得了广泛应用。

　　总体而言，盐岩蠕变模型的种类和数量均较多，且各种模型均有自身的优缺点。近年来，作者对盐岩的蠕变模型进行了较多研究，并从不同角度建立了盐岩蠕变本构模型。

4.2　盐岩蠕变全过程经验模型

4.2.1　模型的建立

　　开展岩石蠕变试验时，如果应力水平较高，试验过程中通常能够观察到岩石蠕变的三个阶段，即衰减蠕变、稳态蠕变和加速蠕变，蠕变曲线如图 4-1 中曲线 1 所示（该曲线不包含加载过程产生的与时间无关的瞬时变形）。如果将曲线 1 沿直线 $\varepsilon=t$ 做一条对称曲线，可得图 4-1 中曲线 2。根据数学知识可知，曲线 1 和曲线 2 的表达式互为反函数。因此，只要能够确定曲线 2 的表达式，通过求反函数即可确定曲线 1 的表达式，即岩石全过程蠕变方程。

　　图 4-1 表明，从形态上来说，曲线 2 属于 S 型生长曲线，因而其表达式可用 S 型函数来表示。S 型函数的种类众多，如 Logistic 函数、Gompertz 函数、Weibull 函数及 MMF 函数等（王军保等，2012；刘玉成等，2010）。其中，Weibull 函数的应用最为广泛。这里作者采用对 Weibull 函数求反函数的方法建立盐岩全过程蠕变模型。

　　Weibull 函数的表达式（刘玉成等，2010）为：

$$y=a\left[1-\exp(-bx^{c})\right] \qquad (4-1)$$

式中：x 为自变量；y 为因变量；a、b 和 c 为模型参数，且 a 代表因变量 y 的最大值，$c>1$。

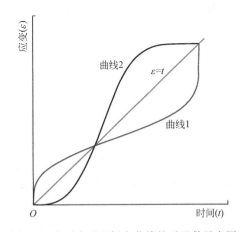

图 4-1　岩石全过程蠕变曲线的反函数示意图

对式（4-1）求反函数可得：

$$x = \left[-\frac{1}{b}\ln\left(1-\frac{y}{a}\right) \right]^{\frac{1}{c}} \tag{4-2}$$

蠕变曲线中，自变量为时间 t，因变量为蠕变应变 ε，分别用 t 和 ε 替换式（4-2）中的 y 和 x 可得：

$$\varepsilon = \left[-\frac{1}{b}\ln\left(1-\frac{t}{a}\right) \right]^{\frac{1}{c}} \tag{4-3}$$

由于式（4-2）中参数 a 代表了自变量 y 的最大值，则式（4-3）中参数 a 代表的是时间 t 的最大值，即岩石发生蠕变破坏的时间 t_F；同时，为了表达方便，可令式（4-3）中 $1/b = m$，$1/c = n$，则式（4-3）可进一步写为：

$$\varepsilon = \left[-m\ln\left(1-\frac{t}{t_F}\right) \right]^{n} \tag{4-4}$$

式（4-4）即为基于反 S 函数的盐岩全过程蠕变模型的表达式。需要注意的是，由于式（4-1）中 $c>1$，则式（4-4）中 $n<1$。

下面对模型特性进行分析。

将式（4-4）对时间 t 求一阶导数，可得岩石蠕变速率的表达式为：

$$\dot{\varepsilon} = \frac{mn\left[-m\ln\left(1-\dfrac{t}{t_F}\right) \right]^{n-1}}{t_F - t} \tag{4-5}$$

式中：$\dot{\varepsilon}$ 为蠕变速率。

由式（4-5）可以看出，在 $0<t<t_F$ 范围内，$\dot{\varepsilon}>0$，这说明式（4-4）单调递增。

将式（4-5）对时间 t 求一阶导数，可得岩石蠕变加速度的表达式为：

$$\ddot{\varepsilon} = \frac{m^2 n\left[-m\ln\left(1-\dfrac{t}{t_F}\right) \right]^{n-2}\left[n-1-\ln\left(1-\dfrac{t}{t_F}\right) \right]}{(t_F - t)^2} \tag{4-6}$$

式中：$\ddot{\varepsilon}$ 为蠕变加速度。

根据式（4-6），若令 $\ddot{\varepsilon}=0$，则可解得：

$$t = (1-e^{n-1})t_F \tag{4-7}$$

由式（4-6）可以看出，在 $0<t<(1-e^{n-1})\,t_F$ 范围内，$\ddot{\varepsilon}<0$，说明在该范围内蠕变速率 $\dot{\varepsilon}$ 逐渐减小；在 $(1-e^{n-1})\,t_F<t<t_F$ 范围内，$\ddot{\varepsilon}>0$，说明在该范围内蠕变速率 $\dot{\varepsilon}$ 逐渐增大；当 $t=(1-e^{n-1})\,t_F$ 时，由于 $\ddot{\varepsilon}=0$，此时蠕变速率 $\dot{\varepsilon}$ 达到了最小值。也就是说，在 $0<t<t_F$ 范围内，式（4-5）描述的岩石蠕变速率的变化过程为：随着时间延长蠕变速率逐渐减小，当 $t=(1-e^{n-1})\,t_F$ 时，蠕变速率达到最小，之后又逐渐增大。因此，$(1-e^{n-1})\,t_F$ 代表了加速蠕变起始点的时间。由以上分析可知，式（4-5）表示的岩石蠕变速率曲线实际上无法描述严格意义上的稳态蠕变，但这并不意味着利用式（4-4）描述岩石蠕变全过程不可行。

图 4-2 给出了图 3-2（b）中轴向应力为 26MPa 的盐岩试件在时间范围为 9～24.5h 之间的蠕变曲线和对应的蠕变速率曲线（该试件经过 28.62h 后发生破坏）。从蠕变应变的变化过程来看，随着时间延长，盐岩蠕变应变量基本呈线性规律增大（线性相关系数达

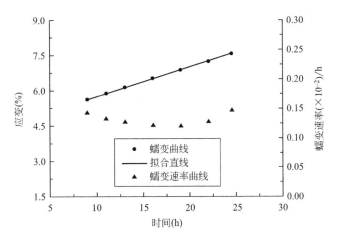

图 4-2　盐岩稳态蠕变曲线及蠕变速率曲线（$\sigma=26\text{MPa}$）

0.999）。因此，可认为在该时间范围内盐岩处于稳态蠕变阶段。但从蠕变速率来看，该时间范围内盐岩的蠕变速率并非常数，而是随着时间延长不断减小，待减小到某一最小值后又逐渐增大，只是在该时间范围内蠕变速率变化幅度比较小。因此，所谓稳态蠕变并非蠕变速率严格保持不变，只是变化幅度比较小而已。范庆忠等（2007）对泥岩开展的蠕变试验结果也有类似的规律。因而，利用式（4-4）描述岩石蠕变全过程是可行的。

式（4-4）中岩石蠕变破坏时间 t_F 由式（3-17）确定，则将式（3-17）代入式（4-4）可得：

$$\varepsilon=\{-m\ln[1-A(\nu+1)\sigma^{\nu}t]\}^{n} \tag{4-8}$$

式（4-8）即为提出的基于反 S 函数的盐岩全过程蠕变模型的最终表达式。需要注意的是，式（4-8）中不包含岩石加载过程产生的瞬时应变。这里研究的重点在于盐岩的时效变形特性，而瞬时应变与时间无关，因此该模型暂不考虑瞬时应变。

4.2.2　模型参数确定

由式（4-8）可以看出，该模型中共有 A、ν、m 和 n 等四个参数需要确定。其中，A 和 ν 可根据两级荷载下岩石对应的蠕变破坏时间及式（3-17）确定，下面主要介绍参数 m 和 n 的确定方法。

（1）解析法

假设岩石蠕变过程中蠕变应变随时间的发展过程符合式（4-4），则其蠕变速率和蠕变加速度随时间的变化分别符合式（4-5）和式（4-6）；假设岩石蠕变过程中蠕变速率达到最小时（加速蠕变起始点）对应的时间为 t_C，此时岩石所产生的蠕变应变为 ε_C。由于岩石蠕变速率达到最小值时其蠕变加速度为 0，则结合式（4-6）和式（4-7）可知：

$$t_C=(1-e^{n-1})t_F \tag{4-9}$$

根据式（4-9），可得：

$$n=1+\ln\left(1-\frac{t_C}{t_F}\right) \tag{4-10}$$

由于岩石蠕变过程中蠕变应变随时间的发展过程符合式（4-4），且当 $t=t_C$ 时，$\varepsilon=$

ε_C，根据式（4-4）则有：

$$\varepsilon_C = \left[-m\ln\left(1 - \frac{t_C}{t_F}\right) \right]^n \tag{4-11}$$

由式（4-11）可得：

$$m = -\frac{(\varepsilon_C)^{\frac{1}{n}}}{\ln\left(1 - \frac{t_C}{t_F}\right)} \tag{4-12}$$

因此，在 t_C 和 ε_C 已知的情况下，可根据式（4-10）和式（4-12）确定参数 n 和 m。

需要说明的是，利用式（4-10）和式（4-12）计算参数 n 和 m 时，首先需要根据试验结果确定岩石蠕变过程中蠕变速率达到最小值时的时间 t_C 及其对应的蠕变应变 ε_C。t_C 和 ε_C 实际为加速蠕变起始点对应的时间和蠕变应变，因而该方法只适用于岩石出现加速蠕变的情况。

当应力水平相对较低时，由于岩石发生加速蠕变需要的时间很长，受试验条件限制，室内蠕变试验往往还没有进入到加速蠕变阶段就已提前终止，此时无法通过试验获得加速蠕变起始点对应的 t_C 和 ε_C，也就无法利用上述方法确定参数 m 和 n。

（2）曲线拟合法

曲线拟合法是确定岩石蠕变参数常用的一种方法，该方法充分利用已有的全部试验数据，能够从整体上保证理论曲线和试验结果的误差达到最小，且操作简便，因而广受研究人员青睐。因此，对于未出现加速蠕变的情况，可利用相关数学优化分析软件，采用曲线拟合法反演模型参数 m 和 n。具体过程和方法如下：

① 以待反演的参数 m 和 n 作为设计变量 X，即：

$$X = \{m, n\} \tag{4-13}$$

② 取设计变量如式（4-13），建立目标函数 Q，即：

$$Q = \sum_{i=1}^{N} \left[\omega_i(X, t_i) - \omega_i \right]^2 \tag{4-14}$$

式中：N 为试验数据组数；$\omega_i(X, t_i)$ 为 t 时刻计算变形值；ω_i 为 t 时刻试验实测变形值。

③ 设定目标函数的控制精度并进行参数迭代求解。若目标函数满足精度要求，则停止迭代，输出计算结果；若不满足，则继续迭代，直到满足精度要求为止。

4.2.3 模型验证

为了说明基于反 S 函数的岩石蠕变模型的合理性和适用性，利用图 3-2 中扣除加载过程产生的瞬时应变后的盐岩单轴压缩蠕变试验结果对其进行了验证。

式（4-8）中，参数 A 和 ν 在第 3.2.2.5 节中已根据轴向应力为 24MPa 和 26MPa 下的盐岩蠕变破坏时间确定为 $A = 2.89 \times 10^{-25}$，$\nu = 15.45$。对于未出现加速蠕变的情况（轴向应力分别为 6.5MPa、9.5MPa、12.5MPa、14MPa、17.5MPa 和 21MPa），参数 m 和 n 采用曲线拟合法确定；对于出现加速蠕变的情况（轴向应力为 24MPa 和 26MPa），参数 m 和 n 可根据式（4-10）和式（4-12）采用解析法确定，但考虑到利用解析法确定参数时，由于只利用了加速蠕变起始点的试验数据，因而无法保证理论曲线和试验结果的整体误差达到最小，这里为了提高拟合精度，对于出现加速蠕变的情况也采用曲线拟合法确定参数 m 和 n。

基于试验结果，利用 1stopt 数学优化分析软件，按照前述方法，采用曲线拟合法反演了盐岩在不同轴向应力下的蠕变参数，见表 4-1。从表 4-1 可以看出，不同轴向应力下参数 m 和 n 并非常数，其取值随轴向应力增大而不断发生变化，且从总体规律来说，随轴向应力增大，参数 m 逐渐减小，而参数 n 逐渐增大。由于这两个参数均与轴向应力水平有关，因此若能建立其随应力水平变化的定量关系表达式（王军保等，2016），则对于预测盐岩在任意轴向应力下的蠕变行为具有重要意义。

参数反演结果　　　　　　　　　　表 4-1

轴向应力(MPa)	参数			
	A	ν	m	n
6.5			8828	0.136
9.5			5367	0.188
12.5			1692	0.238
14	2.89×10^{-25}	15.45	1189	0.255
17.5			1207	0.274
21			948	0.278
24			118	0.283
26			134	0.289

经过拟合分析，参数 m 和 n 随轴向应力的变化过程可分别用式（4-15）表示的指数函数和式（4-16）表示的 Logistic 函数来描述，相关系数分别为 0.9859 和 0.9985。图 4-3 给出了拟合曲线和不同轴向应力下参数反演结果的对比情况。可以看出，拟合曲线能够较好地反映轴向应力对这两个参数的影响规律。

$$m(\sigma) = 37724\exp(-0.221\sigma) \tag{4-15}$$

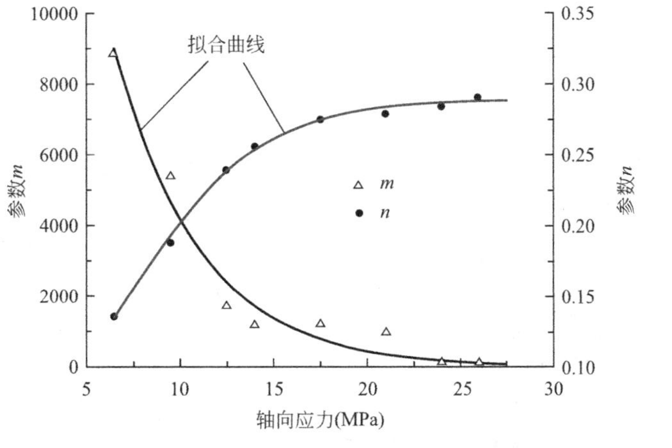

图 4-3　参数 m 和 n 随轴向应力的变化规律

$$n(\sigma) = \frac{0.288}{1 + 7.071\exp(-0.280\sigma)} \tag{4-16}$$

将 $A = 2.89 \times 10^{-25}$、$\nu = 15.45$ 以及式（4-15）和式（4-16）代入式（4-8），即可预测盐岩在不同轴向应力下的蠕变行为。图 4-4 给出了轴向应力分别为 6.5MPa、9.5MPa、12.5MPa、14MPa、17.5MPa、21MPa、24MPa 和 26MPa 时预测曲线和试验结果的对比情况。

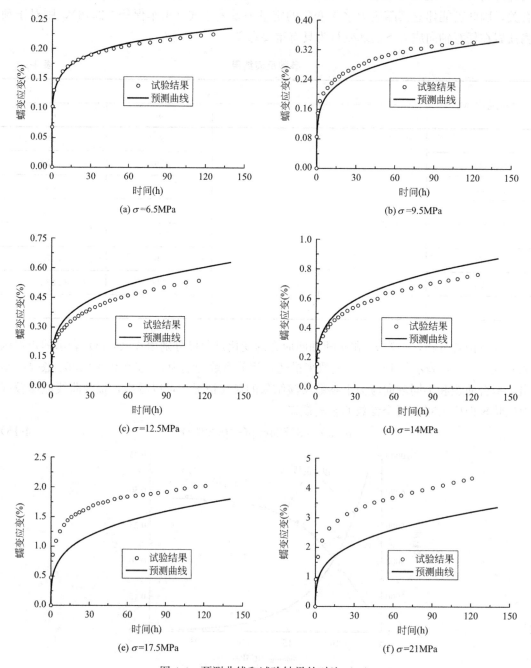

图 4-4　预测曲线和试验结果的对比（一）

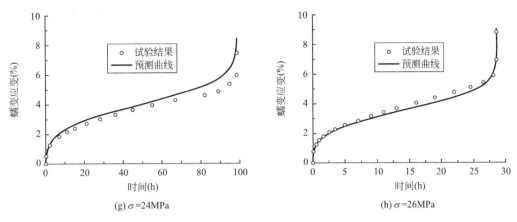

(g) $\sigma=24\text{MPa}$ (h) $\sigma=26\text{MPa}$

图 4-4 预测曲线和试验结果的对比（二）

从图 4-4 可以看出，基于反 S 函数的蠕变模型不仅能够描述盐岩在低应力水平下的衰减和稳态蠕变，还能反映高应力水平下盐岩单轴压缩蠕变破坏全过程，特别是能够反映加速蠕变。从预测曲线和试验结果的吻合程度来说，轴向应力 17.5MPa 和 21MPa 下误差相对较大，其余轴向应力下两者吻合良好，误差较小。但总体而言，该模型能够较好地反映不同轴向应力下盐岩蠕变应变随时间的变化趋势。此外，从式（4-8）可以看出，该模型以一个统一的表达式即可描述盐岩单轴压缩蠕变全过程的三个阶段，从而克服了元件组合模型需要分段处理的缺点。同时，该模型表达式非常简单，方便应用。

4.2.4 参数敏感性分析

取 $\sigma=24\text{MPa}$，$A=2.89\times10^{-25}$，$\nu=15.45$，$n=0.2$，图 4-5 给出了参数 m 取值变化对模型蠕变曲线的影响规律。图 4-5 表明，m 的变化对模型蠕变曲线的形状影响不大，但随着 m 增加，相同时刻的蠕变应变量逐渐增大。此外，从图中还可看出，在相同 m 值增量情况下，相同时刻的蠕变应变增量逐渐减小，即按照由下到上（m 值由小到大）顺序，模型蠕变曲线由稀疏变得越来越密集。这说明当 m 值较小时，其取值变化对模型蠕变应变的影响较大；而当 m 值较大时，其取值变化对蠕变应变的影响较小。根据表 4-1 中参数反演结果，随轴向应力增加，m 值总体上呈减小的趋势。综合以上分析可知，轴向应力越大，盐岩蠕变应变预测结果对 m 的取值越敏感。

取 $\sigma=24\text{MPa}$，$A=2.89\times10^{-25}$，$\nu=15.45$，$m=100$，图 4-6 给出了参数 n 取值变化对模型蠕变曲线的影响规律。由图 4-6 可见，参数 n 对模型蠕变曲线的形状有较大影响。随着 n 增大（相同 n 值增量），相同时刻的蠕变应变量呈非线性增大特征，即按照由下到上（n 值由小到大）顺序，模型蠕变曲线变得越来越稀疏；同时，相同时刻的蠕变速率也越来越大，加速蠕变特征越来越明显，加速蠕变起始点出现得越来越早。

式（4-10）表明，参数 n 与加速蠕变起始点对应的时间 t_C 及岩石蠕变破坏时间 t_F 有关。不考虑温度等其他因素的影响，根据式（3-17），蠕变破坏时间 t_F 仅与应力水平有关，因而在给定的应力水平下，蠕变破坏时间 t_F 是固定的，此时参数 n 仅与加速蠕变起始点对应的时间 t_C 有关。因此，可以认为参数 n 的物理意义为代表了岩石加速蠕变出现的早晚。n 越大，t_C 越小，加速蠕变出现得越早；n 越小，t_C 越大，加速蠕变出现得越晚。根据表 4-1 中参数反演结果，随轴向应力增加，n 值逐渐增大。综合以上分析可知，轴向应力越大，加速蠕变出现得越早，这与实际情况相符合。

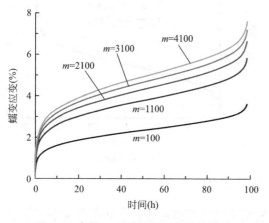

图 4-5　参数 m 对模型蠕变曲线的影响

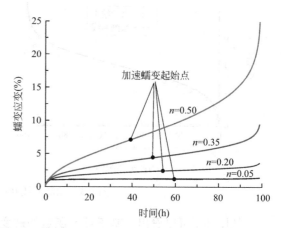

图 4-6　参数 n 对模型蠕变曲线的影响

4.2.5　模型的适用性

众多试验结果表明，岩石蠕变曲线的形态通常表现为 3 种类型，见图 4-7。当岩石承受的应力水平较低时，其蠕变应变增大到一定程度后将达到稳定值，蠕变曲线仅出现衰减蠕变阶段（曲线①），此情况称之为稳定蠕变；当应力水平较高时，岩石蠕变应变将随时

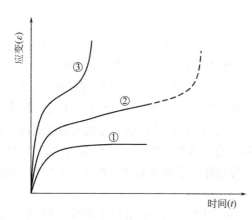

图 4-7　岩石蠕变曲线形态示意图

间延长而持续增大，试验过程中通常能观察到其蠕变曲线包含衰减蠕变和稳态蠕变两阶段（曲线②）或衰减蠕变、稳态蠕变和加速蠕变三阶段（曲线③），这两种情况统称为非稳定蠕变（张治亮等，2011）。对于曲线②的情况，随着时间延长，蠕变应变持续增大，岩石终将会出现加速蠕变并发生破坏，即曲线②终将会演变为曲线③的形式，只是由于受试验条件限制，试验时间不可能持续太久，导致岩石蠕变尚未进入到加速阶段试验便已提前终止。因此，曲线②的后半段以虚线来表示。

对于本节所建模型来说，从式（4-4）或式（4-8）可以看出，只要有应力存在，模型蠕变应变将会随时间延长持续增大。因此，该模型不能描述稳定蠕变（曲线①），只能反映非稳定蠕变（曲线②或曲线③），这是其不足之处。从性能上来说，该模型与元件组合模型中的 Burgers 模型较为相似，但 Burgers 模型不能模拟岩石加速蠕变。对于盐岩来说，由于其强度低、蠕变性强，即使在非常小的偏应力作用下随着时间延长也会发生比较大的蠕变变形，试验过程中很难观察到盐岩仅发生稳定蠕变的情况（杜超等，2012）。因此，该模型适合于描述盐岩等软岩的蠕变行为，而对硬岩在低应力水平下的稳定蠕变特性是不适用的。

4.3　基于位错理论的盐岩细观蠕变模型

4.3.1　概述

盐岩是由含盐度较高的溶液或卤水通过蒸发浓缩作用形成的化学沉积岩，其主要成分为 NaCl，具有典型的离子晶体结构特征，见图 4-8。因此，国内外学者从晶体空穴、晶体位错、晶界和材料微裂纹等细观层面出发，相继提出了一些盐岩细观蠕变模型。在这些模型中，模型参数大都具有一定的物理意义，这就使得模型在表述上更加符合盐岩蠕变行为的本质规律。目前关于盐岩蠕变细观机制的认识，在学界已有一定的共识，比如一些学者（陈剑文等，2015；杜超等，2012）认为，晶体的位错运动对盐岩蠕变行为具有主导作用，但对于不同类型的位错运动在盐岩蠕变中所占的比重以及这些机制发生的条件等诸多问题，不同学者有不同见解。下面简单介绍几种典型的盐岩细观蠕变模型。

（1）BGRa/BGRb 模型

位于德国汉诺威的德国联邦地球科学与自然资源研究所（Federal Institute for Geosciences and Natural Resources，BGR）从 1960 年起就开始了高放废物深地处置技术的研究工作。根据德国的地质情况，他们选择盐岩作为处置库的围岩介质。自开展该项研究以来，BGR 在盐岩的力学性质和蠕变性能的研究方面已经取得了大量的研究成果。在这些研究成果中，就包括 Hunsche 等（1999）和 Schulze 等（2001）从细观层面出发建立的可反映盐岩蠕变规律的 BGRa 模型和 BGRb 模型，该模型自被提出以来已得到了广泛应用。

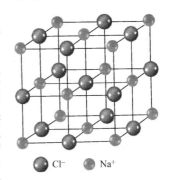

$\bigcirc$ Cl⁻　　$\bigcirc$ Na⁺

图 4-8　NaCl 晶体示意图

为了能够准确预测核废料处置库的长期受力变形特征，Hunsche 等（1999）以德国 Asse 盐矿的盐岩为研究对象，开展了不同温度、应力水平和加载路径下的盐岩单轴压缩和三轴压缩试验。这些试验研究结果表明，盐岩是一种多晶材料，其蠕变行为在本质上是晶体位错运动的结果。因此，他们基于位错理论建立了相应的盐岩蠕变模型。

Hunsche 等（1999）提出的 BGRa 模型认为：当盐岩处于较高的应力水平和较低的温度水平时，其蠕变行为主要由盐岩晶体的位错滑移机制控制，该条件下盐岩的稳态蠕变率可表达成式（4-17）的形式；当盐岩处于较低的应力水平和较高的温度水平时，其蠕变行为主要由盐岩晶体的位错攀移机制控制，该条件下盐岩的稳态蠕变率可表达成式（4-18）的形式。

$$\dot{\varepsilon}_1 = a \cdot \exp\left(-\frac{Q}{RT}\right) \sinh(b\sigma) \tag{4-17}$$

$$\dot{\varepsilon}_1 = a \cdot \exp\left(-\frac{Q}{RT}\right) \sigma^n \tag{4-18}$$

式中：a、b 为材料参数；n 为应力敏感指数；Q 为材料的有效激活能；R 为理想气体常数；T 为绝对开尔文温度；σ 为偏应力。

通过对试验数据的拟合，Hunsche 得到了德国 Asse 盐岩的 BGRa 模型参数，即 $a=0.18\mathrm{d}^{-1}$，$n=5$，$Q=54\mathrm{kJ/mol}$，$R=8.31441\mathrm{kJ/mol/K}$。随后，Heard 等应用 BGRa 模型对取自不同产地的盐岩蠕变试验结果进行了分析比较，取得了较好的拟合结果。但是之后的一些试验研究表明，当盐岩的温度过高时，采用 BGRa 蠕变模型得到的结果与试验结果吻合度不高。为克服 BGRa 模型的这一缺陷，Schulze 等（2001）又提出了 BGRb 模型，该模型中关于盐岩稳态蠕变率的表述如式（4-19）所示。一系列试验结果证明，BGRb 模型可以很好地描述高温状态下盐岩的蠕变规律。

$$\dot{\varepsilon}_1 = \left[A_1\exp\left(-\frac{Q_1}{RT}\right) + A_2\exp\left(-\frac{Q_2}{RT}\right)\right]\sigma^n \tag{4-19}$$

式中：A_1、A_2 为材料参数；Q_1、Q_2 为材料的有效激活能。

总的来说，BGRa 模型和 BGRb 模型的形式较为简单，应用起来比较方便，但是这两种模型在对盐岩蠕变行为细观机理的描述上，仍不够深刻和明晰。

（2）MDCF 模型

MDCF（Multimechanism Deformation Coupled Fracture）模型是 Chan 等（1997）在总结众多学者试验研究成果的基础上，从盐岩细观变形机制出发建立的盐岩蠕变损伤多机制耦合断裂本构模型。该模型是在 Munson 和 Dawson 于 1984 年提出的 M-D（Multimechanism Deformation）模型的基础上扩展而来的。

M-D 模型认为盐岩的蠕变行为存在以下 3 种细观机理：①高应力水平下的位错滑移机制；②高温或低应力水平下的位错攀移机制；③具体物理意义仍不明确，但可通过经验公式表述的中等温度条件下的某种盐岩蠕变细观机制。同时该模型假设在一定的热力条件下，这些细观机制被激活，开始对盐岩的蠕变行为产生影响。在 M-D 模型中，盐岩稳态蠕变率的具体表达式如式（4-20）～式（4-23）所示。

$$\dot{\varepsilon}_s = \dot{\varepsilon}_{s1} + \dot{\varepsilon}_{s2} + \dot{\varepsilon}_{s3} \tag{4-20}$$

$$\dot{\varepsilon}_{s1} = A_1 e^{-Q_1/RT}\left(\frac{\sigma_{eq}^c}{\mu}\right)^{n_1} \tag{4-21}$$

$$\dot{\varepsilon}_{s2} = A_2 e^{-Q_2/RT}\left(\frac{\sigma_{eq}^c}{\mu}\right)^{n_2} \tag{4-22}$$

$$\dot{\varepsilon}_{s3} = H\left[B_1 e^{-Q_1/RT} + B_2 e^{-Q_2/RT}\right]\sinh\left[\frac{q(\sigma_{eq}^c - \sigma_0)}{\mu}\right] \tag{4-23}$$

式中：A_1，A_2，B_1 和 B_2 为材料常数；Q_1 和 Q_2 为激活能；n_1 和 n_2 为应力指数；μ 为剪切模量；q 为应力常数；σ_0 是位错滑移机制的应力极限；H 是以 $(\sigma_{eq}^c - \sigma_0)$ 为自变量的 Heaviside 函数；$\dot{\varepsilon}_s$ 为综合蠕变率；$\dot{\varepsilon}_{s1}$，$\dot{\varepsilon}_{s2}$ 和 $\dot{\varepsilon}_{s3}$ 代表三种不同的位错机制引起的蠕变率分量。

其中，σ_{eq}^c 为共轭等效应力，可由式（4-24）给出：

$$\sigma_{eq}^c = |\sigma_1 - \sigma_3| \tag{4-24}$$

式中：σ_1 和 σ_3 分别为最大主应力和最小主应力。

为反映衰减蠕变阶段的蠕变率，M-D 模型引入了一个衰减函数 F，该函数可以反映盐岩蠕变过程中的硬化效应、平衡状态和动态回复效应，其具体的表达式如式（4-25）所示。

$$F = \begin{cases} \exp\left[\Delta\left(1 - \dfrac{\zeta}{\varepsilon_l^*}\right)^2\right] & , \; \zeta \leqslant \varepsilon_t^* \\ 1 & , \; \zeta = \varepsilon_t^* \\ \exp\left[-\delta\left(1 - \dfrac{\zeta}{\varepsilon_l^*}\right)^2\right] & , \; \zeta \geqslant \varepsilon_t^* \end{cases} \tag{4-25}$$

式中：Δ 和 δ 分别表示硬化参数和回复参数；ζ 为各向同性硬化变量；ε_t^* 表示衰减蠕变的极限值。

各向同性硬化变量 ζ 的演化方程如式（4-26）所示，衰减蠕变的极限值 ε_t^* 可由式（4-27）求得。

$$\dot{\zeta} = (F - 1)\dot{\varepsilon}_s \tag{4-26}$$

$$\varepsilon_t^* = K_0 e^{cT}\left(\frac{\sigma_{eq}^c}{\mu}\right)^m \tag{4-27}$$

式中：K_0，c，m 均为材料参数。

但是 M-D 模型无法反映盐岩晶体中以微裂纹和微孔洞形式存在的蠕变损伤，导致其无法很好地描述盐岩的加速蠕变。为解决这一问题，Chan 等在 M-D 模型基础上，结合损伤力学理论，提出了更为完善的 MDCF 模型。MDCF 模型存在以下两个假设：①盐岩在衰减蠕变和稳态蠕变阶段不产生损伤（正如在许多金属和合金中材料中观察到的一样，即使在这两个阶段产生损伤，其数值也相当小，可忽略不计），加速蠕变阶段才会产生损伤，且随着损伤积累，最终导致盐岩发生破坏；②盐岩在蠕变过程中产生的塑性变形服从关联流动法则，即塑性流动的方向和屈服面的法向成正比。

该模型认为，除位错运动外，盐岩变形过程中的非弹性应变的应变率可能还与裂纹的扩展、孔洞的连通等形式的损伤有关。在 MDCF 模型中，损伤有如下两种表现形式：①岩石承载面积的不断减小；②岩石内部微裂纹的扩展和孔洞的张开。对于第一种形式的损伤，该模型采用 Kachanov 提出的连续损伤变量 ω 和相应的损伤变量演化方程予以建模（余寿文等，1997）；对于第二种形式的损伤，通过建立损伤引起的非弹性应变率与应力、损伤变量之间的动力学关系进行建模。最终，MDCF 模型中的非弹性蠕变率可表述成式（4-28）的形式。

$$\dot{\varepsilon}_{ij}^1 = \frac{\partial \sigma_{eq}^c}{\partial \sigma_{ij}}\dot{\varepsilon}_{eq}^c + \frac{\partial \sigma_{eq}^{ws}}{\partial \sigma_{ij}}\dot{\varepsilon}_{eq}^{ws} + \frac{\partial \sigma_{eq}^{wt}}{\partial \sigma_{ij}}\dot{\varepsilon}_{eq}^{wt} \tag{4-28}$$

式中：$\dot{\varepsilon}_{ij}^1$ 为总的非弹性应变率；σ_{eq}^c、$\dot{\varepsilon}_{eq}^c$ 分别为位错引起的共轭等效应力值和等效应变率；σ_{eq}^{ws}、$\dot{\varepsilon}_{eq}^{ws}$ 分别为剪切损伤引起的共轭等效应力值和等效应变率；σ_{eq}^{wt}、$\dot{\varepsilon}_{eq}^{wt}$ 分别为张拉损伤引起的共轭等效应力值和等效应变率。

需要注意的是，只需将 M-D 模型中蠕变应变表达式中的 μ 替换为 $\mu(1-\omega)$，即可得到式（4-28）右边第一项中关于位错机制的蠕变率分量，由剪切和张拉引起的损伤等效应力可分别由式（4-29）和式（4-30）得到，由剪切和张拉引起的等效非弹性应变率可分别由式（4-31）和式（4-32）计算得到。

$$\sigma_{eq}^{ws} = |\sigma_1 - \sigma_3| - x_2 x_7 \mathrm{sgn}(I_1 - \sigma_1)\left[\frac{I_1 - \sigma_1}{3x_7 \mathrm{sgn}(I_1 - \sigma_1)}\right] \tag{4-29}$$

$$\sigma_{eq}^{wt} = -x_1 \sigma_3 H(-\sigma_3) \tag{4-30}$$

$$\dot{\varepsilon}_{\mathrm{eq}}^{\mathrm{ws}} = F^{\mathrm{ws}} \dot{\varepsilon}_{\mathrm{s}}^{\mathrm{ws}} \tag{4-31}$$

$$\dot{\varepsilon}_{\mathrm{eq}}^{\mathrm{wt}} = F^{\mathrm{wt}} \dot{\varepsilon}_{\mathrm{s}}^{\mathrm{wt}} \tag{4-32}$$

式中：c_4，c_5，x_1，x_2，x_7 均为材料常数；I_1 为应力张量第一不变量；$\dot{\varepsilon}_{\mathrm{s}}^{\mathrm{ws}}$ 为剪切引起的非弹性应变率；$\dot{\varepsilon}_{\mathrm{s}}^{\mathrm{wt}}$ 为张拉引起的非弹性应变率；F^{ws} 为剪切引起的非弹性应变率的衰减函数，可由式（4-33）求得；F^{wt} 为张拉引起的非弹性应变率的衰减函数，可由式（4-34）求得。

$$F^{\mathrm{ws}} = F \exp\left(\frac{c_4(\sigma_{\mathrm{eq}}^{\mathrm{c}} - c_5)}{\sigma_0}\right) \tag{4-33}$$

$$F^{\mathrm{wt}} = F \exp\left(\frac{c_4(\sigma_{\mathrm{eq}}^{\mathrm{wt}} - c_5)}{\sigma_0}\right) \tag{4-34}$$

为了验证 MDCF 模型的准确性，Chan 等针对 WIPP 盐岩开展了大量的三轴压缩试验，通过试验结果与模型计算结果的比较分析，发现该模型对 WIPP 盐岩的适用性比较好。在随后针对德国 Asse 盐岩变形规律的研究中，该模型给出的预测结果与试验结果也比较吻合。同时，Chan 等利用该模型对实际的 WIPP 盐岩洞室长期受力变形特征进行了分析，取得了理想的效果。总的来说，MDCF 蠕变模型对盐岩蠕变细观机理的表述是较为全面的，但是该模型有 40 多个待定参数，比较复杂，应用起来有诸多不便。

（3）Hou/Lux 模型

Hou/Lux 模型是 Hou 等（2003；2004）通过对德国 Asse 盐岩力学特性的研究，采用连续损伤力学的方法，在 Lubby 模型基础上提出的盐岩本构模型。该模型综合考虑了位错机制，剪切应力和张拉应力引起的损伤机制以及损伤复原机制对盐岩变形的影响，被成功应用于德国盐岩地下储库和核废料处置库长期稳定性分析。

Hou/Lux 模型的本构方程较为复杂，其涉及的主要表达式如下：

盐岩的总应变率为：

$$\dot{\varepsilon}_{ij} = \dot{\varepsilon}_{ij}^{\mathrm{e}} + \dot{\varepsilon}_{ij}^{\mathrm{i}} \tag{4-35}$$

其中弹性应变率为：

$$\dot{\varepsilon}_{ij}^{\mathrm{e}} = \frac{1}{2G} \cdot \frac{\dot{s}_{ij}}{1-D} + \left(\frac{1}{9K} - \frac{1}{6G}\right) \cdot \frac{I_1}{1-D} \delta_{ij} \tag{4-36}$$

非弹性应变率为：

$$\dot{\varepsilon}_{ij}^{\mathrm{i}} = \dot{\varepsilon}_{ij}^{\mathrm{vp}} + \dot{\varepsilon}_{ij}^{\mathrm{d}} + \dot{\varepsilon}_{ij}^{\mathrm{h}} \tag{4-37}$$

由盐岩材料晶体位错机制引起的非弹性应变率可表示为：

$$\dot{\varepsilon}_{ij}^{\mathrm{vp}} = \frac{3}{2}\left[\frac{1}{\eta_{\mathrm{K}}}\left(1 - \frac{\varepsilon_{\mathrm{tr}}}{\varepsilon_{\mathrm{tr}}^{\mathrm{m}}}\right) + \frac{1}{\eta_{\mathrm{M}}}\right] \frac{S_{ij}}{1-D} \tag{4-38}$$

式中：D 为损伤变量；$\varepsilon_{\mathrm{tr}}^{\mathrm{m}}$ 为衰减蠕变的最大值，可由式（4-39）得到。

$$\varepsilon_{\mathrm{tr}}^{\mathrm{m}} = \frac{1}{G_{\mathrm{K}}} \cdot \frac{\sigma_{\mathrm{V}}}{1-D} \tag{4-39}$$

其中

$$G_{\mathrm{K}} = \begin{cases} \overline{G}_{\mathrm{K}}^{*} \exp\left(k_1 \dfrac{\sigma_{\mathrm{V}}}{1-D}\right) \exp(l_1 T) & , \ \varepsilon_{\mathrm{tr}} < \varepsilon_{\mathrm{tr}}^{\mathrm{m}} \\ \overline{G}_{\mathrm{KE}}^{\shortparallel} \exp\left(k_{1\mathrm{E}} \dfrac{\sigma_{\mathrm{V}}}{1-D}\right) \exp(l_{1\mathrm{E}} T) & , \ \varepsilon_{\mathrm{tr}} > \varepsilon_{\mathrm{tr}}^{\mathrm{m}} \end{cases} \tag{4-40}$$

$$\eta_{\mathrm{K}}=\overline{G}_{\mathrm{K}}^{*}\exp\left(k_2\frac{\sigma_{\mathrm{V}}}{1-D}\right) \tag{4-41}$$

在该模型中，盐岩的损伤由剪切作用和张拉作用两种机制引起，相应地，损伤引起的应变率可表达成方程（4-42）和式（4-43）的形式。其中，$\dot{\varepsilon}_{ij}^{\mathrm{d}}$ 表示损伤引起的非弹性应变率张量，$\dot{\varepsilon}_{ij}^{\mathrm{ds}}$ 和 $\dot{\varepsilon}_{ij}^{\mathrm{dt}}$ 分别表示剪切损伤和张拉损伤引起的应变率张量。相应的损伤流动和塑性势函数由式（4-44）～式（4-47）得到。

$$\dot{\varepsilon}_{ij}^{\mathrm{d}}=\dot{\varepsilon}_{ij}^{\mathrm{ds}}+\dot{\varepsilon}_{ij}^{\mathrm{dt}} \tag{4-42}$$

$$\dot{\varepsilon}_{ij}^{\mathrm{d}}=a_3\frac{\langle F^{\mathrm{ds}}/F^{*}\rangle^{a_1}}{(1-D)^{a_2}}\frac{\partial Q^{\mathrm{ds}}}{\partial\sigma_{ij}}+a_3\frac{\langle F^{\mathrm{dt}}/F^{*}\rangle^{a_1}}{(1-D)^{a_2}}\frac{\partial Q^{\mathrm{dt}}}{\partial\sigma_{ij}} \tag{4-43}$$

$$F^{\mathrm{ds}}=\sigma_{\mathrm{V}}-\beta_{\mathrm{Dil}}(\sigma_3,\theta)=\sigma_{\mathrm{V}}-\eta_{\mathrm{Dil}}(\sigma_3,\theta)\beta(\sigma_3,\theta) \tag{4-44}$$

$$F^{\mathrm{dt}}=a_{11}\left[\langle-\sigma_3\rangle+\langle-\sigma_2\rangle+\langle-\sigma_1\rangle-a_{12}\right]^{a_{13}} \tag{4-45}$$

$$Q^{\mathrm{ds}}=\sigma_{\mathrm{V}}-a_0 F^{\mathrm{s}}(\sigma_3,\theta) \tag{4-46}$$

$$Q^{\mathrm{dt}}=a_{14}\left[\langle-\sigma_3\rangle+\langle-\sigma_2\rangle+\langle-\sigma_1\rangle\right] \tag{4-47}$$

式中：F^{*} 为应力参考值，取 $F^{*}=1\mathrm{MPa}$；β 为强度函数，可由式（4-48）求得；β^0 为三轴抗压强度函数，可由式（4-49）求得；β_{Dil} 为扩容强度函数；$k(\sigma_3,\theta)$ 为考虑应力几何角 θ 的修正函数，可由式（4-50）求得；η_{Dil} 为扩容强度与材料强度的比值，可由式（4-51）求得。

$$\beta(\sigma_3,\theta)=\beta^0(\sigma_3,\theta)\cdot k(\sigma_3,\theta) \tag{4-48}$$

$$\beta^0(\sigma_3,\theta)=a_6-a_7\exp(-a_8\sigma_3) \tag{4-49}$$

$$k(\sigma_3,\theta)=\frac{1}{\left[\cos\left(\theta+\frac{\pi}{6}\right)+a_9\sin\left(\theta+\frac{\pi}{6}\right)\right]^{\exp(-a_{10}\sigma_3)}} \tag{4-50}$$

$$\eta_{\mathrm{Dil}}(\sigma_3,\theta)=l-a_4\exp(-a_5\sigma_3) \tag{4-51}$$

由盐岩材料损伤复原机制引起的应变率可表述成式（4-52）的形式，相应的损伤流动和塑性势函数可由式（4-53）和式（4-54）得到。

$$\dot{\varepsilon}_{ij}^{\mathrm{h}}=-\frac{\varepsilon_{\mathrm{Vol}}\langle F^{\mathrm{h}}/F^{*}\rangle^{a_1}}{a_{18}+a_{19}\exp(a_{20}\varepsilon_{\mathrm{Vol}})}\frac{\partial Q^{\mathrm{h}}}{\partial\sigma_{ij}},\ \varepsilon_{\mathrm{Vol}}\leqslant 0 \tag{4-52}$$

$$F^{\mathrm{h}}=\frac{2}{3}\sigma_3+\frac{2}{3a_5}\ln\left(\frac{a_6-\sigma_{\mathrm{V}}}{a_6}\right) \tag{4-53}$$

$$Q^{\mathrm{h}}=\frac{1-a_{12}}{3}\sigma_1+\frac{2}{3}\sigma_3 \tag{4-54}$$

Hou/Lux 本构模型中损伤变量的演化方程可表述成式（4-55）的形式。

$$\dot{D}=g(D,F^{\mathrm{ds}},F^{\mathrm{dt}},T)-h(D,F^{\mathrm{ds}},\varepsilon_{\mathrm{Vol}},T) \tag{4-55}$$

其中，由损伤机制引起的损伤增加的部分可表达成式（4-56）的形式，由恢复作用引起的损伤复原的部分可表达成式（4-57）的形式。

$$g=a_{15}\frac{(\langle F^{\mathrm{ds}}/F^{*}\rangle+\langle F^{\mathrm{dt}}/F^{*}\rangle)^{a_{16}}}{(1-D)^{a_{17}}} \tag{4-56}$$

$$h=\frac{D\langle F^{\mathrm{h}}/F^{*}\rangle}{a_{18}+a_{19}\exp(a_{20}\varepsilon_{\mathrm{Vol}})},\ \varepsilon_{\mathrm{Vol}}\leqslant 0 \tag{4-57}$$

在式（4-35）～式（4-57）中，a_i（$i=1\sim20$）均为材料常数。

该模型的优点在于考虑的盐岩变形机制比较全面，比较接近盐岩的真实变形特征。但是 Hou/Lux 模型涉及 30 余个参数，与 MDCF 模型一样，众多的参数使得模型应用较为不便，同时待定参数的取值对盐岩变形特征的预测准确度也有较大影响。

4.3.2 模型的建立及分析

正如 4.3.1 节所述，目前已建立了一些盐岩细观蠕变模型，这些模型在一定程度上可以反映盐岩蠕变过程的细观机理，但是通过分析可知，这些模型存在着一定的不足，如有的模型对盐岩蠕变细观机理表述不够明晰，有的模型则较为复杂，应用不便。本节从盐岩蠕变的细观机理出发，基于位错理论构建了一个既可反映盐岩蠕变机制又易于使用和推广的细观蠕变模型。

4.3.2.1 模型的建立

盐岩在蠕变过程中的变形通常包括瞬时应变和蠕变应变两部分，即：

$$\varepsilon=\varepsilon_0+\varepsilon_{cr} \tag{4-58}$$

式中：ε 为总应变；ε_0 为瞬时应变；ε_{cr} 为蠕变应变。

从位错理论的观点来看，盐岩晶体的宏观变形是通过位错运动来实现的，并且诸如强度、塑性和断裂等盐岩的力学性能均与位错运动有关。晶体的瞬时变形属于瞬时弹性变形，其变形规律受晶体微观结构特征影响较小，且不受时间影响；而晶体的蠕变变形是一种黏弹塑性变形，其变形规律在很大程度上受晶体微观结构特征的影响。因此，可以利用位错运动的相关规律对盐岩蠕变现象进行定性和定量分析。在位错理论中，Orowan 方程（秦焜等，2012）可以很好地表述宏观应变率和晶体微观结构参量之间的关系，故本节亦采用此方程来描述盐岩晶体的蠕变行为。Orowan 方程的具体表达式为：

$$\dot{\varepsilon}=b\rho v \tag{4-59}$$

式中：$\dot{\varepsilon}$ 为蠕变率；b 为伯格斯矢量；ρ 为晶体的位错密度；v 为位错运动速度。

在整个蠕变过程中，晶体的位错密度和位错运动速度是随着蠕变时间不断变化的。因此要通过式（4-59）得到晶体的蠕变率演化规律，必须对公式中晶体的位错密度和位错运动速度的演化规律进行研究。有学者通过试验发现，晶体的位错密度和位错运动速度随时间的演化规律并不是独立的，而是相互影响的。其中，Talylor 给出的位错密度演化方程如下：

$$\dot{\rho}=k\rho v \tag{4-60}$$

式中：k 为材料常数。

从式（4-59）和式（4-60）可以看出，位错密度是随蠕变应变的增加而不断增加的。但是该演化方程并未考虑阻碍位错密度增加的一些因素。为解决这一问题，一些学者将有效应力引入到位错演化方程中，如 Mukherjee 等（2016）提出了式（4-61）所示的位错密度演化方程和式（4-62）所示的位错运动速度演化方程。

$$\dot{\rho}_i(t)=v_0^i k_i \rho_i \sigma_i^{eff} \tag{4-61}$$

$$v_i=v_0^i \sigma_i^{eff} \tag{4-62}$$

式中：i 表示晶体不同的滑移系统；k_i 表示不同的滑移系统的材料常数；ρ_i 表示第 i 个滑

移系统上的位错密度；v_i 表示第 i 个滑移系统上的位错运动速度；v_0^i 表示第 i 个滑移系统上的初始位错运动速度；σ_i^{eff} 表示第 i 个滑移系统上的有效应力。

但是，不同滑移系统上的位错运动必然是相互影响的，而式（4-61）和式（4-62）没有考虑到这一点。Preußner 等（2009）在对特定滑移方向上的位错演化规律进行研究时，构建了能够反映滑移系之间交互作用的位错演化方程，其表达式如下：

$$\lambda_{ij}(t) = \left(\sigma_0^i - k_1 \cdot \sum_{j=1}^{N} \sqrt{c_{ij}\rho_i}\right)^m \tag{4-63}$$

$$v_i = v_0^i \left(\sigma_0^i - k_3 \cdot \sum_{j=1}^{N} \sqrt{c_{ij}\rho_i}\right) \tag{4-64}$$

$$\dot{\rho}(t) = v_i k_2 \sqrt{\rho_i} \cdot \sqrt{\sum_{j=1}^{N} \rho_i} \cdot \lambda_{ij} \tag{4-65}$$

式中：N 为晶体滑移系统的个数；m、k_1、k_2 和 k_3 为材料常数；c_{ij} 为表征不同滑移系之间相互作用的材料常数；σ_0^i 为施加在第 i 个滑移系统上的分应力。

要通过式（4-63）～式（4-65）对盐岩晶体的位错演化规律和盐岩宏观应变率进行分析，首先需要确定不同晶体滑移系上的模型参数，而这些参数数量较多，这就降低了模型的实用性。Alexander 等（2006）构造的位错演化模型则相对简单一些，同时又能反映晶体不同滑移系间的相互作用，其具体位错密度演化方程为：

$$\dot{\rho}(t) = \rho(t) \cdot v(t) \cdot \lambda(t) \tag{4-66}$$

式中：$\lambda(t)$ 为倍增率，表示在既定的位错密度和既定的位错速度下，晶体内的现存位错每移动一定距离后，所产生的新位错的数量。

对于式（4-66）中的位错速度 $v(t)$ 和倍增率 $\lambda(t)$，可分别由式（4-67）和式（4-68）得到。

$$v(t) = v_0 \cdot \left[\sigma^{\text{eff}}(t)\right]^p \tag{4-67}$$

$$\lambda(t) = k^*(T) \cdot \left[\sigma^{\text{eff}}(t)\right]^m \tag{4-68}$$

式中：$k^*(T)$ 是关于温度的函数，用来表征蠕变过程中热激活作用对晶体变形的影响。在恒温下，$k^*(T)$ 为常数。

式（4-67）和式（4-68）中的有效应力 σ^{eff}，可由如下方程得到：

$$\sigma^{\text{eff}} = \sigma - \sigma_i(t) \tag{4-69}$$

式中：σ 为施加在晶体上的外应力；σ_i 为内应力，是关于时间 t 的函数。

内应力 σ_i 又称流变应力，其大小取决于位错在运动中遇到的各种障碍的性质与强度。在晶体材料中，主要有以下三个因素会对内应力产生影响：

（Ⅰ）平行位错间的相互作用，即随蠕变变形增加，位错密度也随之增加，从而在同号位错之间形成位错塞积群，阻碍位错进一步运动；

（Ⅱ）林位错交互作用，即在多个滑移系都被激活的情况下，滑移位错与林位错相交后可能引起割阶，或反应形成新的位错，或绕过林位错增长位错线，进而消耗本来用于位错运动的能量；

（Ⅲ）位错胞壁和晶界处的位错密度较高，可降低其周边位错的活动性。这三种机制对内应力的影响可分别表达成式（4-70）、式（4-71）和式（4-72）的形式。

$$\sigma_i^{\text{I}} = \alpha_1 Gb(n\rho)^{1/2} \tag{4-70}$$

$$\sigma_i^{\mathrm{II}} = \alpha_2 Gb\rho_f^{1/2} \tag{4-71}$$

$$\sigma_i^{\mathrm{III}} = Gb\cos\omega\cos(2\phi+\omega)\rho^{1/2} \tag{4-72}$$

式中：σ_i^{I}、σ_i^{II} 和 σ_i^{III} 表示三种不同硬化机制对内应力的贡献；α_1、α_2 分别为对应机制 I 和机制 II 的硬化系数；G 为材料的剪切模量；b 为伯格斯矢量的大小；ρ 为材料的位错密度；n 为位错塞积群内的位错数平均值；ρ_f 为材料中林位错的密度；ω 为位错胞壁之间的夹角值；ϕ 为位错胞壁外的位错与坐标轴的夹角。

可以看出，式（4-70）～式（4-72）具有类似的方程形式，因此可将这三种机制对内应力的影响用统一的方程表达，即：

$$\sigma_i = \alpha Gb\rho^{1/2} \tag{4-73}$$

式中：α 为综合考虑多种硬化机制的总硬化系数。

将式（4-69）和式（4-73）代入式（4-67）和式（4-68），得到：

$$v(t) = v_0 \cdot (\sigma - \alpha Gb\rho^{1/2})^p = v_0 \cdot (\sigma - k_1 \rho^{1/2})^p \tag{4-74}$$

$$\lambda(t) = k^*(T) \cdot (\sigma - \alpha Gb\rho^{1/2})^m = k^*(T) \cdot (\sigma - k_1 \rho^{1/2})^m \tag{4-75}$$

由式（4-74）和式（4-75）可以发现，当蠕变时间足够长时，位错密度将达到极限值后不再变化，此时位错速度 $v(t)$ 和倍增率 $\lambda(t)$ 也将变为 0。但是有研究发现在位错密度达到极限值时，位错速度是非零的（Gottschalk 等，2006）。因而推测内应力对 $v(t)$ 和 $\lambda(t)$ 的影响规律有所不同，以此对式（4-75）进行如下修正：

$$\lambda(t) = k^*(T) \cdot (\sigma - k_3 \rho^{1/2})^m \tag{4-76}$$

综上所述，式（4-60）、式（4-66）、式（4-74）和式（4-76）共同构成了本节构建的盐岩蠕变细观模型的基本方程。对这些基本方程进行联立求解，即可获得盐岩蠕变过程中细观结构的演化规律和相应的宏观蠕变参数。需要注意的是，该模型无法得到解析解，可采用迭代法对模型进行求解。同时由于该模型仅考虑了盐岩的位错蠕变机制，所以无法对损伤引起的盐岩加速蠕变行为进行描述。这也是该模型在后续研究中需要改进的地方。

4.3.2.2　模型参数确定

本节所建立的盐岩细观蠕变模型主要涉及以下模型参数。

（1）模型参数 G

模型参数 G 为盐岩剪切模量，可通过式（4-77）转换得到，其中弹性模量 E 和泊松比 μ 可通过盐岩的单轴压缩试验获得。

$$G = \frac{E}{2(1+\mu)} \tag{4-77}$$

（2）模型参数 ρ_0，v_0 和 b

模型参数 ρ_0，v_0 和 b 分别表示盐岩的初始位错密度、初始位错运动速度和伯格斯矢量。这三个反映盐岩微观结构特征的参数可通过 X 射线衍射等细观试验获得，也可通过对既有试验数据反演得到。

（3）模型参数 m 和 p

模型参数 m 和 p 分别为位错倍增率和位错运动速度对应的应力指数，反映了位错倍增率和位错运动速度对加载应力水平的敏感程度。其取值与材料蠕变机制有关，可通过盐岩蠕变试验数据拟合得到。一般，材料蠕变作用越明显，参数 m 和 p 取值越大。

（4）模型参数 k_1

k_1 为硬化参数，反映的是位错蠕变机制中硬化作用对内应力的影响，可通过式（4-78）得到，其中硬化系数 α 的取值范围一般为 $0.2\sim2$。

$$k_1 = \alpha G b \qquad (4\text{-}78)$$

（5）模型参数 k_2 和 k_3

参数 k_2 和 k_3 可根据试验数据采用拟合法确定。采用拟合法确定模型参数可充分利用已有试验数据，能够在整体上保证理论结果与试验结果的误差达到最小，且操作简单，因而广泛应用于岩石蠕变参数的确定。具体过程和方法如下：

① 以待反演的参数 k_2 和 k_3 作为设计变量 X，即：

$$X = \{k_2,\ k_3\} \qquad (4\text{-}79)$$

② 取设计变量如式，建立目标函数 Y，即：

$$Y = \sum_{i=1}^{N} \left[\varphi_i(X,\ t_i) - \varphi_i \right]^2 \qquad (4\text{-}80)$$

式中：N 为试验组数；$\varphi_i(X,\ t_i)$ 为 t 时刻预测蠕变应变值；φ_i 为 t 时刻试验实测蠕变应变值。

③ 设定目标函数的控制精度并进行参数迭代求解。若目标函数满足精度要求，停止迭代，输出计算结果；若不满足，则继续迭代，直到满足精度要求为止。

4.3.2.3　参数分析

（1）参数 ρ_0

取 σ 为 10MPa，G 为 400MPa，α 为 0.2，ν_0 为 $6\times10^{-17}\,\mathrm{m^2 \cdot h/kg}$，$b$ 为 $4\times10^{-10}\,\mathrm{m}$，$m$ 和 p 为 1，k_2 为 $2\times10^{-13}\,\mathrm{N \cdot m}$，$k_3$ 为 $0.032\,\mathrm{kg \cdot h^2}$，图 4-9 给出了参数 ρ_0 对位错密度 $\rho(t)$ 和蠕变率 $\dot{\varepsilon}$ 的影响规律。由图 4-9 可以看出，在蠕变初期，材料在同一时刻的内部位错密度和蠕变率均随初始位错密度值的增加而增加，但随着时间延长，材料在同一时刻的蠕变率随初始位错密度值的增加而减小。总体而言，在蠕变初期，初始位错密度对位错密度和蠕变率的演化有一定影响，随着蠕变时间增加，这种影响将有所弱化。

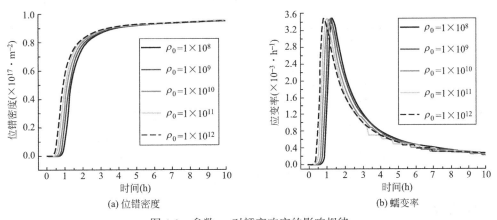

（a）位错密度　　　　　　　　　　（b）蠕变率

图 4-9　参数 ρ_0 对蠕变响应的影响规律

（2）参数 v_0

取 σ 为 10MPa，G 为 400MPa，ρ_0 为 $2\times10^{10}\,\mathrm{m^{-2}}$，$\alpha$ 为 0.2，b 为 $4\times10^{-10}\,\mathrm{m}$，$m$ 为

1，p 为 1，k_2 为 $2×10^{-13}$N·m，k_3 为 0.032kg·h²，图 4-10 给出了模型参数 v_0 取值变化对位错密度 $\rho(t)$ 和蠕变率 $\dot{\varepsilon}$ 的影响规律。由图 4-10 可以看出，初始位错速度对位错密度的演化基本上没有影响，然而蠕变率对初始位错速度比较敏感。给定时刻的蠕变率随初始位错速度增加而增加，并且随着蠕变时间延长，这种影响会逐渐弱化，但不会彻底消失。

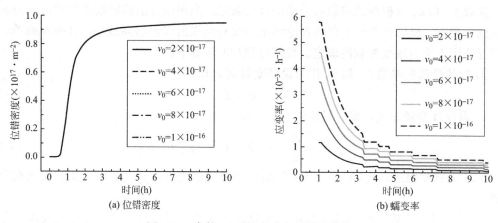

图 4-10　参数 v_0 对蠕变响应的影响曲线

（3）参数 k_1

取 σ 为 10MPa，G 为 400MPa，ρ_0 为 $2×10^{10}$m⁻²，v_0 为 $6×10^{-17}$m²·h/kg，b 为 $4×10^{-10}$m，m 为 1，p 为 1，k_2 为 $2×10^{-13}$N·m，k_3 为 0.032kg·h²，图 4-11 给出了模型参数 k_1 对位错密度 $\rho(t)$ 和蠕变率 $\dot{\varepsilon}$ 的影响规律。由图 4-11 可以看出，不同 k_1 对应的蠕变响应曲线的变化趋势大致相同。随着 k_1 增加，稳态阶段的位错密度有所下降，而蠕变率逐渐增加，同时衰减蠕变阶段的持续时间逐渐缩短。可见参数 k_1 越大，硬化效应越显著。

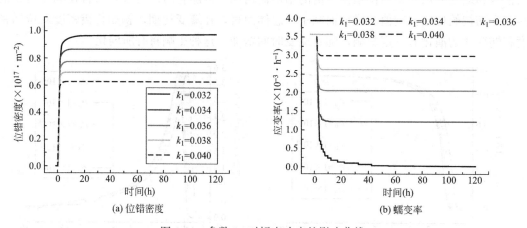

图 4-11　参数 k_1 对蠕变响应的影响曲线

（4）参数 k_2

取 σ 为 10MPa，G 为 400MPa，α 为 0.2，ρ_0 为 $2×10^{10}$m⁻²，b 为 $4×10^{-10}$m，m 为 1，p 为 1，v_0 为 $6×10^{-17}$m²·h/kg，k_3 为 0.032kg·h²，图 4-12 给出了参数 k_2 对位错密度 $\rho(t)$ 和蠕变率 $\dot{\varepsilon}$ 的影响规律。由图 4-12 可以看出，参数 k_2 只在蠕变初期对蠕变响

应有一定的影响。在蠕变初期，位错密度随参数 k_2 增加而增加，而蠕变率随参数 k_2 增加而减小。同时还可发现，随参数 k_2 增加，蠕变率的衰减速度有所提高，衰减蠕变阶段的持续时间逐渐缩短。

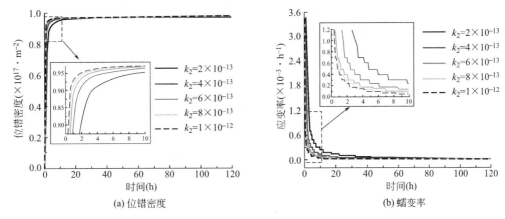

图 4-12　k_2 对蠕变响应的影响曲线

4.3.2.4　模型验证

为了说明所建模型的合理性和适用性，利用图 3-2（a）中不同轴向应力作用下的盐岩单轴压缩蠕变试验结果对其进行了验证。首先，需要确定模型参数 α，G，ρ_0，v_0，b，m，p，k_1，k_2 和 k_3。对于盐岩等软岩，硬化系数 α 一般取 0.2（Alexander 等，2006）；剪切模量 G 利用盐岩单轴压缩试验结果通过式（4-77）转换得到（李维维，2020），其大小为 1.15GPa；盐岩初始位错密度 ρ_0、初始位错运动速度 v_0 和伯格斯矢量 b 可通过细观试验得到或参考国内外既有试验结果确定，这里取陈剑文等（2015）给出的参数结果；由 Norton 幂律模型可得试验所用盐岩的应力指数 n 为 2.98（李维维，2020），接近于 3，表明室温下盐岩蠕变细观机理主要为位错滑移机制（Preußner 等，2009），通常 n 与 m 和 p 满足 $m+p+1=n$ 这一关系，这里将模型参数 m 和 p 均取为 1；硬化参数 k_1 利用式（4-78）计算得到，其取值为 $0.092\text{kg} \cdot \text{h}^2$；$k_2$ 和 k_3 通过盐岩单轴压缩蠕变试验数据采用拟合法确定。模型参数最终确定结果见表 4-2。

由表 4-2 可以看出，随轴向应力增加，模型参数 k_2 逐渐减小，且当轴向应力小于 12.5MPa 时，随应力水平增加 k_2 衰减较慢，而当轴向应力介于 12.5～21MPa 之间时，k_2 衰减较快。

模型参数

表 4-2

σ (MPa)	α	G (GPa)	b ($\times 10^{-10}$m)	k_1 (kg·h²)	k_2 ($\times 10^{-14}$N·m)	k_3 (kg·h²)	ρ_0 ($\times 10^{10}$m⁻²)	v_0 ($\times 10^{-17}$kg⁻¹·m²·h)	m	p
6.5					9.03					
9.5					8.44					
12.5	0.2	1.15	3.99	0.092	7.94	0.092	1.0	6.4	1	1
14.0					6.44					
17.5					2.75					
21.0					1.44					

将表4-2中的参数代入式（4-59），可得不同轴向应力下的盐岩蠕变速率，对式（4-59）两边同时积分可得盐岩的蠕变应变。图4-13和图4-14分别给出了蠕变速率和蠕变应变理论结果和试验结果的对比情况。可以看出，总体而言，理论曲线和试验结果吻合良好，说明所建立的盐岩细观蠕变模型能够准确描述不同轴向应力作用下的盐岩蠕变行为。

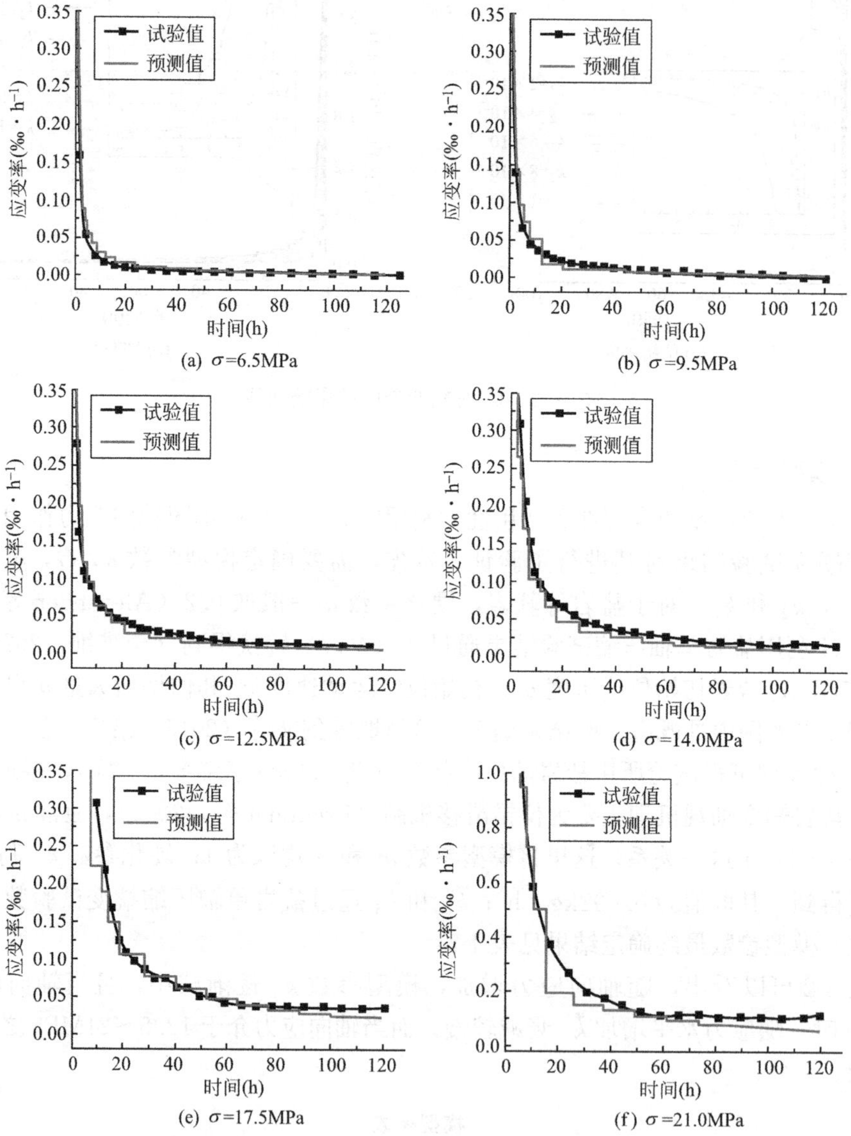

(a) σ=6.5MPa (b) σ=9.5MPa (c) σ=12.5MPa (d) σ=14.0MPa (e) σ=17.5MPa (f) σ=21.0MPa

图4-13 盐岩蠕变率理论曲线和试验结果的对比

4.3.2.5 盐岩蠕变分析

从材料学和物理学的角度出发，任何材料在一定加载条件下的宏观力学行为均与该过程中材料细观组织结构的萌生和演化有关。换言之，材料的细观结构演化特征在一定程度上决定了其宏观力学行为。下面利用构建的蠕变模型从细观层面对盐岩单轴压缩蠕变试验结果作进一步分析。在构建的盐岩蠕变理论模型中，晶体位错密度是一个十分重要的细观

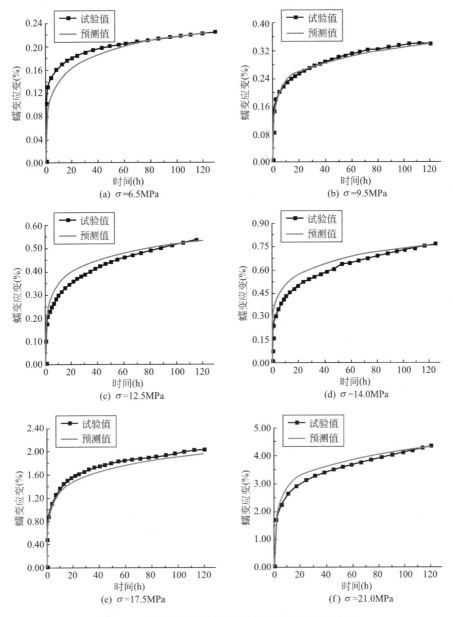

图 4-14　盐岩蠕变应变理论曲线和试验结果的对比

参数。因此，为理解不同轴向应力下盐岩蠕变的细观机理，此处根据表 4-2 给出的模型参数，利用式（4-66）得到了不同轴压下盐岩蠕变过程中位错密度的变化情况，见图 4-15。

　　由图 4-15 可以看出，在蠕变初期，盐岩位错密度增加较快，但随着蠕变时间延长，盐岩位错密度的增速逐渐放缓，最终基本保持不变。将图 4-15 与盐岩衰减蠕变曲线（李维维，2020）进行对比可以发现，盐岩的衰减蠕变与位错密度随时间的变化趋势较为类似，其增长率在蠕变前期均衰减较快，后期基本为 0。这是因为盐岩未发生变形时，晶粒内部存在着一定密度的均匀分布的位错结构；在蠕变初期，晶体内的位错密度较低，晶粒分布较为均匀，此时位错运动阻力较小，位错易于滑移，宏观上表现为蠕变刚开始时，盐

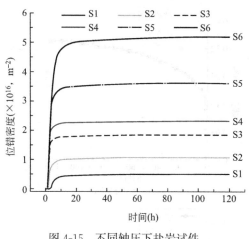

图 4-15　不同轴压下盐岩试件
内位错密度演化曲线

岩蠕变率较高；随着蠕变变形增大，晶格的畸变程度也逐渐增大，晶体内的位错源被激活，位错密度逐渐增大，导致大量的位错塞积在晶界附近，同时也导致位错之间形成割阶和扭阶的概率增加，从而增大了位错运动的阻力，抑制了位错增殖速度，导致蠕变速率不断降低，宏观上表现为形变硬化现象。随着蠕变时间进一步延长和盐岩蠕变变形进一步增大，晶体内位错滑移的阻力也进一步增大，宏观上形变硬化作用更加明显；与此同时，晶格的畸变程度更高，晶粒内位错分布的均匀化程度更低，这会在局部区域造成一定程度的应力集中。应力集中在有效缓解位错塞积区域负荷的同时，也促进了位错交滑移和位错攀移等回复效应的发展；当位错增殖的速度与位错交滑移、位错攀移等回复效应导致的位错湮灭速度达到动态平衡时，盐岩晶体内部总的位错密度便基本保持不变，此时宏观上表现为盐岩蠕变速率基本保持恒定。

当轴向应力分别为 6.50MPa、9.50MPa、12.50MPa、14.00MPa、17.50MPa 和 21.00MPa 时，图 4-15 中盐岩稳态蠕变阶段的位错密度分别为 $4.93\times10^{15}/m^2$、$1.06\times10^{16}/m^2$、$1.84\times10^{16}/m^2$、$2.31\times10^{16}/m^2$、$3.60\times10^{16}/m^2$ 和 $5.18\times10^{16}/m^2$。由此可知，随轴向应力增大，盐岩在稳态蠕变阶段的最大位错密度也逐渐增大。这是因为轴向应力越大，晶体内部被激活的滑移系统越多，其克服晶体内部由于晶格畸变和位错塞积导致的位错运动障碍的能力也就越强，宏观上表现为应力越高，盐岩衰减蠕变速率和稳态蠕变速率也就越高。

综上所述，本节构建的盐岩细观蠕变模型能够准确描述不同轴向应力作用下盐岩蠕变的细观机理，同时还能较为准确地预测盐岩的宏观蠕变响应。

4.3.3　模型的扩展

由表 4-2 可以看出，随轴向应力增大，其余参数均保持不变，而参数 k_2 逐渐减小，即参数 k_2 与应力水平密切相关。为了预测任意轴向应力下盐岩的蠕变行为，这里利用 Weibull 函数［式（4-81）］对参数 k_2 与轴向应力的关系进行了拟合分析（图 4-16）。拟合得到的模型参数 A、B、C 和 D 分别为 8.87、11.60、8290 和 -3.26，相关系数为 0.9930。

$$k_2 = A - Be^{-C\sigma^D} \qquad (4\text{-}81)$$

要预测某一轴向应力下盐岩的蠕变行为，首先利用式（4-81）确定该应力水平下相应的

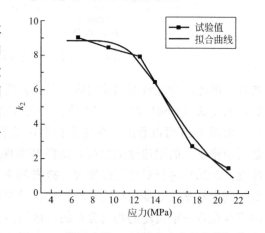

图 4-16　模型参数 k_2 随轴向应力的变化规律

模型参数 k_2，其余参数仍取表 4-2 中给出的数值；然后将模型参数代入式（4-59），即可得到该应力下的盐岩蠕变率，对式（4-59）两边同时积分即可得到对应的盐岩单轴压缩蠕变曲线（式 4-82）。

$$\varepsilon = \int \dot{\varepsilon} = \varepsilon_0 + \varepsilon_{cr} \tag{4-82}$$

式中：ε_0 为瞬时应变。

图 4-17 给出了轴向应力分别为 6.5MPa、9.5MPa、12.5MPa、14.0MPa、17.5MPa 和 21.0MPa 时预测曲线和试验结果的对比。可以看出，尽管存在一定的误差，但总体而言，预测曲线和试验结果较为吻合。

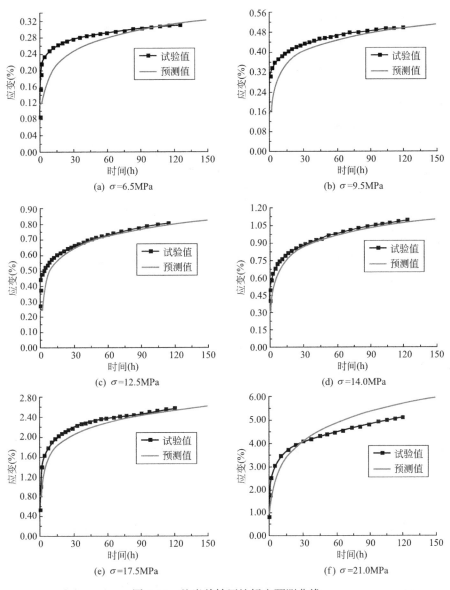

图 4-17　盐岩单轴压缩蠕变预测曲线

4.4 盐岩非线性黏弹塑性蠕变模型

4.4.1 岩石流变元件组合模型及其本构关系

4.4.1.1 基本元件和常用组合模型

岩石流变元件组合模型由具有某种功能的基本元件按照一定的方式组合而成，这些基本元件包括弹性元件、塑性元件和黏性元件。下面简单介绍这些基本元件的力学特性（蔡美峰等，2002；刘雄，1994）。

（1）弹性元件

如果材料在外加荷载作用下，其本构关系完全符合胡克定律，则称此种材料为胡克体。胡克体是一种理想的弹性体，其力学模型可用一弹簧元件来表示，如图 4-18 所示。

胡克体的应力-应变关系是线弹性的，其本构方程为：

$$\sigma = E\varepsilon \tag{4-83}$$

式中：E 为弹性模量。

分析式（4-83）可知胡克体具有如下性能：

① 具有瞬时弹性变形性质，无论荷载大小，只要应力不为 0，就有相应的应变。当应力变为 0 时，应变也变为 0，这说明胡克体没有弹性后效，与时间无关。

② 应变恒定时，应力也保持不变，说明胡克体无应力松弛。

③ 应力保持恒定时，应变也保持不变，说明胡克体无蠕变性质。

（2）塑性元件

当物体所受的力达到其屈服极限时便开始产生塑性变形，即使应力不再增加，变形仍将持续发展。具有这一性质的物体称之为理性塑性体，其力学模型用一个摩擦片来表示，如图 4-19 所示。理想塑性体的本构方程为：

$$\begin{cases} \sigma < \sigma_s, & \varepsilon = 0 \\ \sigma \geq \sigma_s, & \varepsilon \to \infty \end{cases} \tag{4-84}$$

式中：σ_s 为材料的屈服极限。

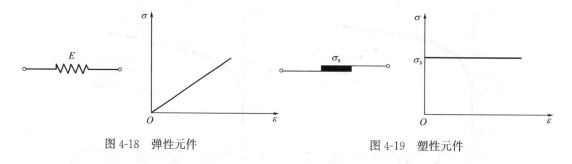

图 4-18 弹性元件　　　　图 4-19 塑性元件

（3）黏性元件

牛顿流体是一种理想的黏性体，符合牛顿流动的定义，即应力和应变速率呈正比例关系。牛顿流体的力学模型用一个带孔活塞组成的阻尼器来表示，如图 4-20 所示，通常称之为黏性元件。

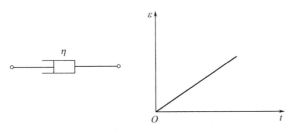

图 4-20 黏性元件

黏性元件的本构关系为：

$$\sigma = \eta \dot{\varepsilon} \tag{4-85}$$

式中：η 为牛顿黏滞系数。

对式（4-85）进行积分，可得：

$$\varepsilon = \frac{1}{\eta}\sigma t + C \tag{4-86}$$

式中：C 为积分常数。

当 $t=0$ 时，$\varepsilon=0$，故 $C=0$。则式（4-86）变为：

$$\varepsilon = \frac{1}{\eta}\sigma t \tag{4-87}$$

当 $t=t_1$ 时，$\sigma=\sigma_0$，即 $\varepsilon = \frac{\sigma_0 t_1}{\eta}$。

分析牛顿体的本构关系，可以发现牛顿体具有如下性质：

① 当应力为 σ_0 时，完成其相应的应变需要的时间为 t_1，说明应变与时间有关，随时间增加而增大，牛顿体具有蠕变性质。

② 当 $\sigma=0$ 时，$\eta\dot{\varepsilon}=0$，积分后得 ε 为常数，表明去掉外力后应变为常数，活塞位移立即停止，不再恢复。所以牛顿体无弹性后效，有永久变形。

③ 当 ε 为常数时，$\sigma=0$，说明当应变保持恒定时，应力为 0，牛顿体无应力松弛性能。

以上分析了三种基本元件的力学性能，当用任何一种基本元件单独表示岩石性质时，都只能描述弹性、塑性或黏性三种性质中的一种，而客观存在的岩石性质并不是单一的，通常都表现出更加复杂的特性。因此，需要对三种基本元件进行组合，才能准确描述岩石的复杂特性。

通过对以上三种基本元件进行串联、并联以及混联等不同形式的组合，可以得到数十种蠕变体的组合模型。其中串联用符号"—"表示，此时组合体总应力等于串联中任何元件的应力，组合体总应变等于串联中所有元件的应变之和；并联以符号"｜"表示，此时组合体总应力等于并联中所有元件的应力之和，组合体总应变等于并联中任何元件的应变。表 4-3 列出了几种最著名、最常用的元件组合模型的本构方程。

4.4.1.2 元件组合模型微分本构关系通式

（1）一维本构关系

根据表 4-3 中常用元件组合模型的一维本构方程，王芝银等（2008）、杨挺青等

（2004）给出了其算子形式的通用表达式：

$$P(D)\sigma = Q(D)\varepsilon \tag{4-88}$$

式中：$P(D) = \sum_{k=0}^{m} p_k \dfrac{\partial k}{\partial t^k}$；$Q(D) = \sum_{k=0}^{m} q_k \dfrac{\partial k}{\partial t^k}$；$D = \dfrac{\partial}{\partial t}$，为对时间的微分算子。

式（4-88）变形可得：

$$\sigma = \frac{Q(D)}{P(D)}\varepsilon \tag{4-89}$$

对于黏弹塑性模型来说，当应力未达到其屈服极限即 $\sigma < \sigma_s$ 时，模型一维本构关系与式（4-89）相同；当应力达到其屈服极限即 $\sigma \geq \sigma_s$ 时，模型一维本构关系仍可采用式（4-89）表示的通式，但需将式（4-89）中的 σ 以 $\sigma - \sigma_s$ 替换，即黏弹塑性蠕变模型一维本构方程的通式为：

$$\sigma - \sigma_s = \frac{Q(D)}{P(D)}\varepsilon \tag{4-90}$$

（2）三维本构关系

① 黏弹性三维本构关系

常用元件组合模型及其本构方程　　　　表 4-3

模型名称	结构组成	一维本构方程
Maxwell 模型	H-N	$\dot\varepsilon = \dfrac{\dot\sigma}{E} + \dfrac{\sigma}{\eta}$
Kelvin 模型	H|N	$\sigma = E\varepsilon + \eta\dot\varepsilon$
Kelvin-Viogt 模型	H-(H|N)	$\dfrac{\eta}{E_1}\dot\sigma + \left(1+\dfrac{E_2}{E_1}\right)\sigma = \eta\dot\varepsilon + E_2\varepsilon$
Poyting-Thomson 模型	H|(H-N)	$\dot\sigma + \dfrac{E_1}{\eta}\sigma = (E_1+E_2)\dot\varepsilon + \dfrac{E_1 E_2}{\eta}\varepsilon$
Bingham 模型	Y|N	$\begin{cases}\sigma < \sigma_s, & \varepsilon = 0 \\ \sigma \geq \sigma_s, & \dot\varepsilon = \dfrac{\sigma - \sigma_s}{\eta}\end{cases}$
Burgers 模型	(H|N)-H-N	$\ddot\sigma + \left(\dfrac{E_2}{\eta_1} + \dfrac{E_2}{\eta_2} + \dfrac{E_1}{\eta_1}\right)\dot\sigma + \dfrac{E_1 E_2}{\eta_1\eta_2}\sigma = E_2\ddot\varepsilon + \dfrac{E_1 E_2}{\eta_1}\dot\varepsilon$
西原模型	H-(H|N)-(Y|N)	$\begin{cases}\sigma < \sigma_s, & \dfrac{\eta_1}{E_1}\dot\sigma + \left(1+\dfrac{E_2}{E_1}\right)\sigma = \eta_1\dot\varepsilon + E_2\varepsilon \\ \sigma \geq \sigma_s, & \ddot\sigma + \left(\dfrac{E_2}{\eta_1} + \dfrac{E_2}{\eta_2} + \dfrac{E_1}{\eta_1}\right)\dot\sigma + \dfrac{E_1 E_2}{\eta_1\eta_2}(\sigma - \sigma_s) \\ & = E_2\ddot\varepsilon + \dfrac{E_1 E_2}{\eta_1}\dot\varepsilon\end{cases}$
广义 Bingham 模型	H-(Y|N)	$\begin{cases}\sigma < \sigma_s, & \varepsilon = \dfrac{\sigma}{E}, \dot\varepsilon = \dfrac{\dot\sigma}{E} \\ \sigma \geq \sigma_s, & \dot\varepsilon = \dfrac{\dot\sigma}{E} + \dfrac{\sigma - \sigma_s}{\eta}\end{cases}$

由弹性力学基本理论可知，弹性本构关系的一维形式和三维张量形式分别为：

$$\sigma = E_0 \varepsilon \tag{4-91a}$$

$$\begin{cases} S_{ij} = 2G_0 e_{ij} \\ \sigma_{ii} = 3K\varepsilon_{ii} \end{cases} \tag{4-91b}$$

式中：E_0、G_0、K 分别为弹性模量、弹性剪切模量和弹性体积模量；S_{ij}、e_{ij}、σ_{ii}、ε_{ii} 分别为应力偏量、应变偏量以及应力和应变第一不变量的张量形式，表达式分别为：

$$\boldsymbol{S}_{ij} = \boldsymbol{\sigma}_{ij} - \boldsymbol{\sigma}_m \boldsymbol{\delta}_{ij} = \begin{bmatrix} \sigma_x - \sigma_m & \tau_{xy} & \tau_{xz} \\ \tau_{yx} & \sigma_y - \sigma_m & \tau_{yz} \\ \tau_{zx} & \tau_{zy} & \sigma_z - \sigma_m \end{bmatrix} \quad i, j = x, y, z$$

$$\boldsymbol{e}_{ij} = \boldsymbol{\varepsilon}_{ij} - \boldsymbol{\varepsilon}_m \boldsymbol{\delta}_{ij} = \begin{bmatrix} \varepsilon_x - \varepsilon_m & \frac{1}{2}\gamma_{xy} & \frac{1}{2}\gamma_{xz} \\ \frac{1}{2}\gamma_{yx} & \varepsilon_y - \varepsilon_m & \frac{1}{2}\gamma_{yz} \\ \frac{1}{2}\gamma_{zx} & \frac{1}{2}\gamma_{zy} & \varepsilon_z - \varepsilon_m \end{bmatrix} \quad i, j = x, y, z$$

$$\sigma_{ii} = \sigma_1 + \sigma_2 + \sigma_3 = \sigma_x + \sigma_y + \sigma_z = 3\sigma_m$$

$$\varepsilon_{ii} = \varepsilon_1 + \varepsilon_2 + \varepsilon_3 = \varepsilon_x + \varepsilon_y + \varepsilon_z = 3\varepsilon_m$$

弹性剪切模量 G_0、弹性体积模量 K 与弹性模量 E_0 和泊松比 ν 之间的关系式为：

$$\begin{cases} E_0 = \dfrac{9G_0 K}{3K + G_0} \\ \nu = \dfrac{3K - 2G_0}{2(3K + G_0)} \end{cases} \tag{4-92}$$

对比式（4-91a）和式（4-91b）可以得到式（4-89）的推广三维本构关系：

$$\begin{cases} S_{ij} = 2 \dfrac{Q'(D)}{P'(D)} e_{ij} \\ \sigma_{ii} = 3 \dfrac{Q''(D)}{P''(D)} \varepsilon_{ii} \end{cases} \tag{4-93}$$

在上式中，$Q'(D)$、$P'(D)$ 与式（4-88）中的 $Q(D)$、$P(D)$ 相对应，但需将 $Q(D)$、$P(D)$ 中的弹性模量、黏弹性模量以及系数变换为剪切弹性模量、剪切黏弹性模量和相应的系数。$Q''(D)$、$P''(D)$ 为反映材料黏弹性体积变形的算子，当材料体积变形呈线弹性时，可取为 $Q''(D) = K$，$P''(D) = 1$。

② 黏弹塑性三维本构关系

当外加荷载超过岩石的屈服极限后，岩石出现黏塑性变形。由表 4-3 可知，黏塑性变形部分的一维本构关系为：

$$\dot{\varepsilon}^{vp} = \frac{\sigma - \sigma_s}{\eta''} \tag{4-94}$$

将上式推广为三维形式，可得黏塑性变形部分的三维本构关系为：

$$\dot{\varepsilon}_{ij}^{vp} = \frac{1}{\eta''} \left[\phi\left(\frac{F}{F_0}\right) \right] \frac{\partial Q}{\partial \sigma_{ij}} \tag{4-95}$$

式中：F 为岩石材料的屈服函数；F_0 为屈服函数的初始参考值；Q 为塑性势函数。当采用相关联流动法则时，$Q = F$，且：

$$\begin{cases} F<0, & \left[\phi\left(\dfrac{F}{F_0}\right)\right]=0 \\[2mm] F\geqslant 0, & \left[\phi\left(\dfrac{F}{F_0}\right)\right]=\phi\left(\dfrac{F}{F_0}\right) \end{cases} \qquad (4\text{-}96)$$

式中：ϕ 函数可取幂函数形式，同时采用相关联流动法则，式（4-95）可变形为：

$$\dot{\varepsilon}_{ij}^{\text{vp}}=\frac{1}{\eta''}\left[\left(\frac{F}{F_0}\right)^m\right]\frac{\partial F}{\partial\sigma_{ij}} \qquad (4\text{-}97)$$

则有：

$$\dot{\varepsilon}_{ij}^{\text{vp}}=\frac{1}{\eta''}\left(\frac{F}{F_0}\right)^m\frac{\partial F}{\partial\sigma_{ij}},F\geqslant 0 \qquad (4\text{-}98)$$

4.4.2 盐岩非线性蠕变模型的建立及分析

本节基于线性元件非线性化的基本思路对盐岩非线性蠕变模型进行研究。在传统的元件组合模型中，通常假定黏性元件是一种理想的牛顿流体，严格符合牛顿流动的定义即 $\sigma=\eta\dot{\varepsilon}$，且黏滞系数在岩石材料蠕变过程中是固定不变的常数。

但是，近年来随着人们对岩石非线性蠕变特征的逐步认识和研究，发现这一假定不够准确，黏滞系数在蠕变过程中是随应力水平和持续时间而不断发生变化的。孙钧（1999）提出了非线性广义 Bingham 模型并指出：岩石材料的黏滞系数随加载持续时间的变化规律与施加的应力水平有关。当应力值 $\sigma<\sigma_f+\sigma_s/a$ 时，黏滞系数随荷载持续时间的推移而增大，在蠕变试验曲线上反映为蠕变速率逐渐降低，蠕变曲线呈衰减型；当应力值 $\sigma=\sigma_f+\sigma_s/a$ 时，黏滞系数与荷载持续时间无关，呈线性蠕变变形；而当应力值 $\sigma>\sigma_f+\sigma_s/a$ 时，黏滞系数随荷载持续时间推移而减小，在蠕变试验曲线上反映为蠕变速率逐渐增大，蠕变曲线呈加速型。陈文玲等（2011）通过对云母石英片岩黏滞系数的分析得出了与类似的规律。阎岩等（2010）以西原模型为基础，研究了各蠕变参数与应力及蠕变时间的关系。结果表明，在不同的应力水平下表征衰减蠕变的 Kelvin 体中的黏性元件的黏滞系数随时间的变化规律基本类似，即 Kelvin 体的黏滞系数随时间增加而逐渐增大，且增大到某一定值后即保持稳定，而不论蠕变是否进入加速阶段；表征非衰减蠕变的 Bingham 体中的黏性元件的黏滞系数在蠕变未进入加速阶段时也有同样的规律。受此启发，本章从牛顿体黏滞系数的时间相关性入手建立盐岩非线性蠕变模型。

4.4.2.1 非线性 Kelvin 模型及其特性分析

（1）本构关系及蠕变方程

Kelvin 模型是一种衰减型蠕变模型，由胡克体和牛顿体并联组成，力学模型如图 4-21 所示。其本构方程为：

$$\sigma=E\varepsilon+\eta\dot{\varepsilon} \qquad (4\text{-}99)$$

蠕变方程为：

$$\varepsilon=\frac{\sigma_0}{E}\left[1-\exp\left(-\frac{E}{\eta}t\right)\right] \qquad (4\text{-}100)$$

式中：E 为材料弹性模量；η 为黏滞系数。

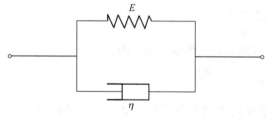

图 4-21　Kelvin 模型

根据阎岩等（2010）的研究结果，Kelvin 模型中黏滞系数随时间的变化规律具有如下三个特点：①初始值不为 0；②随时间增加而单调递增；③存在上限极值。

假定牛顿体黏滞系数随时间的变化规律服从下式：

$$\eta(t) = \eta_0 \frac{t+1}{t+1+m} \tag{4-101}$$

式中：η_0、m 为材料常数。

下面对式（4-101）的函数特点进行分析。

将式（4-101）对时间求导数，则有：

$$\eta'(t) = \eta_0 \left[\frac{1}{t+1+m} - \frac{t+1}{(t+1+m)^2} \right] \tag{4-102}$$

整理后可得：

$$\eta'(t) = \eta_0 \frac{m}{(t+1+m)^2} > 0 \tag{4-103}$$

说明 $\eta(t)$ 单调递增。

当 $t=0$ 时：

$$\eta(0) = \frac{\eta_0}{1+m} \neq 0 \tag{4-104}$$

即 $\eta(t)$ 初始值不为 0。

将式（4-101）变形可得：

$$\eta(t) = \eta_0 \frac{1}{1 + \dfrac{m}{t+1}} \tag{4-105}$$

由式（4-105）知，当 $t \to \infty$ 时，$\eta(t) \to \eta_0$，这说明 $\eta(t)$ 存在上限值且上限值为 η_0。

由以上分析可以发现，式（4-101）与阎岩等（2010）Kelvin 模型的黏滞系数随时间的变化规律完全符合。因此，假定 Kelvin 模型中黏性元件的黏滞系数随时间的变化规律符合式（4-101），并据此建立非线性 Kelvin 模型。

将式（4-101）代入式（4-99），用 $\eta(t)$ 代替 η 即可得到非线性 Kelvin 模型的本构方程为：

$$\sigma = E\varepsilon + \eta_0 \frac{t+1}{t+1+m} \dot{\varepsilon} \tag{4-106}$$

式中：E 为胡克体的弹性模量；η_0 为非线性 Kelvin 模型中黏滞系数的上限值；m 为表征材料非线性程度的正常数。当 $m=0$ 时，$\eta(t)=\eta_0=$ 常数，此时非线性 Kelvin 模型退化为常规 Kelvin 模型。

在 $t=0$ 时，施加一个不变的应力 $\sigma=\sigma_0$，对式（4-106）进行变形：

$$\frac{d\varepsilon}{dt} + \frac{E}{\eta_0}\left(1 + \frac{m}{t+1}\right)\varepsilon = \frac{\sigma_0}{\eta_0}\left(1 + \frac{m}{t+1}\right) \tag{4-107}$$

解此微分方程，则有：

$$\varepsilon = \frac{\sigma_0}{E} + C\exp\left\{ -\frac{E}{\eta_0}\left[t + m\ln(t+1)\right] \right\} \tag{4-108}$$

式中：C 为积分常数。

对于 Kelvin 模型来说，当 $t=0$ 时，$\varepsilon=0$。对式（4-108）代入边界条件，则可解得：

$$C = -\frac{\sigma_0}{E}$$

将 C 代入式（4-108），可得非线性 Kelvin 模型的蠕变方程为：

$$\varepsilon = \frac{\sigma_0}{E}\left\{1-\exp\left\{-\frac{E}{\eta_0}\left[t+m\ln(t+1)\right]\right\}\right\} \tag{4-109}$$

对比式（4-109）和式（4-100）可以看出，常规 Kelvin 模型的蠕变方程只是非线性 Kelvin 模型蠕变方程在 $m=0$ 时的一种特殊情况。可以证明式（4-109）为时间的连续可微函数，因此非线性 Kelvin 模型的蠕变方程具有正确的数学意义。

（2）模型特性分析

前面推导了非线性 Kelvin 模型的本构关系和蠕变方程，下面对其基本特性进行分析。

① 应力水平对蠕变特性的影响分析

图 4-22 为其他参数均相同的情况下，应力水平的变化对非线性 Kelvin 模型蠕变曲线影响规律示意图。由图可以看到，不同应力水平下蠕变曲线同样存在衰减蠕变和稳定蠕变两个阶段，且应力水平越高，相同时刻的蠕变应变越大。但应力变化对蠕变进入稳定阶段的时间影响不大，不同应力水平下蠕变几乎同时进入稳定阶段，这与常规 Kelvin 模型类似。

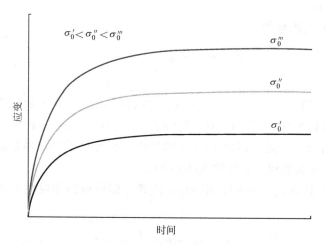

图 4-22　不同应力水平下非线性 Kelvin 模型蠕变曲线

② 非线性系数对蠕变特性的影响分析

由式（4-109）可知，当 $t=0$ 时，$\varepsilon(0)=0$；当 $t\to\infty$ 时，$\varepsilon(\infty)=\sigma_0/E$，这说明非线性 Kelvin 模型的最终蠕变量与非线性系数 m 的取值无关，且与常规 Kelvin 模型相同。

图 4-23 为应力水平和其他参数均相同的情况下，非线性系数 m 的变化对蠕变曲线的影响规律示意图。由图可知，m 的变化对最终蠕变量没有影响，但对蠕变曲线的形状影响很大。随着 m 增大，衰减蠕变阶段经历的时间逐渐缩短，蠕变进入稳定阶段的时间提前。同时，随着 m 增大，蠕变曲线起始段的斜率逐渐增大，初始蠕变速率逐渐增加。

③ 应力水平对蠕变速率的影响分析

将蠕变方程式（4-109）对时间 t 求导数即可得到任意时刻蠕变速率的表达式：

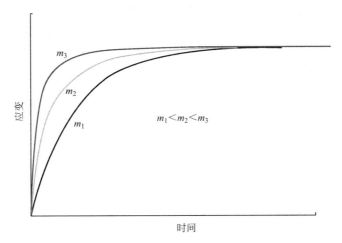

图 4-23　不同非线性系数下非线性 Kelvin 模型蠕变曲线

$$\dot\varepsilon = \frac{\sigma_0}{\eta_0}\left(1+\frac{m}{t+1}\right)\exp\left\{-\frac{E}{\eta_0}\left[t+m\ln(t+1)\right]\right\} \tag{4-110}$$

式中各参数的物理意义同前。

图 4-24 为不同应力水平下非线性 Kelvin 模型的蠕变速率与时间关系曲线。由图可以看出，加载初期蠕变速率都较大，随着时间延长，蠕变速率逐渐减小，最终趋于 0，这说明非线性 Kelvin 模型同样具有衰减蠕变特性。同时可以看到，加载应力水平对初始蠕变速率的影响很大，应力水平越高，初始蠕变速率越大，蠕变衰减越明显。

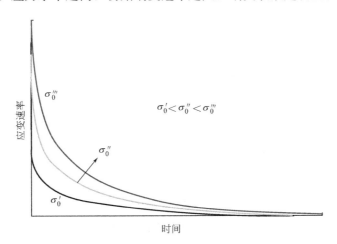

图 4-24　不同应力水平下非线性 Kelvin 模型蠕变速率曲线

④ 非线性系数对蠕变速率的影响分析

由式（4-110）知，当 $t=0$ 时，$\dot\varepsilon(0)=\sigma_0(1+m)/\eta_0$，说明非线性 Kelvin 模型的初始蠕变速率与非线性系数 m 的取值有关，且其初始蠕变速率为常规 Kelvin 模型初始蠕变速率的 $(1+m)$ 倍。

图 4-25 为不同非线性系数时非线性 Kelvin 模型的蠕变速率与时间关系曲线。由图可

知，加载初期蠕变速率最大，随着时间延长，蠕变速率越来越小，并最终趋于 0。不同非线性系数的蠕变速率曲线存在一个交点，对该点之前的某一时刻来说，m 越大，蠕变速率越大；而在该点之后 m 越大，蠕变速率越小。这说明 m 的取值对非线性 Kelvin 模型的衰减过程影响显著，m 越大，衰减蠕变阶段经历的时间越短，衰减越显著。

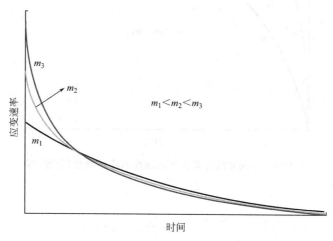

图 4-25 不同非线性系数下非线性 Kelvin 模型蠕变速率曲线

⑤ 松弛效应

令模型应变保持恒定，即 ε 为常数，则有 $\dot\varepsilon = 0$，此时本构方程变为 $\sigma = E\varepsilon$。这说明当应变保持恒定时，应力也保持恒定，并不随时间增加而减小。因此，非线性 Kelvin 模型也无应力松弛性能。

⑥ 卸载效应

在 $t = t_1$、$\varepsilon = \varepsilon_1$ 时卸载，$\sigma = 0$，则本构方程变为：

$$E\varepsilon + \eta_0 \frac{t+1}{t+1+m}\dot\varepsilon = 0 \tag{4-111}$$

将上式变形：

$$\frac{\mathrm{d}\varepsilon}{\mathrm{d}t} + \frac{E}{\eta_0}\Big(1 + \frac{m}{t+1}\Big)\varepsilon = 0 \tag{4-112}$$

解此微分方程可得：

$$\varepsilon = \exp\Big\{-\frac{E}{\eta_0}[t + m\ln(t+1)]\Big\}C \tag{4-113}$$

当 $t = t_1$ 时，$\varepsilon = \varepsilon_1$，对式（4-110）代入边界条件，可得：

$$C = \frac{\varepsilon_1}{\exp\Big\{-\dfrac{E}{\eta_0}[t_1 + m\ln(t_1+1)]\Big\}} \tag{4-114}$$

将式（4-114）代入式（4-113）并整理，可得卸载方程为：

$$\varepsilon = \varepsilon_1 \exp\Big\{-\frac{E}{\eta_0}\Big[(t-t_1) + m\ln\frac{t+1}{t_1+1}\Big]\Big\} \tag{4-115}$$

其中 ε_1 由蠕变方程式（4-109）确定，即：

$$\varepsilon_1 = \frac{\sigma_0}{E}\left\{1 - \exp\left\{-\frac{E}{\eta_0}\left[t_1 + m\ln(t_1 + 1)\right]\right\}\right\} \tag{4-116}$$

由式（4-115）可以看出，非线性 Kelvin 模型的衰减变形与时间有关。当 $t = t_1$ 时，$\varepsilon = \varepsilon_1$；当 $t \to \infty$ 时，$\varepsilon \to 0$，变形随时间增加逐渐恢复到零，这说明非线性 Kelvin 模型存在弹性后效。图 4-26 为非线性 Kelvin 模型和常规 Kelvin 模型卸载曲线对比示意图。由图可见，两者之间存在一定的差异，非线性 Kelvin 模型比常规 Kelvin 模型恢复更快。

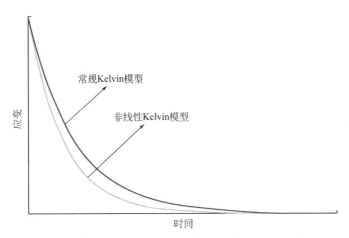

图 4-26　非线性 Kelvin 模型和常规 Kelvin 模型卸载曲线对比

4.4.2.2　非线性 Maxwell 模型及其特性分析

（1）本构关系及蠕变方程

Maxwell 模型由一个胡克体和一个牛顿体串联组成，力学模型如图 4-27 所示。其本构方程为：

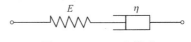

图 4-27　Maxwell 模型

$$\dot{\varepsilon} = \frac{\dot{\sigma}}{E} + \frac{\sigma}{\eta} \tag{4-117}$$

蠕变方程为：

$$\varepsilon = \frac{\sigma_0}{E} + \frac{\sigma_0}{\eta}t \tag{4-118}$$

由式（4-118）可知，Maxwell 模型具有瞬时应变，且反映的是等速蠕变。范庆忠等（2007）、张清照等（2011）均指出，岩石严格意义上的等速蠕变是不存在的；王者超（2006）通过盐岩三轴蠕变试验发现，盐岩在稳定蠕变阶段的蠕变速率并不是一个常量，而是随时间增加缓慢减小；阎岩等（2010）的研究表明，西原模型中表征非衰减蠕变的 Bingham 体的黏性元件的黏滞系数在衰减蠕变阶段和稳态蠕变阶段是逐渐增大的，且其随时间的变化规律与上节中 Kelvin 模型的黏滞系数随时间的变化规律一致。

假定 Maxwell 体黏滞系数随时间的变化规律亦符合式（4-101），则将式（4-101）代入式（4-117）可得非线性 Maxwell 模型的本构方程为：

$$\dot{\varepsilon} = \frac{\dot{\sigma}}{E} + \frac{\sigma}{\eta_0}\left(1 + \frac{p}{t+1}\right) \tag{4-119}$$

式中：E 为胡克体的弹性模量；η_0 为非线性 Maxwell 模型中牛顿体黏滞系数的上限值；p

为表征材料非线性程度的正常数。

在 $t=0$ 时，施加一个恒定荷载 $\sigma=\sigma_0$，则有 $\dot{\sigma}=0$，此时对上式积分可得：

$$\varepsilon = \frac{\sigma_0}{\eta_0}[t + p\ln(t+1)] + C \tag{4-120}$$

式中：C 为积分常数。

对于 Maxwell 模型来说，当 $t=0$ 时，$\varepsilon=\sigma_0/E$。对式（4-120）代入边界条件，可得 $C=\sigma_0/E$。则非线性 Maxwell 模型的蠕变方程为：

$$\varepsilon = \frac{\sigma_0}{E} + \frac{\sigma_0}{\eta_0}[t + p\ln(t+1)] \tag{4-121}$$

对比式（4-118）和式（4-121）可以发现，常规 Maxwell 模型是非线性 Maxwell 模型在 $p=0$ 时的一种特殊情况。

（2）模型特性分析

① 非线性系数对蠕变特性的影响分析

图 4-28 为应力和其他模型参数均相同的情况下，非线性系数 p 的变化对蠕变曲线的影响规律示意图。

由图可以看出，不同非线性系数下蠕变曲线的起始点相同，即瞬时应变相同。当 $p=0$ 时，蠕变曲线为直线，仅存在稳态蠕变阶段；当 $p\neq0$ 时，蠕变曲线不再是直线，而是形状相似的曲线簇，且均存在衰减蠕变和近似稳态蠕变两个阶段。随着 p 增大，衰减蠕变阶段越来越明显，持续时间越来越久，进入稳态蠕变的时间越来越晚，且相同时刻的变形量也越来越大。这说明非线性 Maxwell 模型具有衰减蠕变特性，与常规 Maxwell 模型不同。

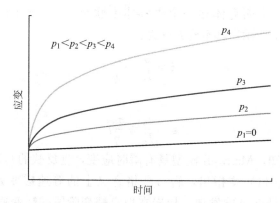

图 4-28　不同非线性系数下非线性 Maxwell 模型的蠕变曲线

② 应力水平对蠕变特性的影响分析

图 4-29 为 $p\neq0$ 时不同荷载情况下非线性 Maxwell 模型蠕变曲线示意图。由图可见，蠕变曲线均存在衰减蠕变和近似稳态蠕变两个阶段。非线性系数相同时，应力水平越高，相同时刻的蠕变量越大，衰减蠕变阶段越明显，但应力水平的变化对衰减蠕变阶段的持续时间影响不大。

③ 非线性系数对蠕变速率的影响分析

将蠕变方程式（4-121）对时间 t 求导数即可得到任意时刻蠕变速率的表达式：

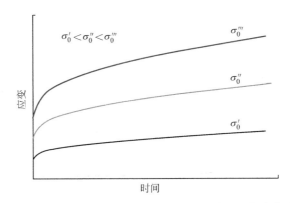

图 4-29　不同应力水平下非线性 Maxwell 模型的蠕变曲线

$$\dot{\varepsilon} = \frac{\sigma_0}{\eta_0} \left[1 + \frac{p}{t+1} \right] \tag{4-122}$$

由式（4-122）可知，$p=0$ 时，蠕变速率操持不变；$p \neq 0$ 时蠕变速率随时间增加而单调递减。当 $t=0$ 时，$\dot{\varepsilon}(0) = \sigma_0(1+p)/\eta_0$；当 $t \to \infty$ 时，$\dot{\varepsilon}(\infty) = \sigma_0/\eta_0$。这说明 $p \neq 0$ 时的初始蠕变速率为 $p=0$ 时初始蠕变速率的 $(1+p)$ 倍，且只有当 $t \to \infty$ 时两种情况下的蠕变速率才相等，其余时刻 $p \neq 0$ 时的蠕变速率均大于 $p=0$ 时的蠕变速率。

图 4-30 为不同非线性系数下蠕变速率曲线对比图。由图可以看出，当 $p=0$ 时，蠕变速率最小且保持恒定，蠕变速率曲线为一条水平线；当 $p \neq 0$ 时，蠕变速率在初始时刻最大，随着时间延长，蠕变速率越来越小，当 $t \to \infty$ 时蠕变速率最终趋近于 $p=0$ 时的蠕变速率。这说明非线性 Maxwell 模型具有衰减蠕变特性，且 p 越大衰减过程越显著。

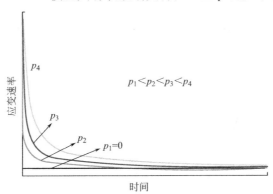

图 4-30　不同非线性系数下非线性 Maxwell 模型蠕变速率曲线

④ 应力水平对蠕变速率的影响分析

图 4-31 为不同应力水平下非线性 Maxwell 模型的蠕变速率曲线。由图可知，不同应力水平下，加载初期蠕变速率都较大，随着时间延长，蠕变速率逐渐减小，且应力水平越高，同一时刻蠕变速率越大，反之则越小。

⑤ 松弛效应

保持 ε 不变，则有 $\dot{\varepsilon}=0$，此时非线性 Maxwell 模型的本构方程变为：

$$\frac{\dot{\sigma}}{E} + \frac{\sigma}{\eta_0} \left(1 + \frac{p}{t+1} \right) = 0 \tag{4-123}$$

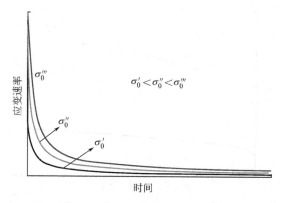

图 4-31 不同应力水平下非线性 Maxwell 模型蠕变速率曲线

解此微分方程，则有：

$$\sigma = C\exp\left\{-\frac{E}{\eta_0}\left[t + p\ln(t+1)\right]\right\} \tag{4-124}$$

式中：C 为积分常数。

当 $t=0$ 时，$\sigma = \sigma_0$（σ_0 为瞬时应力），对式代入边界条件可得 $C=\sigma_0$。将 C 代入式（4-124）可得非线性 Maxwell 模型的松弛方程为：

$$\sigma = \sigma_0\exp\left\{-\frac{E}{\eta_0}\left[t + p\ln(t+1)\right]\right\} \tag{4-125}$$

分析式（4-125）可以发现，当 $t=0$ 时，$\sigma = \sigma_0$；当 $t\rightarrow\infty$ 时，$\sigma=0$。可见在应变保持不变的情况下，非线性 Maxwell 模型的应力随时间增加由 σ_0 逐渐减小到 0，这说明非线性 Maxwell 模型同样存在应力松弛。

图 4-32 为非线性 Maxwell 模型与常规 Maxwell 模型松弛曲线对比示意图，由图可见，非线性 Maxwell 模型的应力衰减更快，衰减过程更显著。

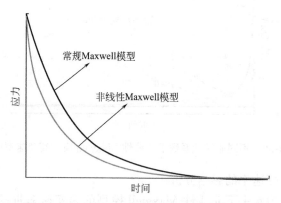

图 4-32 非线性 Maxwell 模型和常规 Maxwell 模型应力松弛曲线对比

4.4.2.3 非线性 Bingham 模型及其特性分析

（1）本构关系及蠕变方程

Bingham 模型由一个牛顿体和一个塑性体并联组成，力学模型如图 4-33 所示。

其本构方程为：

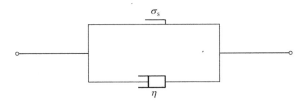

图 4-33　Bingham 模型

$$\begin{cases} \sigma < \sigma_s, \ \varepsilon = 0 \\ \sigma \geqslant \sigma_s, \ \dot{\varepsilon} = \dfrac{\sigma - \sigma_s}{\eta} \end{cases} \tag{4-126}$$

蠕变方程为：

$$\begin{cases} \sigma_0 < \sigma_s, \ \varepsilon = 0 \\ \sigma_0 \geqslant \sigma_s, \ \varepsilon = \dfrac{\sigma_0 - \sigma_s}{\eta} t \end{cases} \tag{4-127}$$

传统的元件组合模型只能描述岩石衰减和稳态蠕变两个阶段，而不能反映加速蠕变阶段，这是由于这类模型将黏性体看成是理想的牛顿流体，认为其黏滞系数是固定不变的常数的缘故（蒋昱州等，2008）。众多研究表明，岩石在发生蠕变破坏前一段时间内，其黏滞系数会随岩石内部裂纹的不断发展和损伤积累呈非线性加速减小趋势（赵延林等，2008；杨文东等，2011）。为了准确描述岩石加速蠕变阶段的蠕变特性，本节对传统黏性元件进行了改进，提出了一种非线性黏性元件，并将该元件和塑性元件并联形成了一种新的非线性 Bingham 模型。

假定岩石在加速蠕变阶段，其黏滞系数随时间的变化规律服从下式：

$$\eta(t) = \eta_0 \frac{(1 - nt)^3}{1 + nt} \tag{4-128}$$

式中：η_0、n 为材料参数，且满足 $t \leqslant 1/n$，$nt \leqslant 1$。

下面对式（4-128）的函数特点进行分析。

将式（4-128）对时间 t 求导数并化简可得：

$$\eta(t)' = -\frac{2na}{(1 + nt)^2} \left[(nt)^3 - 3nt + 2 \right] \tag{4-129}$$

由于 $0 \leqslant nt \leqslant 1$，则有 $\left[(nt)^3 - 3nt + 2 \right] \geqslant 0$，$\eta(t)' \leqslant 0$，说明 $\eta(t)$ 单调递减。

当 $t = 0$ 时，$\eta(t) = \eta_0$；当 $t = 1/n$ 时，$\eta(1/n) = 0$。这说明当 t 从 0 增加到 $1/n$ 时，黏性元件的黏滞系数从 η_0 减小到 0，并且 $t_m = 1/n$ 代表了岩石的蠕变断裂时间。

将式（4-128）代入式（4-126），可得非线性 Bingham 模型的本构关系为：

$$\begin{cases} \sigma < \sigma_s, \ \varepsilon = 0 \\ \sigma \geqslant \sigma_s, \ \dot{\varepsilon} = \dfrac{\sigma - \sigma_s}{\eta_0} \dfrac{1 + nt}{(1 - nt)^3} \end{cases} \tag{4-130}$$

式中：η_0 为非线性 Bingham 模型中牛顿体黏滞系数的初始值；n 为表征材料非线性程度的正常数。

在 $t = 0$ 时，施加恒定荷载 $\sigma = \sigma_0$，对上式进行求解，可得非线性 Bingham 模型的蠕变方程为：

$$\begin{cases} \sigma_0 < \sigma_s, & \varepsilon = 0 \\ \sigma_0 \geqslant \sigma_s, & \varepsilon = \dfrac{\sigma_0 - \sigma_s}{\eta_0} \dfrac{t}{(1-nt)^2} \end{cases} \tag{4-131}$$

将式（4-127）和式（4-131）进行对比可以发现，当 $n=0$ 时，非线性 Bingham 模型退化为常规 Bingham 模型。

（2）模型特性分析

① 非线性系数对蠕变变形及蠕变速率的影响分析

图 4-34 和图 4-35 分别为不同非线性系数情况下非线性 Bingham 模型的蠕变曲线和蠕变速率曲线。由图可以看到，参数 n 的变化对岩石加速蠕变阶段的影响非常大，且蠕变曲线和蠕变速率曲线随 n 值的变化规律基本类似。当 $n=0$ 时，蠕变曲线为一条斜率不变的直线，蠕变速率曲线为一条水平线；当 $n \neq 0$ 时，在同一 n 值情况下，随着时间延长，蠕变变形量和蠕变速率均呈非线性加速增大；随着 n 值增大，相同时刻岩石蠕变变形量和蠕变速率均增大，岩石蠕变曲线的加速特征越来越明显。这表明系数 n 充分反映了岩石非线性加速蠕变特性，n 值越大，岩石黏滞系数衰减越快，岩石破坏也就越快。

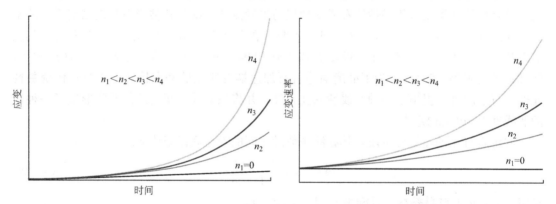

图 4-34　非线性 Bingham 模型的蠕变曲线　　图 4-35　非线性 Bingham 模型蠕变速率曲线

② 卸载效应

当 $t=t_1$、$\varepsilon=\varepsilon_1$ 时卸载，根据模型各元件的力学特性，卸载后模型将停留在当前位置上，即已发生的应变值 $\varepsilon_1 = \dfrac{(\sigma_0-\sigma_s)t_1}{\eta_0(1-nt_1)^2}$ 将永久保留，不能恢复。

4.4.2.4　盐岩非线性模型的组成及其蠕变方程

（1）模型的组成

通过对盐岩蠕变曲线特征进行分析可以发现，蠕变曲线具有如下特点：

① 荷载施加完成后，盐岩立即产生瞬时变形，因此蠕变模型中应包含弹性元件；

② 所有蠕变曲线均表现出蠕变应变随时间增加而增大的趋势，但在试验刚开始的一段时间内，盐岩蠕变速率逐渐减小，与 Kelvin 模型蠕变曲线较为类似；

③ 当蠕变时间增加到一定程度后，蠕变速率有逐渐趋近于非 0 恒定值的趋势，蠕变应变不收敛，且近似按线性规律增大，因此模型中应包含黏性元件。

④ 若应力水平较高，试验过程中会发生加速蠕变。因此，模型中应包含能描述加速

蠕变的元件。

因此，为了较好地反映盐岩的非线性蠕变特征，这里采用由前面提出的非线性 Maxwell 模型、非线性 Kelvin 模型和非线性 Bingham 模型串联而成的 6 元件非线性黏弹塑性蠕变模型来模拟盐岩的蠕变曲线。另外，考虑到参数数量过多会给模型求解增加难度，取非线性 Maxwell 模型的非线性系数 p 和非线性 Kelvin 模型的非线性系数 m 为同一值，且以 m 来表示。模型示意图如图 4-36 所示。

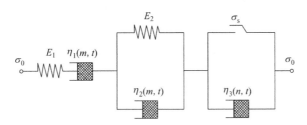

图 4-36　非线性黏弹塑性蠕变模型

（2）蠕变方程

求解参数非线性蠕变模型蠕变方程的方法有两种（夏才初等，2011）：一是根据非线性元件或模型的串联或并联关系，推导出整个模型的本构方程进而解出其蠕变方程；二是分别推导串联的各部分元件或模型的本构方程，并分别解出其蠕变方程，再运用叠加原理进行叠加得到整个模型的蠕变方程。为了求解简便，这里采用第二种方法求解非线性黏弹塑性蠕变模型的蠕变方程。

① 一维蠕变方程

一维条件下，当 $\sigma_0 < \sigma_s$ 时，非线性 Bingham 体不起作用，此时蠕变模型退化为由非线性 Maxwell 体和非线性 Kelvin 体串联组成的非线性 Bugrers 模型；当 $\sigma_0 \geqslant \sigma_s$ 时，图 4-36 中各部分均参与蠕变，此时蠕变模型为六元件非线性黏弹塑性蠕变模型。由于前面已经推导出了非线性 Maxwell 体、非线性 Kelvin 体和非线性 Bingham 体的蠕变方程，则根据叠加原理可直接得到非线性黏弹塑性蠕变模型的蠕变方程。

当 $\sigma_0 < \sigma_s$ 时，非线性黏弹塑性模型蠕变方程为：

$$\varepsilon = \frac{\sigma_0}{E_1} + \frac{\sigma_0}{\eta_{10}}[t + m\ln(t+1)] + \frac{\sigma_0}{E_2}\left\{1 - \exp\left\{-\frac{E_2}{\eta_{20}}[t + m\ln(t+1)]\right\}\right\} \quad (4\text{-}132)$$

当 $\sigma_0 \geqslant \sigma_s$ 时，非线性黏弹塑性模型蠕变方程为：

$$\varepsilon = \frac{\sigma_0}{E_1} + \frac{\sigma_0}{\eta_{10}}[t + m\ln(t+1)] + \frac{\sigma_0}{E_2}\left\{1 - \exp\left\{-\frac{E_2}{\eta_{20}}[t + m\ln(t+1)]\right\}\right\} + \frac{\sigma_0 - \sigma_s}{\eta_{30}}\frac{t}{(1-nt)^2}$$
$$(4\text{-}133)$$

式中：E_1、E_2 分别为非线性 M 体和非线性 K 体中胡克体的变形模量；η_{10}、η_{20}、η_{30} 分别为非线性 M 体、非线性 K 体和非线性 B 体中牛顿体黏滞系数的上限值；m、n 为非线性系数。

将式（4-132）两边同时对时间 t 求一阶和二阶导数，可得 $\sigma_0 < \sigma_s$ 时蠕变速率和蠕变加速度表达式：

$$\dot{\varepsilon} = \frac{\sigma_0}{\eta_{10}}\left[1 + \frac{m}{t+1}\right] + \frac{\sigma_0}{\eta_{20}}\left[1 + \frac{m}{t+1}\right]\exp\left\{-\frac{E_2}{\eta_{20}}[t + m\ln(t+1)]\right\} \quad (4\text{-}134)$$

$$\ddot{\varepsilon} = -\frac{\sigma_0}{\eta_{10}}\frac{m}{(t+1)^2} - \frac{\sigma_0}{\eta_{20}}\left\{\frac{m}{(t+1)^2} + \frac{E_2}{\eta_{20}}\left[1+\frac{m}{(t+1)^2}\right]^2\right\}\exp\left\{-\frac{E_2}{\eta_{20}}\left[t+m\ln(t+1)\right]\right\}$$

(4-135)

由式（4-134）和式（4-135）可知，$\dot{\varepsilon}>0$，$\ddot{\varepsilon}<0$。当荷载 σ_0 施加后，模型产生瞬时变形和蠕变变形，随着时间不断延长，蠕变速率逐渐减小，最终趋近于某个不为 0 的恒定值。因此，蠕变模型反映的是稳定蠕变。

将式（4-133）两边同时对时间 t 求一阶和二阶导数，可得 $\sigma_0 \geqslant \sigma_s$ 时蠕变速率和蠕变加速度表达式：

$$\dot{\varepsilon} = \frac{\sigma_0}{\eta_{10}}\left[1+\frac{m}{t+1}\right] + \frac{\sigma_0}{\eta_{20}}\left[1+\frac{m}{t+1}\right]\exp\left\{-\frac{E_2}{\eta_{20}}\left[t+m\ln(t+1)\right]\right\} + \frac{\sigma_0-\sigma_s}{\eta_{30}}\frac{1+nt}{(1-nt)^4}$$

(4-136)

$$\ddot{\varepsilon} = -\frac{\sigma_0}{\eta_{10}}\frac{m}{(t+1)^2} - \frac{\sigma_0}{\eta_{20}}\left\{\frac{m}{(t+1)^2} + \frac{E_2}{\eta_{20}}\left[1+\frac{m}{(t+1)^2}\right]^2\right\}$$
$$\exp\left\{-\frac{E_2}{\eta_{20}}\left[t+m\ln(t+1)\right]\right\} + \frac{\sigma_0-\sigma_s}{\eta_{30}}\frac{4n+2n^2t}{(1-nt)^4}$$

(4-137)

由式（4-136）和式（4-137）可知，$\dot{\varepsilon}>0$ 恒成立，而 $\ddot{\varepsilon}$ 则随时间变化而变化，可以小于 0、等于 0 或大于 0。因此，该模型可以描述盐岩蠕变全过程曲线的三个阶段，即衰减蠕变、稳态蠕变和加速蠕变。在加速蠕变阶段，模型蠕变应变、蠕变速率和蠕变加速度随着时间增加而迅速增大，且增大程度随系数 n 的变化而变化。

② 三维蠕变方程

三维应力状态下，岩石内部应力张量可以分解为应力球张量 σ_m 和应力偏张量 S_{ij}，其表达式为：

$$\begin{cases} \sigma_m = \frac{1}{3}(\sigma_1+\sigma_2+\sigma_3) = \frac{1}{3}\sigma_{kk} \\ S_{ij} = \sigma_{ij} - \delta_{ij}\sigma_m = \sigma_{ij} - \frac{1}{3}\delta_{ij}\sigma_{kk} \end{cases}$$

(4-138)

则有：

$$\sigma_{ij} = S_{ij} + \delta_{ij}\sigma_m$$

(4-139)

通常认为，应力球张量 σ_m 只改变物体体积，不改变物体形状；而应力偏张量 S_{ij} 只改变形状，不引起体积变化。按照类似的方法，可将应变张量分解为应变球张量 ε_m 和应变偏张量 e_{ij}，其表达式分别为：

$$\begin{cases} \varepsilon_m = \frac{1}{3}(\varepsilon_1+\varepsilon_2+\varepsilon_3) = \frac{1}{3}\varepsilon_{kk} \\ e_{ij} = \varepsilon_{ij} - \delta_{ij}\varepsilon_m = \varepsilon_{ij} - \frac{1}{3}\delta_{ij}\varepsilon_{kk} \end{cases}$$

(4-140)

同理：

$$\varepsilon_{ij} = e_{ij} + \delta_{ij}\varepsilon_m$$

(4-141)

假定盐岩体积模量为 K，剪切模量为 G，按照广义胡克定律，则有：

$$\begin{cases} \sigma_m = 3K\varepsilon_m \\ e_{ij} = \frac{S_{ij}}{2G} \end{cases}$$

(4-142)

其中：

$$\begin{cases} K = \dfrac{E}{3(1-2\nu)} \\ G = \dfrac{E}{2(1+\nu)} \end{cases} \tag{4-143}$$

式中：E 为弹性模量；ν 为泊松比。

因此，按照类比的方法（熊良宵等，2010）可得盐岩在三维应力状态下的轴向蠕变方程为：

当 $(\sigma_1 - \sigma_3) < \sigma_s$ 时：

$$\varepsilon_1 = \frac{\sigma_1 + 2\sigma_3}{9K} + \frac{\sigma_1 - \sigma_3}{3G_1} + \frac{\sigma_1 - \sigma_3}{3\eta_{10}}[t + m\ln(t+1)]$$
$$+ \frac{\sigma_1 - \sigma_3}{3G_2}\left\{1 - \exp\left\{-\frac{G_2}{\eta_{20}}[t + m\ln(t+1)]\right\}\right\} \tag{4-144}$$

当 $(\sigma_1 - \sigma_3) \geqslant \sigma_s$ 时：

$$\varepsilon_1 = \frac{\sigma_1 + 2\sigma_3}{9K} + \frac{\sigma_1 - \sigma_3}{3G_1} + \frac{\sigma_1 - \sigma_3}{3\eta_{10}}[t + m\ln(t+1)] +$$
$$\frac{\sigma_1 - \sigma_3}{3G_2}\left\{1 - \exp\left\{-\frac{G_2}{\eta_{20}}[t + m\ln(t+1)]\right\}\right\} + \frac{\sigma_1 - \sigma_3 - \sigma_s}{3\eta_{30}}\frac{t}{(1-nt)^2} \tag{4-145}$$

式中：K 为体积模量；G_1、G_2 为三维剪切模量；其余符号意义同前。

4.4.3　盐岩非线性蠕变模型的验证

为了说明所建非线性蠕变模型的合理性，这里首先利用第三章淮安盐岩的三轴压缩蠕变试验结果对其进行了验证。蠕变模型参数的确定方法有曲线拟合法、蠕变曲线分解法等，其中应用最为广泛的是曲线拟合法。本节根据淮安盐岩的三轴压缩蠕变试验结果，基于最小二乘法原理，利用数学分析软件，采用自定义函数的方法首先对非线性蠕变模型参数进行了反演拟合。

由于淮安盐岩三轴蠕变试验未出现加速蠕变，则非线性黏弹塑性模型（图 4-36）中的非线性 Bingham 体不起作用，模型实际上是由非线性 Maxwell 体和非线性 Kelvin 体串联组成的非线性 Bugrers 模型。

根据淮安盐岩试验结果和式（4-144），基于最小二乘法原理，采用自定义函数的方法对非线性蠕变模型参数进行了反演拟合，具体过程和步骤如下：

① 以待反演的蠕变参数作为设计变量，即：

$$\boldsymbol{X} = \{E, G_2, \eta_{10}, \eta_{20}, m\} \tag{4-146}$$

式中：E 为盐岩弹性模量。体积模量 K 和剪切模量 G_1 根据式（4-143）计算，盐岩泊松比取 $\nu = 0.3$。

② 取设计变量如式（4-146）所示，建立目标函数：

$$Q = \sum_{i=1}^{N}[w_i(X, t_i) - w_i]^2 \tag{4-147}$$

式中：N 为试验数据组数；$w_i(X, t_i)$ 为 t 时刻计算变形值；w_i 为 t 时刻试验实测变形值。

③ 设定目标函数 Q 的控制精度并进行参数迭代求解。若 Q 满足精度要求，则停止迭代，输出计算结果；若不满足，则继续迭代，直到满足精度要求为止。

参数反演结果见表 4-4。由表 4-4 可以看到，非线性模型的拟合效果较好，相关系数均在 0.9989 以上，最高达到了 0.9999。在同一围压下，随着轴向应力增大，体积模量 K 和剪切模量 G_1 均呈增大趋势，这说明随着盐岩内部孔隙的逐渐压密，蠕变瞬间加载的变形模量逐渐增大。G_2 和 η_{20} 无明显的变化规律，数值上较为接近。不同岩样的 η_{10} 变化规律不同，围压 10MPa 和围压 15MPa 岩样随着轴向应力增大，η_{10} 逐渐减小；而围压 20MPa 和围压 25MPa 岩样 η_{10} 则有增大趋势。相同围压下，随着轴向应力增大，非线性系数 m 的变化比较有规律性，除围压 20MPa、轴压 35MPa 情况下 m 值明显偏小外，其余情况下 m 值均随轴向应力增加而增大。这说明应力水平越高，盐岩蠕变的非线性程度越高，且从数值上看，盐岩 m 值基本介于 30~80 之间。

Bugrers 模型在三维应力状态下的轴向蠕变方程为（熊良宵，2010）：

$$\varepsilon_1 = \frac{\sigma_1 + 2\sigma_3}{9K} + \frac{\sigma_1 - \sigma_3}{3G_1} + \frac{\sigma_1 - \sigma_3}{3\eta_1}t + \frac{\sigma_1 - \sigma_3}{3G_2}\left[1 - \exp\left(-\frac{G_2}{\eta_2}\right)\right] \tag{4-148}$$

Bugrers 模型的参数反演结果见表 4-5。将表 4-4 和表 4-5 进行对比可以看出，非线性模型的拟合效果要明显优于 Bugrers 模型，且在相同应力状态下，非线性模型中除 m 外各参数均比 Bugrers 模型中对应参数有不同程度的增大。

为了验证非线性蠕变模型的合理性，将非线性模型理论结果、Bugrers 模型理论结果与试验结果进行了对比。图 4-37 为围压 10MPa 盐岩试件非线性模型理论结果、Bugrers 模型理论结果与试验结果对比图，图 4-38 为其余 3 个盐岩试件非线性模型理论结果与试验结果对比图，其中散点图为试验值，实线为理论值，图中数字为轴压值。

盐岩蠕变参数反演结果（非线性模型）　　　　表 4-4

围压 (MPa)	轴压 (MPa)	模型参数						R
		K(MPa)	G_1(MPa)	G_2(MPa)	η_{10}(MPa·h)	η_{20}(MPa·h)	m	
10	20	2060	951	3630	430031	45197	32.19	0.9990
	25	2517	1162	3505	365612	48958	38.29	0.9989
	30	2649	1223	3524	274307	57881	46.59	0.9994
15	20	1123	518	859	83784	8999	49.92	0.9995
	25	1239	572	1541	75531	15487	55.59	0.9999
	30	1332	615	2448	59400	10671	68.54	0.9998
20	25	1151	531	748	38014	4453	40.68	0.9999
	30	1301	601	1654	45435	7504	54.57	0.9999
	35	1302	601	276	39192	6085	7.31	0.9992
25	30	766	354	1835	11699	284	28.73	0.9998
	35	895	413	3223	21948	500	53.82	0.9997
	40	950	438	5681	31655	718	80.41	0.9994

盐岩蠕变参数反演结果（Burgers 模型）　　表 4-5

围压 (MPa)	轴压 (MPa)	模型参数					R
		K (MPa)	G_1 (MPa)	G_2 (MPa)	η_1 (MPa·h)	η_2 (MPa·h)	
10	20	2000	923	2874	142011	2999	0.9911
	25	2370	1094	2563	112465	3420	0.9905
	30	2414	1114	2028	78851	3862	0.9930
15	20	998	461	566	26407	1161	0.9908
	25	1080	498	566	23447	1761	0.9952
	30	1094	505	383	18208	1815	0.9974
20	25	988	456	376	14108	1026	0.9938
	30	1089	503	370	15437	1529	0.9969
	35	1180	544	353	19578	1541	0.9967
25	30	691	319	175	6404	962	0.9984
	35	772	356	174	8782	999	0.9984
	40	794	366	165	10266	1020	0.9983

从图 4-37～图 4-38 可以看出，非线性模型拟合效果非常好，理论值非常逼近试验值，且其与试验值的吻合程度要明显高于 Bugrers 模型。这说明非线性模型能够很好地描述盐岩在衰减蠕变和稳态蠕变阶段的蠕变特性，从而也验证了其合理性和适用性。

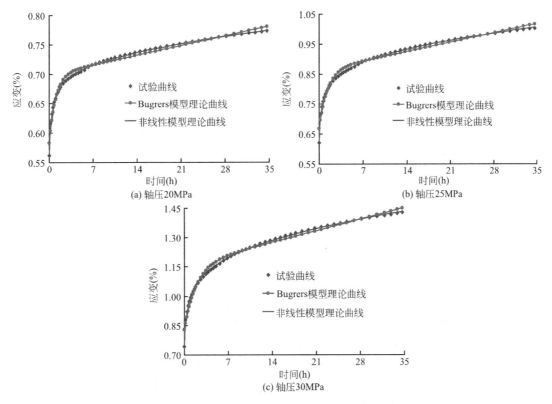

图 4-37　围压 10MPa 盐岩试件理论结果与试验结果对比图

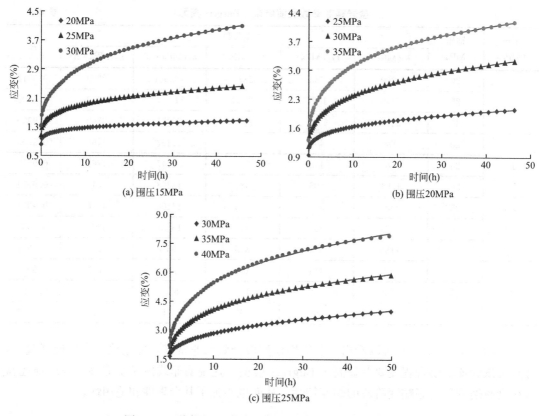

图 4-38　不同围压下盐岩试件理论结果与试验结果对比图

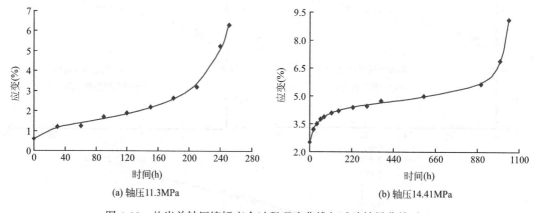

图 4-39　盐岩单轴压缩蠕变全过程理论曲线与试验结果曲线对比

　　此外，由于淮安盐岩的三轴压缩蠕变试验未出现加速蠕变阶段，为了说明非线性蠕变模型描述盐岩蠕变全过程的适用性，利用邱贤德等（1995）盐岩单轴压缩蠕变试验结果对其进行了验证。参数的确定方法同淮安盐岩类似，试验曲线和理论曲线的对比见图 4-39。图中，散点图为试验结果，实线为理论曲线。

　　由图可以看到，非线性模型理论曲线与试验结果具有非常高的吻合度，且该模型不但能反映盐岩较为缓慢的破坏过程（图 4-39a），还能反映其陡然破坏过程（图 4-39b），从而进一步证明了其合理性和适用性。

第5章　盐岩非线性黏弹塑性蠕变模型的程序化

5.1　引言

由于岩土材料的复杂性，在用一些大型通用数值分析软件本身自带的本构模型对试验结果进行描述时，精度往往较低。为了更好地满足实际工程数值分析的需要，国内外许多学者利用软件自定义模块来对自己的本构模型进行程序化研究。从已有的研究成果来看，国内外学者对自定义本构模型进行程序化研究时主要采用了两种手段（赵宝云，2011）：一种是利用大型通用数值分析软件所提供的二次开发接口进行自定义本构模型的二次开发；另一种是基于某一算法理论将新的本构模型编制成相应的计算程序。比较而言，第一种方法由于简便易行，且在前处理和后处理方面可以节省大量的时间和精力，因而获得了较多的应用。

在岩石蠕变模型的二次开发研究方面，Boidy 等（2002）将 Lemaitre 黏塑性模型加入到 FLAC 中，对瑞士一个有蠕变行为的隧道围岩变形进行了分析。Malan 等（1999）将一个流变软化弹-黏塑性模型加入到 FLAC 中，分析了南非某金矿矿井开挖后硬岩的蠕变行为。Ma 等（2017）基于 Burgers 模型建立了盐岩蠕变损伤模型，并将其嵌入 FLAC3D 软件对盐穴储库的稳定性进行了分析。Lyu 等（2021）提出了一种描述盐岩蠕变全过程的分数阶蠕变损伤本构模型，通过二次开发将其应用于盐穴储气库的变形分析。Huang 等（2021）建立了考虑温度影响的非线性黏弹塑性蠕变损伤本构模型，并利用 FLAC3D 软件的二次开发接口编写了模型程序。Jia 等（2020）建立了用于描述黏性岩石蠕变变形特征的非线性弹黏塑性本构模型，并在 ABAQUS 软件中编写了定义材料力学行为的用户子程序。Wang 等（2021；2022）建立了新的盐岩蠕变本构模型，基于 FLAC3D 软件二次开发平台编写了模型的数值程序，并利用盐岩蠕变试验结果验证了二次开发程序的准确性。Huang 等（2020）将 Burgers 模型和广义 Bingham 模型以及扰动函数相结合，提出了一种软岩蠕变本构模型，并在 FLAC3D 软件中实现了模型的程序化。伍国军等（2010）建立了工程岩体的非线性损伤黏弹塑性本构模型，通过 ABAQUS 编制程序并采用压缩蠕变试验的数值模拟，验证了蠕变模型和编制程序的正确性。张强勇等（2009）建立了一个变参数的蠕变损伤本构模型，并通过 C++与 FISH 编程对有限差分软件 FLAC3D 进行二次开发，实现了本构模型的程序化。陈卫忠等（2007）结合金坛储气库盐岩蠕变试验成果，建立了盐岩三维蠕变损伤本构方程和损伤演化方程，并将该本构方程编制成有限元计算程序，模拟了金坛储气库在注采过程中的蠕变和损伤演化的影响范围。陈锋等（2006）建立了一个能反映盐岩蠕变和加速蠕变的损伤本构模型，并通过三维数值模拟的方法，应用该模型对天然气储存库进行了稳定性分析。徐卫亚等（2006）提出了一个岩石非线性黏弹塑性流变模型（河海模型），采用 FLAC3D 所提供的二次开发程序接口，研制了该非线性流变模型的数值程序。熊良宵等（2010）将塑性元件与六元件黏弹性流变模型组合得到了一个适合于描述硬岩蠕变特性的复合黏弹塑性蠕变模型，并采用

135

FLAC3D 提供的二次开发接口程序，开发了复合黏弹塑性流变模型的数值程序。汪仁和等（2006）用非线性牛顿体替代线性牛顿体对西原模型进行了改进，并成功地添加到了 ADINA 有限元程序中。韩伟民等（2020）将非定常广义 Kelvin 模型与 Heard 模型串联，建立了一个四元件非线性盐岩蠕变模型，并基于 FLAC3D 软件的 UDM 接口程序，开发了该模型的数值程序。刘伟（2022）采用串联非定常黏性元件的方式，提出了一种改进的非定常 Bingham 蠕变模型，并基于 ABAQUS 软件中的 CREEP 子程序，实现了模型的程序化。

为了将第四章建立的盐岩非线性黏弹塑性蠕变模型应用于实际工程，本章在已有研究成果的基础上，基于 FLAC3D 二次开发平台，利用 VC++6.0 开发环境对盐岩非线性黏弹塑性蠕变模型进行了二次开发，获得了模型的计算机应用程序，并通过试验模拟和算例分析对程序的正确性进行了验证。

5.2 非线性蠕变模型的有限差分形式

非线性黏弹塑性蠕变模型如图 5-1 所示，将该模型定义为 Scnl 模型。

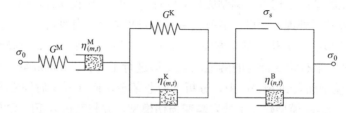

图 5-1 非线性黏弹塑性蠕变模型示意图（Scnl 模型）

由于模型各部分为串联关系，因此各部分应力相等，应变相加，则有：

$$S_{ij} = S_{ij}^{M} = S_{ij}^{K} = S_{ij}^{B} \tag{5-1}$$

$$e_{ij} = e_{ij}^{M} + e_{ij}^{K} + e_{ij}^{B} \tag{5-2}$$

对于非线性 Kelvin 体，偏应力 S_{ij} 和偏应变 e_{ij}^{K} 有如下关系：

$$S_{ij} = 2\eta_{(m, t)}^{K} \dot{e}_{ij}^{K} + 2G^{K} e_{ij}^{K} \tag{5-3}$$

式中：G^{K} 为非线性 Kelvin 体的剪切模量；$\eta_{(m, t)}^{K}$ 为黏滞系数，且 $\eta_{(m, t)}^{K} = \eta_0^{K} \dfrac{t+1}{t+1+m}$。

对于非线性 Maxwell 体，偏应力 S_{ij} 与偏应变速率 $\dot{e}_{ij}^{M}$ 关系如下：

$$\dot{e}_{ij}^{M} = \frac{\dot{S}_{ij}}{2G^{M}} + \frac{S_{ij}}{2\eta_{(m, t)}^{M}} \tag{5-4}$$

式中：G^{M} 为非线性 Maxwell 体剪切模量；$\eta_{(m, t)}^{M}$ 为黏滞系数，且 $\eta_{(m, t)}^{M} = \eta_0^{M} \dfrac{t+1}{t+1+m}$。

对于非线性 Bingham 体有：

$$\dot{e}_{ij}^{B} = \frac{\{H(F)\}}{2\eta_{(n, t)}^{B}} \tag{5-5}$$

式中：F 为屈服函数，$H(F)$ 为开关函数，$\eta_{(n, t)}^{B}$ 为非线性 Bingham 体的黏滞系数，且有

$F = \sigma_1 - \sigma_3 - \sigma_s$，$H(F) = \begin{cases} 0 & (F < 0) \\ F & (F \geqslant 0) \end{cases}$，$\eta_{(n, t)}^{D} = \eta_0^{D} \dfrac{(1-nt)^3}{1+nt}$。

为了利用 FLAC3D 软件进行二次开发，首先需将式（5-2）写成增量形式，即：

$$\Delta e_{ij} = \Delta e_{ij}^{M} + \Delta e_{ij}^{K} + \Delta e_{ij}^{B} \tag{5-6}$$

采用中心差分，式（5-3）可写为：

$$\overline{S}_{ij} \Delta t = 2\eta_{(m,\,t)}^{K} \Delta e_{ij}^{K} + 2G^{K} \overline{e}_{ij}^{K} \Delta t \tag{5-7}$$

式中：$\Delta e_{ij}^{K} = e_{ij}^{K,\,N} - e_{ij}^{K,\,O}$；$\overline{S}_{ij} = \dfrac{S_{ij}^{N} + S_{ij}^{O}}{2}$；$\overline{e}_{ij}^{K} = \dfrac{e_{ij}^{K,\,N} + e_{ij}^{K,\,O}}{2}$。其中，$\overline{S}_{ij}$、$\overline{e}_{ij}^{K}$ 为非线性 Kelvin 体平均偏应力和平均偏应变；S_{ij}^{N}、S_{ij}^{O} 为第 i 步、第 $i-1$ 步的偏应力张量；$e_{ij}^{K,\,N}$、$e_{ij}^{K,\,O}$ 为第 i 步、第 i-1 步的偏应变张量。

将式（5-7）整理后，可得非线性 Kelvin 体第 i 步偏应变更新公式为：

$$e_{ij}^{K,\,N} = \frac{1}{A} \left[(S_{ij}^{N} + S_{ij}^{O}) \frac{\Delta t}{4\eta_{(m,\,t)}^{K}} - B e_{ij}^{K,\,O} \right] \tag{5-8}$$

式中：$A = 1 + \dfrac{G^{K} \Delta t}{2\eta_{(m,\,t)}^{K}}$；$B = \dfrac{G^{K} \Delta t}{2\eta_{(m,\,t)}^{K}} - 1$。

将式（5-8）进一步整理后，可得：

$$\Delta e_{ij}^{K} = e_{ij}^{K,\,N} - e_{ij}^{K,\,O} = \frac{1}{A} \left[(S_{ij}^{N} + S_{ij}^{O}) \frac{\Delta t}{4\eta_{(m,\,t)}^{K}} - (A + B) e_{ij}^{K,\,O} \right] \tag{5-9}$$

同理，式（5-4）的增量形式可写为：

$$\Delta e_{ij}^{M} = \frac{\Delta S_{ij}}{2G^{M}} + \frac{\overline{S}_{ij}}{2\eta_{(m,\,t)}^{M}} \Delta t \tag{5-10}$$

对于非线性 Bingham 体，当 $F < 0$ 时，式（5-5）的增量形式为：

$$\Delta e_{ij}^{B} = 0 \tag{5-11a}$$

当 $F \geqslant 0$ 时，其增量形式为：

$$\Delta e_{ij}^{B} = \frac{\overline{S}_{ij}^{B} - \dfrac{2}{3}\sigma_s}{2\eta_{(n,\,t)}^{B}} \Delta t \tag{5-11b}$$

将式（5-9）～式（5-11）代入式（5-6）并整理可得非线性蠕变模型第 i 步应力更新公式为：

$$S_{ij}^{N} = \begin{cases} \dfrac{1}{a} \left[\Delta e_{ij} + \left(\dfrac{B}{A} + 1 \right) e_{ij}^{K,\,O} + b S_{ij}^{O} \right] & F < 0 \\[4mm] \dfrac{1}{a} \left[\Delta e_{ij} + \left(\dfrac{B}{A} + 1 \right) e_{ij}^{K,\,O} + b S_{ij}^{O} + \dfrac{\sigma_s \Delta t}{3\eta_{(n,\,t)}^{B}} \right] & F \geqslant 0 \end{cases} \tag{5-12}$$

其中，当 $F < 0$ 时，$a = \dfrac{1}{2G^{M}} + \dfrac{\Delta t}{4\eta_{(m,\,t)}^{M}} + \dfrac{\Delta t}{4A\eta_{(m,\,t)}^{K}}$，$b = \dfrac{1}{2G^{M}} - \dfrac{\Delta t}{4\eta_{(m,\,t)}^{M}} - \dfrac{\Delta t}{4A\eta_{(m,\,t)}^{K}}$；当 $F \geqslant 0$ 时，$a = \dfrac{1}{2G^{M}} + \dfrac{\Delta t}{4\eta_{(m,\,t)}^{M}} + \dfrac{\Delta t}{4A\eta_{(m,\,t)}^{K}} + \dfrac{\Delta t}{4\eta_{(m,\,t)}^{B}}$，$b = \dfrac{1}{2G^{M}} - \dfrac{\Delta t}{4\eta_{(m,\,t)}^{M}} - \dfrac{\Delta t}{4A\eta_{(m,\,t)}^{K}} - \dfrac{\Delta t}{4\eta_{(m,\,t)}^{B}}$；$A$、$B$ 取值同式（5-8）。

综上所述，非线性黏弹塑性蠕变模型的应力-应变关系可用式（5-12）在程序中进行表达。

屈服函数实现的关键是如何让软件自动读取识别加载的应力水平，为此这里引入应力强度的概念（杨欣，2011），即：

$$q = \sigma_i = \frac{1}{\sqrt{2}} \left[(\sigma_1 - \sigma_2)^2 + (\sigma_2 - \sigma_3)^2 + (\sigma_3 - \sigma_1)^2 \right]^{0.5} \tag{5-13}$$

由经典弹塑性力学知识可知：

$$
\begin{cases}
q = \sqrt{\dfrac{3}{2} S_{ij} S_{ij}} \\[2mm]
S_{ij} = \sigma_{ij} - \sigma_{\mathrm{m}} \delta_{ij} \\[2mm]
\sigma_{\mathrm{m}} = \dfrac{1}{3}(\sigma_{11} + \sigma_{22} + \sigma_{33})
\end{cases}
\tag{5-14}
$$

式中：S_{ij} 为应力偏张量；σ_{ij} 为应力张量；σ_{m} 为应力球张量。

FLAC3D 软件中可以通过相应指针读取应力张量的各分量，根据式（5-14）则可求出应力强度 q。根据应力强度的定义，单轴压缩时 $q = \sigma_1$；等围压三轴压缩时 $q = \sigma_1 - \sigma_3$；实现读取应力强度后，通过相关屈服函数即可实现软件自动判别屈服状态。

由于 FLAC3D 软件中不能使用递归函数，因此，模型黏滞系数的非定常化主要通过对 FLAC3D 软件内置的 ps→Creep 指针（表征蠕变时间增量 Δt）累加实现。

5.3　非线性模型 FLAC3D 二次开发概要

为了反映塑性区的扩展变化规律和特征，这里采用 Mohr-Coulomb 准则对其进行描述。根据黄明（2010）、赵宝云（2011）、杨文东（2011）等二次开发成功实例及 FLAC3D 手册中关于用户自定义本构模型二次开发的核心技术可知，在 FLAC3D 中进行二次开发主要包括修改头文件（.h 文件）、修改程序文件（.cpp 文件）和生成动态链接库文件（.DLL）等三部分。

（1）修改头文件

首先要在头文件中对新模型的派生类进行声明，需要修改模型的 ID（避免与已有模型的 ID 发生冲突）、版本、名称及派生类的私有成员，并定义基本参数和程序执行过程中的主要中间变量。这里定义模型头文件为 Scnl.h，模型 ID 修改为 411（大于 200），模型名称为 Scnl，派生类私有成员包括 dbulk，dkshear，dkviscous，dmshear，dmviscous，dcviscous，friction，cohesion，tension，dilation，此外还包括表征岩石非线性蠕变特性的 dm_1，dn_1，dSigmas 等。

（2）修改程序文件

在程序源文件 Scnl.cpp 中需要进行的修改主要包括以下几方面：

① 修改模型结构（UseruserScnl：：UserScnl（bool bRegister）），Constitutive Model，这里是一个空函数，主要功能是对头文件中定义的私有成员赋初值，一般均赋值为 0。

② 修改 Properties() 函数，该函数包含模型所有参数的名称字符串，在 FLAC3D 计算命令中需用这些字符串对模型参数进行赋值，对应于模型参数的定义。

③ 修改 GetProperty() 和 SetProperty() 的函数内容，这两个函数共同完成模型参数赋值。

④ Initialize() 函数，在执行 Cycle 命令或大应变校正时，每一个模型单元调用一次该函数，主要执行参数和状态指示器的初始化，并对派生类声明中定义的私有变量进行赋值。

⑤ Run() 是整个模型编制过程中最主要的函数，在 FLAC3D 计算过程中每个单元在每次循环时均要调用该函数，由应变增量计算得到应力增量，从而获得新的应力，根据应力大小判断是否打开 Bingham 模块。需要修改的内容有，根据开关函数 $H(F)$ 判断，当 $F < \sigma_{\mathrm{s}}$ 时

模型中 Bingham 模块不起作用；当 $F \geqslant \sigma_s$ 时，模型所有模块均起作用。同时定义一个时间全局变量，通过对每一个时间步进行累加得到真实时间以达到对黏性系数进行折减的目的。

⑥ 修改 SaveRestore() 中的变量，该函数的主要功能是对计算结果进行保存。

（3）生成动态链接库文件

① 新建立一个空的 Win32 Dynamic-link library，比如建立在 d:\ Scnl；

② 所有需要的文件 Scnl. cpp、Scnl. h、AXES. H、Conmodel. h、STENSOR. H、vcmodels. lib 都放在 d:\ Scnl 下面；

③ BUILD->Set Active Configuration，选择 Release or Debug build option；

④ PROJECT->Settings，点击 Link 标签，在 Output file 下空白处设置生成文件的保存位置；

⑤ KPROJECT->Add To PROJECT->Files，添加 Scnl. cpp、Scnl. h 文件到工作空间；

⑥ PROJECT->Settings，点击 Link 标签，在 category 的下拉列表中选择 Input 选项，在 Object/Library modules 下面，其他文件后面用空格隔开，添加 vcmodels. lib 文件；

⑦ 点 BUILD->Rebuild All，创建动态连接库文件，生成所需要模型。将动态连接库文件 Scnl. dll 文件复制到 FLAC3D 安装目录的 Source 文件夹中即可调用。

图 5-2 给出了非线性模型二次开发流程图。

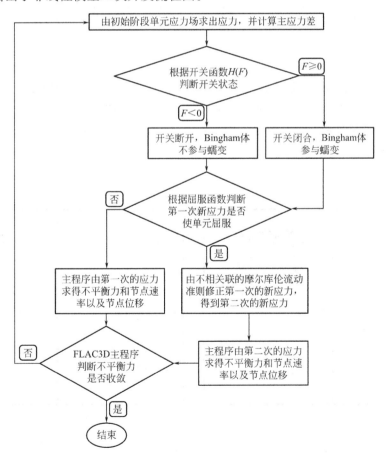

图 5-2　Scnl 模型二次开发流程图

5.4 模型程序验证

5.4.1 试验模拟

为了说明非线性模型二次开发计算程序的正确性，本节用该程序模拟了一个三轴压缩蠕变试验。模拟试件为直径 50mm、高度 100mm 的圆柱形标准试件，共划分了 2560 个单元、2827 个节点，如图 5-3 所示。在试件底部施加法向约束，顶部施加竖向均布荷载，环表面施加围压。蠕变模型采用非线性黏弹塑性模型（Scnl 模型）；加载方案采用固定围压 10MPa、四级轴压（20MPa、25MPa、30MPa 和 37MPa）分别加载；前三级荷载作用下的蠕变参数采用第 4 章围压 10MPa 的淮安盐岩试件对应荷载作用下蠕变参数的反演结果，弹塑性力学参数采用第 2 章淮安盐岩压缩试验结果；由于淮安盐岩三轴压缩蠕变试验未进入到加速蠕变阶段，因而无法通过试验获得盐岩加速蠕变临界荷载 σ_s 和该阶段的蠕变参数。这里为了验证非线性模型二次开发

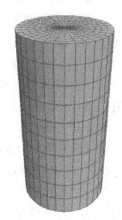

图 5-3 试件模型

程序的正确性，在第四级荷载作用下取 $\sigma_s = 35\text{MPa}$，$\eta_{30} = 300000\text{MPa} \cdot \text{h}$，$n = 0.1$，其余参数与第三级相同。具体参数取值见表 4-4 和第 2 章淮安盐岩压缩试验结果。

图 5-4 为不同应力水平下试件 Y 方向（竖向）位移等值线云图。其中前三级荷载蠕变计算时间为 25h，第四级荷载计算时间为 8.6h。由图可以看到，总体上试件竖向位移上端部最大，越靠近底部越小，且在前三级荷载作用下，随着轴向应力增加，试件最大竖向位移量逐渐增大，分别为 0.759mm、0.977mm 和 1.375mm。而在第四级荷载作用下，由于轴向应力超过了设定的加速蠕变临界荷载，试件竖向位移迅速增大，最大竖向位移为 2.446mm。

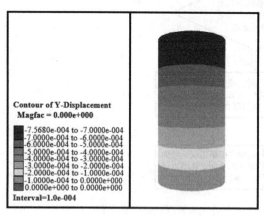

(a) 轴压20MPa

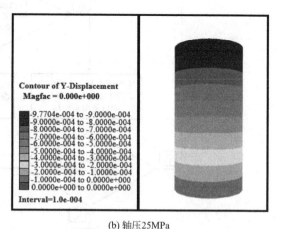

(b) 轴压25MPa

图 5-4 不同应力水平下试件 Y 方向（竖向）位移云图（一）

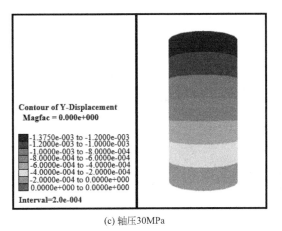
(c) 轴压30MPa

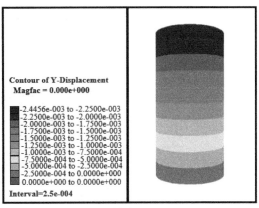
(d) 轴压37MPa

图 5-4　不同应力水平下试件 Y 方向（竖向）位移云图（二）

图 5-5 为不同应力水平下试件上端面中心点处竖向位移曲线（模拟曲线）与试验曲线对比图。其中，实线为模拟曲线，散点图为前三级荷载作用下的试验曲线，图中数字为轴压值。由图可见，前三级荷载作用下模拟曲线和试验曲线变化规律一致，均经历了衰减蠕变和稳态蠕变两个阶段，且两者吻合良好，误差极小。在第四级荷载作用下，由于轴向应力超过了设定的加速蠕变临界荷载，蠕变曲线经历了衰减蠕变、稳态蠕变和加速蠕变三个阶段，且一旦进入加速蠕变阶段，试件变形会在

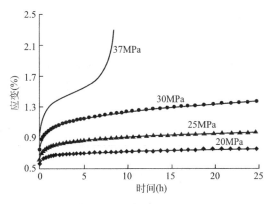

图 5-5　不同应力水平下试件蠕变曲线

很短时间内非线性加速增大。这与现实情况也比较吻合，从而也说明了非线性黏弹塑性蠕变模型二次开发计算程序的合理性和正确性。

5.4.2　算例分析

（1）计算模型及参数

为了说明非线性模型计算程序在实际工程中的可用性，本节建立了一个简单的盐岩储气库模型对其进行了验证，同时将计算结果与 FLAC3D 自带的 Cvisc 模型的计算结果进行对比。

考虑到对称性，为节省计算时间，仅建立 1/4 模型进行蠕变计算，蠕变时间取 2 年。储气库形状为半径 20m 的球形，坐标原点位于球心位置，模型水平边界及上、下边界均取 200m，即计算区域为一 200m×200m×400m 的长方体，如图 5-6 所示。模型底面和四个立面施加法向约束，不允许取产生法向位移，模型顶面施加 20MPa 均布荷载。

由于 Cvisc 模型无法描述岩石加速蠕变，因此在计算时对于非线性模型可将加速蠕变临界荷载取一个很大的值，这样可以保证储库围岩不会进入加速蠕变阶段。同时按照宋亮

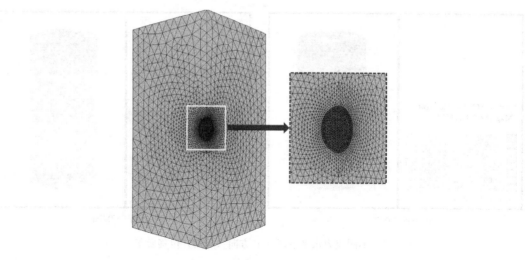

图 5-6　盐岩储气库模型（1/4 模型）

（2010）提供的方法对盐岩试件室内压缩试验得到的弹塑性力学参数进行一定程度的折减转换成岩体的参数，蠕变参数采用第 4 章围压 10MPa 盐岩试件三级荷载作用下蠕变参数反演结果的平均值，具体参数取值情况见表 5-1。当用非线性模型进行计算时，取表 5-1中的全部参数；当用 Cvisc 模型进行计算时，取表 5-1 中除 m 外的全部参数。这样可以对比在其余参数均相同的情况下，非线性系数 m 对计算结果的影响。

盐岩储气库算例计算参数

表 5-1

K (MPa)	G_1 (MPa)	G_2 (MPa)	η_{10} (MPa·h)	η_{20} (MPa·h)	c (MPa)	φ (°)	σ_t (MPa)	m
1927	890	3553	356650	50678	1.74	34	1	40

（2）计算结果对比

图 5-7 为蠕变 2 年后采用两种模型计算得到的洞周围岩位移等值线图。由图可以看到，两种模型计算的洞周围岩位移分布规律基本相同，但非线性模型的计算结果偏大，最大位移为 1.27m，Cvisc 模型计算的最大位移为 1.21m。从溶腔内壁位移分布范围来看，

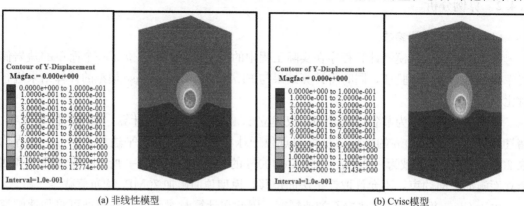

(a) 非线性模型　　　　　　　　　　(b) Cvisc模型

图 5-7　两种模型计算的洞周位移等值线图

非线性模型红色区域（位移在 1.1m 以上部位）几乎覆盖了整个溶腔内壁，而 Cvisc 模型的红色区域主要集中在溶腔顶部及肩部位置。

图 5-8 为两种模型计算得到的溶腔拱顶点处竖向位移随时间变化曲线。由图可见，两种模型在溶腔开挖瞬间计算的瞬时变形量非常接近，且随时间延长，两条曲线的变化规律基本相似，都是经历了衰减变形后进入稳定变形阶段。但相对于 Cvisc 模型来说，非线性模型衰减变形阶段持续的时间更短，相同时刻变形量和变形速率更大，这说明在其他参数均相同的情况下，非线性模型中的非线性系数 m 发挥了作用。

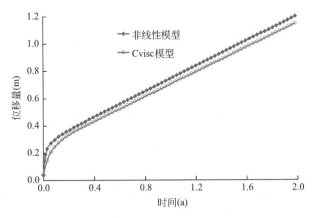

图 5-8　两种模型计算的拱顶位移曲线

图 5-9 为采用两种模型计算得到的洞周塑性区分布图。可以看出，非线性模型计算的塑性区分布范围要比 Cvisc 模型略微偏大。同时，通过 Fish 语言编程得到了两种模型计算结果的塑性区体积，其中模型计算的塑性区体积为 13649m³，Cvisc 模型为 12542m³，两者之间存在一定偏差，同样说明了非线性模型中的非线性系数 m 在计算中所起到的作用。

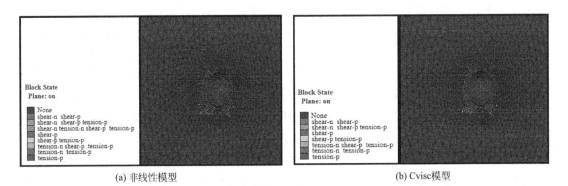

(a) 非线性模型　　　　　　　　　　　　(b) Cvisc模型

图 5-9　两种模型计算的洞周塑性区分布图

第6章　盐岩地下储气库长期稳定性数值模拟

6.1　引言

从 20 世纪 70 年代开始，美国等西方发达国家相继实施了盐岩能源战略储备计划，开始对盐岩储存库的稳定性进行研究。Tillerson 等（1979）对美国墨西哥湾沿岸盐岩地下储库进行了稳定性分析，获得了盐岩的蠕变规律，并用有限元软件对其长期稳定性进行了研究。Dreyer 等（1973）进行了不同应力作用下盐岩力学特性及稳定性研究，获得了适用于储存的各种力学参数。Hugout 等（1988）对法国 Tersanne 和 Etrez 储气库进行了现场测试、室内试验和理论分析，建立了计算储库体积损失的预测模型。Preece 等（1988）对美国 Weeks Island "石油战略储备"的盐岩地下储库进行了稳定性分析，预测了储库运行 50 年的体积损失。Hou 等（2003）用 Hou/Lux 损伤模型，对德国 ASSE 盐矿围岩的剪胀、渗透性、损伤及损伤自愈合情况进行了研究。Philippe 等（1984）针对法国 TE02 储库在运行 10 年里体积损失超过 30% 的现象，利用现场测试机室内分析的方法，对盐岩的流变特性进行了研究。Schmidt 等（1989）研究了利用有限元法确定最小储备压力的方法，指出储存库随时间延长体积收敛而引起的不可用性。Heusermann 等（2003）利用 ADINA 软件和 Lubby2 模型对盐岩储库进行了非线性有限元稳定性分析。Hoffman 等（1992）利用 ABAQUS 有限元软件研究了盐丘中地下储油库埋深对地表沉降和容积损失的影响，得出了地表沉降和容积损失率随埋深增加而增加的规律。Cyran 等（2021）从位移、有效应变、范式等效应力、安全系数等方面对三种不同直径（圆柱形、顶部扩大和底部扩大）的盐穴储库进行了稳定性评价，其评价结果可用于设计最佳盐穴形状和体积。Bruno 等（1998）认为储气库极限运行压力取决于储气库所处的地质条件和盐岩力学性质，并通过实例分析给出了储气库极限运行压力的确定方法。Standtmeister 等（1997）利用结构分析数值方法系统的研究了盐岩的非线性和时间相关性，用这种方法可以确定储库的长期稳定性和运营能力。Moghadam 等（2013）建立了一个黏弹塑性蠕变模型，并用该模型分析了盐穴储气库长期运行过程应力和围岩变形的演化规律。Khaledi 等（2016）采用弹黏塑性蠕变模型对盐穴储气库开挖过程和循环加载长期运行过程进行了数值模拟，评估了洞室周围的应力路径以及体积收敛、损伤扩展和渗透性变化，最后确定了储库的运行条件。Van Thienen-Visser 等（2014）评估了荷兰废弃盐穴储存天然气的风险，结果表明引发事故的主要原因是人为失误。Shahmorad 等（2016）利用这三种本构模型来预测盐穴储气库的动态行为。结果表明，幂律模型和 WIPP 模型更能预测储层动态，且幂律模型提供了更保守的稳定性分析。Mahmoudi 等（2017）将弹黏塑性蠕变本构模型应用于盐穴储库的数值模拟中，对不同工况下储库蠕变行为进行了评价，并通过概率分析法进一步验证了该方法的有效性。Mortazavi 和 Nasab（2017）研究了洞室尺寸、洞室埋深、盐岩变形模量和地应力等因素对大型盐岩地下储库稳定性的影响。

与国外研究相比，我国在盐岩储存库方面的研究起步较晚，但发展较快，也已取得了大量的研究成果。王贵君（2003）对天然气存储盐岩洞室在不同内压条件下的长期稳定性和长期变形特性进行了数值分析，指出由于盐岩的大流变特性，盐岩层中的稳定应力场具有静水压力的特征。陈锋等（2007）采用数值模拟的方法对盐岩储气库的长期体积变形规律、损伤区、最佳采气速率等进行了研究，并对溶腔形状进行了优化分析。王同涛等（2010）利用 ABAQUS 软件对多夹层盐穴储气库进行了数值模拟计算，分析了储气库的埋深、顶跨、顶部盐岩厚度、顶部相邻夹层厚度及弹性模量等参数对多夹层盐穴储气库最小允许运行压力的影响规律。马林建等（2011）根据一维绝热管流理论解析得到了盐岩储气库运营的极端情况——井喷情形下储库卸压规律，并结合金坛盐矿工程地质条件，模拟对比分析了不同初始内压失控工况下盐岩储库应力状态、变形收敛特征和损伤破坏规律。丁国生等（2007）通过对盐穴储气库实际岩石力学参数测定和溶腔运行模拟预测，发现溶腔建成初期有一个短暂的快速收敛阶段，后期收敛速度较为平稳并有逐步减缓的趋势。张强勇等（2010）设计研制了三维梯度非均匀加载地质力学模型试验系统、注采气智能控制系统和基本满足相似条件且具有显著流变特性的层状盐岩模型相似材料，通过对江苏金坛盐岩地下储气库注采气大型三维地质力学模型试验，获得了交变气压、气压变化速率等风险因素对储库运营安全稳定的影响规律。贾超等（2011）利用可靠度随机分析方法对盐岩地下储气库的可靠性进行了分析，建立了盐岩破坏的功能函数，探讨了其在不同储气内压、材料强度参数为随机的情况下盐腔可靠性的变化规律。邓检强等（2011）将变形加固理论发展和完善为变形稳定理论，把塑性余能与强度折减系数的关系曲线作为储气库群的整体稳定性判据，对盐岩储气库洞室形状及库群布置的优化设计问题进行了研究。郝铁生等（2014）基于三剪能量屈服准则，建立了适用于所有形状储存库的全应力状态扩容准则，分析了不同轴比及侧压力系数时水平盐岩储存库洞周围岩的稳定性，确定了水平盐岩储存库断面的最佳轴比。罗云川等（2016）基于力学原理探讨了水平盐岩储存库的可行性，利用弹性力学理论推导了椭球型水平盐岩储存库关键点处的应力表达式。李梦瑶等（2017）利用 FLAC3D 软件，通过建立双井水平溶腔恒定内压储存库数值模型，从稳定性、密闭性、可使用性等方面分析了储存库长期运营的可行性和安全性。王志荣等（2018）采用 Fortran 语言将蠕变模型导入有限元软件，通过建立单溶腔、双腔和群腔储存库计算模型，对不同工况下薄层状盐岩地下储存库诱发的地表沉降进行了预测，发现群腔模式下地表沉降随储存库数量增加近似呈线性关系增大。Yang 等（2016）基于盐岩蠕变试验结果，通过建立地质力学模型模拟分析了不同条件下水平储存库洞周围岩体的稳定性，提出了在层状盐岩地层中建设水平储存库可行性的综合评价指标体系。Liu 等（2018）通过物理模型试验确定了水平储库的形状，借助数值模拟得到了最佳的储库形状，证明了薄层状盐岩地层中建设水平储存库具有较高的可行性。Zhang 等（2020）基于数值模拟结果分析了溶腔轴向尺寸、盐岩层有效厚度、内压等因素对储存库上覆岩层变形的影响规律。Li 等（2022）指出水平盐穴储库洞顶位移和体积收缩随洞室长度增大呈逐渐增大后趋于平稳的变化规律。Chen 等（2020）认为储库内压对盐岩地下储库稳定性有明显影响，而长短轴比对储库体积收缩率和顶板沉降有重要影响。Liu 等（2020）采用数值模拟方法对 4 种典型的异形盐岩洞室进行了稳定性评价和比较。结果表明，椭球形洞室稳定性最好，圆柱形和长方体洞室稳定性最差，不规则洞室体积收缩和位移最小，但凸起和凹陷部分出现了较大的塑性区。Zhou 等（2022）研究表明，腔体位移随夹层数量增加而增加，随夹层厚度和刚度的增大而减小；当夹层倾角约为 15°时，最有利于腔体稳定。Li 等（2021）定量分析了各因素对盐穴储气库腔体稳定性和顶板变形的影响，认为最小运行压力和埋深是保证盐穴储气库长期稳定性的关键性因素。Xiao 等（2022）根据物理相似模拟试验推导出的洞室形状建立了数值模型，确定了合理的循环频率和顶板、底板盐层厚度、矿柱宽度，并指出相邻洞室间不同步的运行压力会对腔体稳定性产生不利影响。Chen 等（2021）根据盐穴储气库的密闭性和稳定性综合评价结果，将运行压力分为极端运行压力、正常运行压力和最佳运行压力 3 种类型，此分类方法不仅能保证盐穴储气库密闭性和稳定性，而且能大大延长盐穴的使用寿命。

尽管国内外学者已经进行了较多研究，但到目前为止，世界各国对于盐岩地下储存库的稳定性评价尚未形成统一的标准，且主要是采用数值模拟的方法来进行。具体做法是根据具体的储存库及其岩体力学特性，预先设置储存库稳定性评价的一些标准，然后对盐岩及其顶底板岩层开展试验研究，得到需要的相关力学参数，最后通过数值模拟来分析储存库的稳定性（杨春和等，2009）。

本章基于第 5 章二次开发得到的盐岩非线性蠕变模型程序，利用 FLAC3D 软件对某拟建储气库在运营期间的长期稳定性进行了分析，探讨了洞周塑性区、围岩变形量、溶腔体积损失率及围岩扩容破坏安全系数等随蠕变时间和储气内压的变化规律，确定了储气库的最小储气内压、最大采气速率和矿柱宽度。计算结果可为盐岩地下储存库的安全性评价提供一定借鉴和参考。

6.2 工程概况

6.2.1 自然地理位置

（1）地形地物

矿区位于苏北平原腹地，地属江苏淮安境内，北距连云港市约 170km，南至南京市约 200km。该区海拔 13.1～15.2m，地势平坦，交通发达，有利于盐类矿产资源的开发利用。①京杭大运河、淮沭河、古黄河及张福河等水系交汇其中，大运河和张福河均可常年通航；②同江至三亚高速公路、宁连一级公路、宁徐一级公路、205 国道、305 国道等七条干线联网，新长铁路纵贯全境；③矿区内有公路与 205 国道和宁连一级公路相通，且东有张福河六级航道，北接京杭大运河、南连洪泽湖；④建设了直达矿区的 35kV 专用电力线路，实现了通信程控联网。

（2）气象资料

矿区地处暖温带向亚洲热带的过渡地区，兼有南北气候特征，受季风气候影响，四季分明，雨量集中，雨热同季，冬冷夏热，春温多变，秋高气爽，光能充足，热量富裕。日照时数在 2136～2411h 之间，日照时数分布北多南少；年平均气温为 14.1～14.8℃，气温年分布以 7 月最高，1 月最低；年无霜期一般在 210～225 天左右；年降水量多年平均在 906～1007mm 之间；年平均风速在 2.9～3.6m/s，以偏东风和西南风为主。

6.2.2　工程地质条件

（1）地层

矿区位于苏北盆地洪泽凹陷的东部——顺河次凹，钻井揭示，主要由古近系、上白垩统等地层构成凹陷的主要沉积体。图 6-1 为洪泽凹陷构造图。

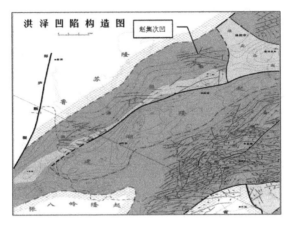

图 6-1　洪泽凹陷构造图

（2）构造概况

洪泽凹陷的雏形形成于晚白垩世末期仪征运动，吴堡运动使凹陷的断陷作用得到加强，三垛运动时断陷逐渐发育成熟，三垛运动后进入坳陷发育阶段。顺河次凹北临鲁苏隆起，南接建湖隆起，西与管镇次凹隔湖相望，东与淮安低凸起相连。在燕山运动末～喜山运动时期长期持续下降，接受中、新生界沉积，是一个南断北超、南厚北薄的箕状断陷。凹陷由北向南倾斜，为一典型的南断北超箕状断陷，中、新生界地层由南向北逐渐抬升，厚度逐渐减薄以致尖灭，其构造形态大致呈扇形，地层走向呈北东向，倾向南东，产状平缓。顺河次凹可分为三个次一级的构造单元，自南东向北西分别为断阶带、深凹带和斜坡带。钻井及地震资料揭示，矿区位于顺河次凹西北部深凹中心偏西，南邻西顺河矿段。矿段内未遭受断裂破坏和复杂构造变动影响，属单斜构造。

（3）矿区（床）地质特征

矿区属洪泽凹陷顺河次凹，该块段含盐系的发育特征具有与整个顺河次凹的沉积、构造相同的特征。钻井揭示，盐岩矿层呈层状产出，是由多个石盐矿层和淡化夹层叠合而成的复合矿体，延展规模长度 9km，面积大于 $10km^2$。岩性主要为白、灰白、深灰色石盐岩、泥质石盐岩夹薄层泥岩和含钙芒硝泥岩。本亚段 4～6 个主要矿层中，上部盐层盐质较差，下部盐层盐质较好。以 2 号井钻井资料为例，该井ⅩⅨ～ⅩⅥ₂盐岩矿层视厚度约 160m，主要夹层 3 层，总厚度 8.5m；石盐层 4 层，总厚度 151.5m。现按照自上而下的顺序描述如下：

第ⅩⅨ石盐矿层为灰白、灰黑色盐岩，含钙芒硝岩和深灰色泥岩条带，埋深 1728～1786.5m，视厚度 58.5m，NaCl 含量 71.46%，伴生 Na_2SO_4 含量 6.87%，与ⅩⅦ盐层之间的夹层厚度为 2.5m。

第ⅩⅦ石盐矿层为灰白、灰黑色盐岩，含钙芒硝岩和深灰色泥岩条带，埋深 1789～1818m，视厚度 29m，NaCl 含量 77.30%，伴生 Na_2SO_4 含量 4.77%，与ⅩⅣ+ⅩⅤ盐层之间的夹层厚度为 2.5m。

第ⅩⅣ+ⅩⅤ石盐矿层为白、灰白、灰黑色盐岩，含钙芒硝岩和深灰色泥岩条带，埋深 1820.5～1840.5m，视厚度 20m，NaCl 含量 81.91%，伴生 Na_2SO_4 含量 6.90%，与ⅩⅥ₂盐层之间的夹层厚度为 3.5m。

第ⅩⅥ₂石盐矿层为白、灰白、深灰色盐岩，含钙芒硝岩和深灰色泥岩条带，埋深 1844～1888m，视厚度 44m，NaCl 含量 84.78%，伴生 Na_2SO_4 含量 7.06%。

6.3 数值模型及计算参数

6.3.1 溶腔形状

溶腔形状是影响盐岩储存库稳定性的关键因素之一，由于在深部盐岩层中建造储存库一般通过水溶开采的方法建腔，人员无法进入，这就给施工过程增加了难度。因此，在储存库建设过程中，需要很好的优化溶腔形状的各项工艺参数如不同溶蚀阶段内防护液的提升高度和时间间隔、注采管柱位置、循环方式以及注入排量等，以达到控制溶腔形状的目的。

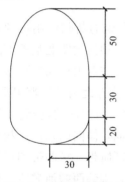

图 6-2 溶腔形状示意图

参考薄层状盐岩层中建造储存库的相关文献（马林建等，2011），拟建储气库溶腔形状采用上下两个半椭球、中间接一理想圆柱体的组合形状。根据国内外建造盐岩储存库的相关经验，储库高径比宜在 1.5 以上，同时储库顶板和底板位置应该留有一定厚度的盐岩保护层；根据拟采盐矿地质情况，盐岩层及泥岩夹层总厚度约 160m。综合考虑以上因素，最终确定溶腔高度为 100m，直径为 60m，高径比约为 1.67。其中上部半椭球体的长半轴为 50m，短半轴为 30m；下部半椭球体的长半轴为 30m，短半轴为 20m；中间圆柱体半径为 30m，高度为 30m；储库顶板和底板各留 30m 厚的盐岩保护层。溶腔形状如图 6-2 所示。

6.3.2 计算区域范围

图 6-3 为计算区域纵向地质剖面示意图，其中盐岩层和泥岩夹层厚度为 160m，盐岩层上部泥岩层厚度取 300m，盐岩层下部泥岩层厚度取 340m，计算区域纵向厚度共计 800m。盐岩层顶面埋深约 1700m，除去计算区域已包含的 300m 泥岩层外，其余约 1400m 上覆岩体的重量简化为约 35MPa 的均布荷载施加于计算区域上表面。

王贵君（2003）研究表明，当模型宽度在 5 倍洞径以上时，边界效应对洞室围岩变形的影响已经不明显。因此，模型宽度取 5 倍洞径，即 300m。

6.3.3 三维地质模型

根据第 2 章淮安盐岩三轴压缩试验结果，并结合泥岩三轴压缩试验结果（王军保，

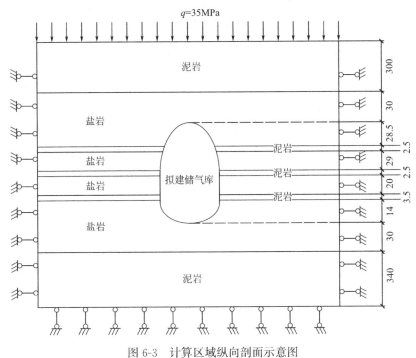

图 6-3　计算区域纵向剖面示意图

2012）可知，泥岩强度远高于盐岩，且其蠕变性比盐岩低得多。根据杨春和等（2009）、马洪岭（2010）的研究成果，这种高强度、低蠕变性的泥岩夹层可以限制洞周破损区的扩展，会对储气库围岩变形起到加筋和保护作用。因此，考虑最不利情况，同时也为了处理问题简便，建模时将泥岩夹层以盐岩层代替。

　　由于所设计的溶腔形状为轴对称体，为减少网格数量，根据对称性只建立了 1/4 模型进行计算。根据前面确定的计算区域范围，所建模型为 300m×300m×800m 的长方体，见图 6-4。

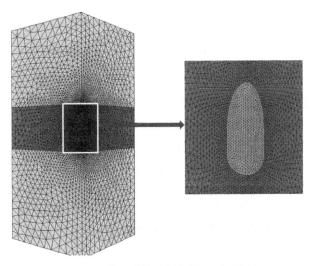

图 6-4　三维地质模型网格图（1/4 模型）

模型边界采用位移约束，即对模型底面和四个立面施加垂直于表面的法向约束，不允许其产生法向位移，模型上表面施加 35MPa 均布荷载，相当于上覆岩层的重量。

6.3.4　计算模型及参数

在进行数值计算时，盐岩和泥岩均采用第 5 章开发的非线性蠕变模型（Scnl 模型）来描述其力学变形特性。

根据淮安盐岩的压缩及蠕变试验结果，得到了盐岩试件的力学参数。但受各种因素影响，实际工程中的岩体往往比岩石试件要复杂得多。因此，通过室内试验得到的岩石力学参数需要进行一定的折减后才能应用于工程岩体。对于弹塑性力学参数，参考《工程地质勘察规范》的规定，对室内试验所得岩石弹性模量乘以 0.8 的折减系数、内摩擦角乘以 0.85 的折减系数、黏聚力乘以 0.3 的折减系数后作为工程岩体的力学参数值（宋亮，2010）；对于蠕变参数，根据马洪岭（2010）、王者超（2006），可将试验得到的参数取平均值。在此基础上，参考国内外相关研究成果，最后综合确定盐岩及泥岩力学参数见表 6-1 和表 6-2。

6.4　最小储气压力的确定

6.4.1　弹塑性计算结果分析

为了确定拟建储气库的最小储气压力，本节利用前面所建立的三维地质模型，采用国际通用岩土计算分析软件——FLAC3D 软件对储气库建腔完成后的稳定性进行分析。力学模型采用 Mohr-Coulomb 模型，储气内压分别取 5MPa、10MPa、12.5MPa 和 15MPa，计算参数见表 6-1。

岩体弹塑性力学参数　　　　　　　　　　　　　　　　表 6-1

岩性	弹性模量（MPa）	泊松比	黏聚力（MPa）	内摩擦角（°）	抗拉强度（MPa）	密度（kg/m³）
盐岩	1385	0.3	1.74	34.4	0.8	2180
泥岩	19727	0.22	3.92	32.6	1.5	2560

图 6-5 为不同储气压力下洞周围岩塑性区和位移矢量分布图。从洞周最大变形情况来看，不同储气压力下围岩最大变形量分别为 0.247m、0.114m、0.102m 和 0.091m；从洞周塑性区分布情况来看，当储气压力为 5MPa 时，洞周塑性区范围较大，溶腔中部塑性区沿水平方向的最大扩展距离约为 27m；当储气压力为 10MPa 时，塑性区范围明显减小；当储气压力为 12.5MPa 时，塑性区范围更小，仅出现在溶腔内壁中部一层单元范围内；而当储气压力为 15MPa 时，洞周几乎没有塑性区出现。这说明提高储气压力对于减小围岩变形和抑制围岩破坏具有明显效果，且从不同储气压力下弹塑性计算结果来看，最小储气压力可取为 12.5MPa。

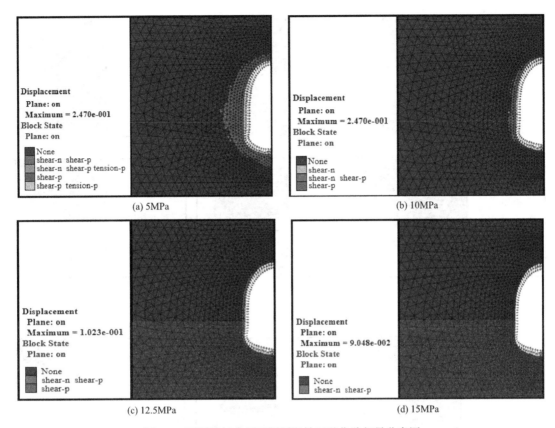

图 6-5　不同储气内压下洞周塑性区及位移矢量分布图

6.4.2　蠕变计算结果分析

由于盐岩具有很强的蠕变性，在储气库运营过程中，随着时间延长，洞周围岩在偏应力作用下必然会产生较大的流变变形。因此，本节利用前面所建三维模型和 FLAC3D 软件对拟建储气库在不同储气内压下的长期稳定性进行了分析，计算参数见表 6-1 和表 6-2。储气内压取 5MPa、10MPa、15MPa、18MPa、21MPa、24MPa、27MPa、30MPa，蠕变时间取 1 年、3 年、5 年、10 年、15 年和 20 年。

岩体蠕变计算参数 表 6-2

岩性	K (MPa)	G_1 (MPa)	G_2 (MPa)	η_{10} (MPa·h)	η_{20} (MPa·h)	m
盐岩	1155	535	2410	123051	17228	47
泥岩	11742	8085	14782	1793469	66054	3

（1）洞周塑性区扩展规律

图 6-6～图 6-7 给出了储气内压 5MPa 和 10MPa 下不同蠕变时间洞周塑性区的扩展情况，图 6-8 给出了其余储气内压下蠕变 20 年洞周塑性区的分布情况，图 6-9 为不同储气内压下洞周塑性区体积随蠕变时间的变化曲线，图 6-10 为不同蠕变时间下洞周塑性区体积随储气内压的变化曲线。

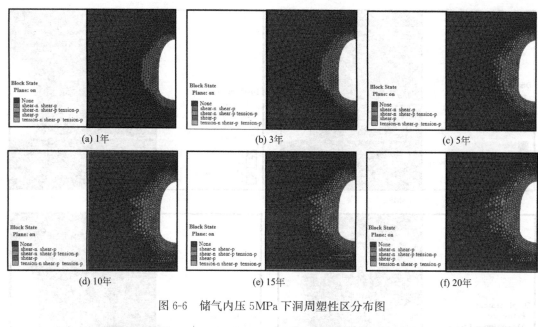

图 6-6　储气内压 5MPa 下洞周塑性区分布图

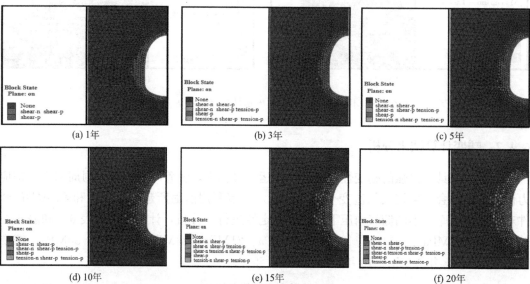

图 6-7　储气内压 10MPa 下洞周塑性区分布图

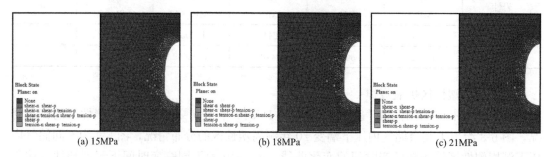

图 6-8　不同储气内压下蠕变 20 年洞周塑性区分布图 （　　）

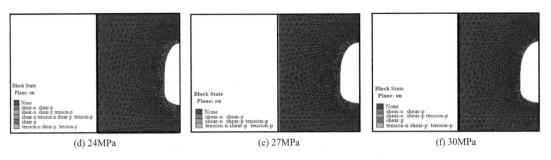

| (d) 24MPa | (e) 27MPa | (f) 30MPa |

图 6-8　不同储气内压下蠕变 20 年洞周塑性区分布图（二）

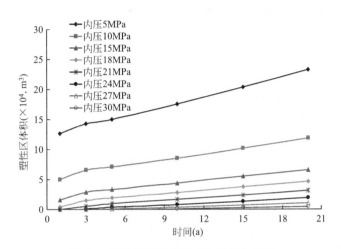

图 6-9　塑性区体积随蠕变时间变化曲线

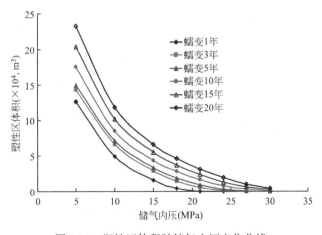

图 6-10　塑性区体积随储气内压变化曲线

由图 6-6～图 6-10 可以看到，洞周塑性区的开展范围受蠕变时间和储气内压的影响很大。总体上来说，时间越长，塑性区范围越大；内压越大，塑性区范围越小。

① 在同一储气内压下，当蠕变时间小于 3 年时，塑性区扩展较快，且扩展速率随时间增加而逐渐减小；当时间在 3 年以上时，塑性区扩展速率基本稳定，塑性区体积随时间增加而近似呈线性规律增长。

② 在相同蠕变时间下，随储气内压增大，腔周塑性区体积逐渐减小，但减小速率越来越慢。这说明增大储气内压对于抑制塑性区扩展具有明显作用，且内压越低，增大内压对于抑制塑性区扩展的效果越明显。当内压在 18MPa 以上时，增大内压对于抑制塑性区扩展的影响已经相对较小。因此，从腔周塑性区体积随储气内压变化规律的角度来看，建议拟建储气库最小储气内压可取为 18MPa。

（2）洞周位移及溶腔体积收缩规律

图 6-11～图 6-12 给出了储气内压 5MPa 和 10MPa 下不同蠕变时间洞周位移等值线云图，图 6-13 给出了其余储气内压下蠕变 20 年后洞周位移等值线云图。

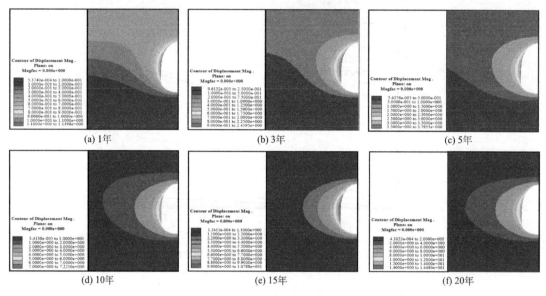

图 6-11　储气内压 5MPa 下洞周位移等值线图

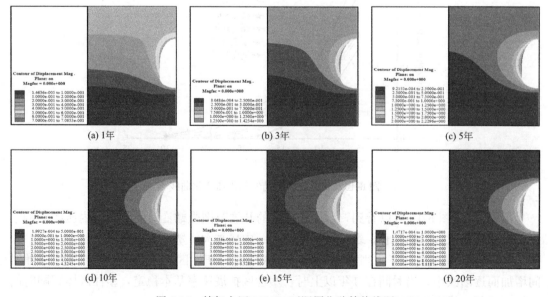

图 6-12　储气内压 10MPa 下洞周位移等值线图

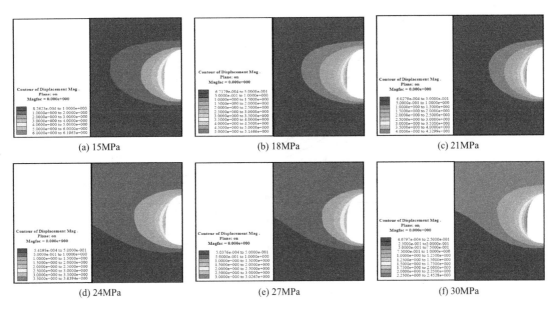

(a) 15MPa　　　(b) 18MPa　　　(c) 21MPa

(d) 24MPa　　　(e) 27MPa　　　(f) 30MPa

图 6-13　不同储气内压下蠕变 20 年洞周位移等值线图

由图可见，不同储气内压下，洞周最大变形主要发生在溶腔腰部位置，溶腔顶部和底部位移量明显小于腰部。同时，在储气内压一定的情况下，随着时间增加，洞周位移逐渐增大；在相同蠕变时间下，随着储气内压增大，洞周位移量逐渐减小。蠕变 20 年后，不同内压下洞周最大位移量分别为 14.48m、8.82m、6.17m、5.15m、4.33m、3.64m、3.03m 和 2.45m，远大于对应内压下弹塑性计算结果，这说明提高储气内压可以有效抑制围岩变形，同时也说明了考虑盐岩蠕变的必要性。

图 6-14 为不同储气内压下溶腔拱顶点处竖向位移随蠕变时间变化曲线，图 6-15 为不同蠕变时间下洞周最大位移量随储气内压变化情况。根据不同储气内压和不同蠕变时间下洞周围岩的变形情况，通过 Fish 语言编程计算得到了各工况下储气库的体积损失率。图 6-16 给出了不同内压下储库体积损失率与时间的关系曲线，图 6-17 给出了不同时间下储库体积损失率与储气压力的关系曲线。

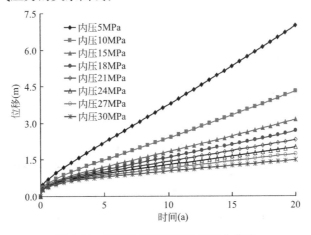

图 6-14　拱顶位移随蠕变时间变化曲线

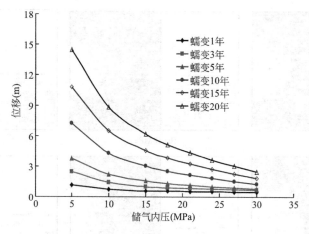

图 6-15　洞周最大位移随储气内压变化曲线

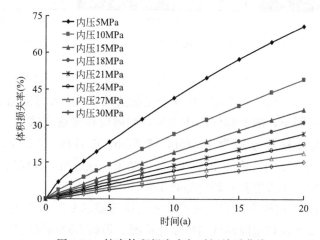

图 6-16　储库体积损失率与时间关系曲线

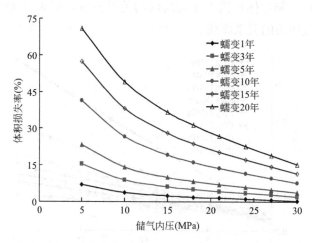

图 6-17　储库体积损失率与储气内压关系曲线

由图 6-14 可以看到，溶腔位移曲线经历了两个阶段，当时间较短时，溶腔变形随时间增加逐渐增大，但变形速率越来越小（对应于蠕变模型的衰减蠕变阶段）；当时间较长时，变形速率近似保持为一个固定值，变形随时间增加而近似呈线性规律增大（对应于蠕变模型的稳态蠕变阶段）。同时，储气内压越低，储库围岩偏应力水平越高，变形速率越大；储气内压越高，偏应力水平越低，变形速率越小。不同内压下储库体积损失率与时间关系曲线也变现出大致相同的变化规律（图 6-16）。

从图 6-15 和图 6-17 可以看到，不同蠕变时间下，洞周最大变形量和储库体积损失率随储气内压的变化情况基本类似，即在相同蠕变时间下，随着储气压力提高，洞周最大变形量和储库体积损失率均逐渐减小，这说明提高储气内压对于抑制围岩变形和减小体积收敛具有非常明显的效果，且内压越低，提高内压对于抑制围岩变形和减小体积收敛的效果越明显。当内压在 18MPa 以上时，围岩变形量和体积损失率随内压增加近似呈线性规律减小，且此时继续提高内压对减小围岩变形和体积损失的影响已经相对较小。因此，从洞周最大变形量和储库体积损失率随储气内压变化规律的角度来看，建议拟建储气库最小储气内压可取为 18MPa。

（3）洞周围岩扩容破坏安全系数

扩容现象的发生被认为是岩石渗透性增大的标志，为了保证盐岩储库的密闭性，防止油气泄漏，在进行储气库设计时，通常不允许洞周围岩发生扩容破坏。根据国内外相关研究成果，可以将储库围岩扩容破坏安全系数（莫江，2009）定义为 $F = 0.27I_1 / \sqrt{J_2}$，其中 F 为扩容破坏安全系数，I_1 为应力张量第一不变量，J_2 为应力偏量第二不变量。当储库围岩某个单元的扩容破坏安全系数 $F < 1$ 时，该单元将发生扩容破坏；当 $F > 1$ 时，该单元是安全的；当 $F = 1$ 时，处于临界状态。

根据前面不同工况下的数值计算结果，通过 Fish 语言编程计算得到了各工况下储库洞周区域围岩单元的扩容破坏安全系数。图 6-18 给出了蠕变 20 年后洞周围岩单元最小扩容破坏安全系数和平均扩容破坏安全系数随储气内压的变化情况。

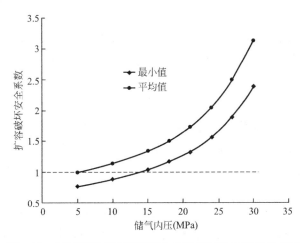

图 6-18 洞周围岩扩容破坏安全系数随储气内压变化曲线

由图可以看出，洞周围岩单元最小扩容破坏安全系数和平均扩容破坏安全系数均随储气内压增加而增大，且增大速率越来越快，曲线越来越陡，说明储气内压越高，储库围岩越不容易发生扩容破坏。

当储气内压在18MPa以上时，最小扩容破坏安全系数均大于1，说明储库围岩均未发生扩容破坏；当储气内压为15MPa时，最小扩容破坏安全系数为1.03，非常接近1，表明此时储库围岩处于发生扩容破坏的临界状态，即将发生扩容破坏；而当储气内压为10MPa和5MPa时，最小扩容破坏安全系数均小于1，分别为0.88和0.76，表明此时储库围岩发生了扩容破坏。对于平均扩容破坏安全系数来说，由图可以看出，其比对应储气压力下的最小扩容破坏安全系数要大。当储气压力为5MPa时，平均扩容破坏安全系数值为0.99，比较接近于1，其他内压下，平均扩容破坏安全系数均大于1。因此，为避免溶腔围岩发生扩容破坏，建议拟建储气库最小储气压力取为18MPa。

以上从盐岩储气库洞周塑性区扩展规律、洞周位移和体积收缩规律以及洞周扩容破坏安全系数等几个方面对拟建储气库在恒定储气压力下的长期稳定性进行了分析。可以看出，储气压力对于储库稳定性有着非常重要的影响。因此，为了保证盐岩储库的稳定性和可用性，需要对其最小储气压力进行限制。综合考虑弹塑性计算结果和长期蠕变计算结果，建议拟建储库最小储气内压可取为18MPa，但应尽量缩短其在低压下的运行时间，以减少体积损失，延长使用年限。

6.5 最大采气速率的确定

由前面计算结果可知，提高储气库的运行压力对于抑制洞周塑性区的扩展和减小体积收敛等具有非常明显的效果，但储气压力并非越大越好，其存在一个最大值。盐岩储存库的最大运行压力往往需要通过现场压裂试验来确定，由于资料缺乏，这里按照杨春和等（2009）提供的压力折算法来计算拟建储气库的最大储气压力，即最大储气压力不宜超过溶腔上覆岩层压力的80%。按此计算，该储气库最大储气压力不宜超过35MPa。考虑到储存库运行压力过高，会增大油气渗漏的危险，因此最大储气压力取为30MPa。

盐岩储气库在运营过程中按照其压力变化情况可分为四个阶段，高压运行阶段、采气降压阶段、低压运行阶段和注气加压阶段。在这四个阶段中，采气降压阶段储库体积收缩速率最快，其次为低压运行阶段。根据克劳斯塔大学的研究报告（陈锋，2007；侯正猛，2004），盐岩储存库在每一循环周期（一年）下的体积损失不宜超过3%，则平均每天的体积损失不应超过0.0082%。根据数值计算结果，在最小储气压力18MPa下，一年的体积损失为1.84%，平均每天的体积损失约为0.005%。按照采气降压时间占一个运行周期的1/4时间，其余3/4时间溶腔平均体积损失率按0.005%/d计算，则采气降压阶段日平均体积损失率不宜超过0.018%/d。本节以0.018%/d的日平均体积损失率作为上限值来确定储气库采气降压阶段的最大采气速率。

针对不同采气速率，采用数值模拟的方法，对不同采气速率下盐岩溶腔在降压阶段的体积损失情况进行了模拟。网格模型、蠕变模型、计算参数等均与上节相同。溶腔压力由30MPa降至18MPa，采气速率分别取0.1MPa/d、0.2MPa/d、0.3MPa/d、0.4MPa/d、0.5MPa/d、0.6MPa/d、0.7MPa/d、0.8MPa/d、0.9MPa/d和1MPa/d。具体计算方案及计算结果见表6-3，日平均体积损失率与采气速率关系曲线如图6-19所示。

计算方案及结果　　　　　　　　　　表 6-3

初始内压 (MPa)	最终内压 (MPa)	采气速率 (MPa/d)	采气时间 (d)	体积损失 (%)	平均体积损失率 (%/d)
30	18	0.1	120	0.747	0.0062
		0.2	60	0.533	0.0089
		0.3	40	0.462	0.0115
		0.4	30	0.421	0.0140
		0.5	24	0.397	0.0165
		0.6	20	0.374	0.0187
		0.7	17.14	0.363	0.0212
		0.8	15	0.361	0.0241
		0.9	13.33	0.356	0.0267
		1	12	0.333	0.0278

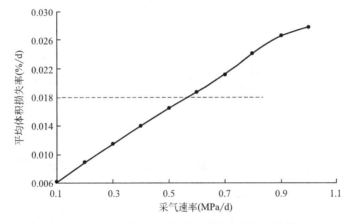

图 6-19　平均体积损失率与采气速率关系曲线

由表 6-3 及图 6-19 可以看出，盐岩储气库在采气降压阶段的日平均体积损失率随采气速率增加而近似呈线性规律增大，且当采气速率在 0.9MPa/d 以上时，日平均体积损失率随采气速率增大的速率有减缓趋势。当采气速率为 0.6MPa/d 时，储库日平均体积损失率为 0.0187%/d，超过了规定的上限值。因此，建议拟建储气库最大采气速率可取为 0.5MPa/d。

6.6　矿柱宽度的确定

矿柱宽度是影响盐岩地下储库群稳定性和安全性的关键因素之一。为了确定拟建储气库合理矿柱尺寸，本节分别建立了不同矿柱宽度的双溶腔数值模型，来对其长期稳定性进行蠕变分析。溶腔形状和尺寸与前面相同，矿柱宽度分别取 30m、60m、90m、120m、150m 和 180m，即 0.5～3 倍溶腔最大直径。为了减少网格数量，节省计算时间，根据对称性建立了 1/2 模型进行计算，蠕变模型、计算参数及边界条件等均与上节相同，储气内压取 18MPa，蠕变时间取 20 年。其中，矿柱宽度为 30m 的网格模型如图 6-20 所示。

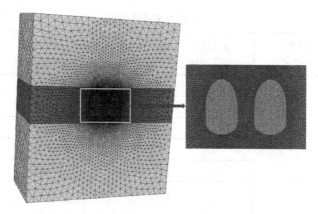

图 6-20   双溶腔数值模型网格图（1/2 模型）

（1）塑性区对比

图 6-21 为不同矿柱宽度模型蠕变 20 年后洞周塑性区分布图。由图可以看到，当矿柱宽度为 30m 时，矿柱部位塑性区贯通；而当矿柱宽度在 60m 以上时，矿柱部位塑性区均未贯通。考虑到应留有一定的安全储备，建议储气库矿柱宽度应在 90m（1.5 倍溶腔直径）以上。

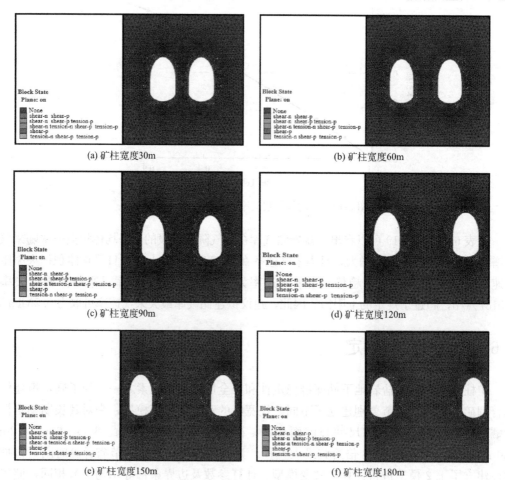

图 6-21   不同矿柱宽度模型洞周塑性区分布图

（2）位移及体积损失率对比

图 6-22 给出了蠕变 20 年后不同矿柱宽度模型洞周位移等值线云图。由图可以看出：

① 不同矿柱宽度下，洞周最大位移均发生在溶腔远离矿柱一侧的中间部位，而溶腔靠近矿柱一侧围岩位移明显小于远离矿柱一侧。分析原因，主要是由于单个溶腔左右两侧边界约束的非对称性造成的。在溶腔远离矿柱一侧，由于距离模型边界距离较远，几乎不受边界约束的影响；而溶腔靠近矿柱一侧由于双溶腔之间的对称性，相当于在矿柱中间部位对单个溶腔施加了一个距离较小的边界约束，因此该侧位移明显小于另一侧。

② 不同矿柱宽度下，双溶腔洞周最大位移量分别为 5.50m、5.45m、5.41m、5.38m、5.35m 和 5.33m。可以看出，双溶腔洞周最大位移量均大于单溶腔（5.15m），且随着矿柱宽度增加，双溶腔洞周最大位移量逐渐减小，越来越接近于单溶腔情况下的洞周最大位移量。

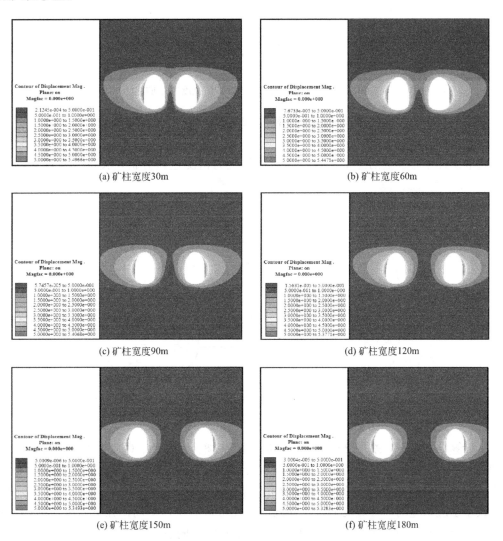

图 6-22　不同矿柱宽度下洞周位移等值线云图

③ 随矿柱宽度增大，溶腔靠近矿柱一侧受边界约束的影响逐渐减小，导致该侧位移

大幅增加，溶腔体积损失率逐渐增大（图 6-23）。由图 6-23 可见，当矿柱宽度在 90m 以内时，随矿柱宽度增大，溶腔体积损失率的增大速率逐渐变大；当矿柱宽度在 90m 以上时，溶腔体积损失率的增大速率有逐渐减缓的趋势。

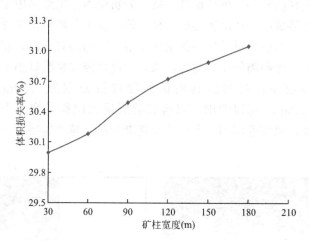

图 6-23　储库体积损失率与矿柱宽度关系曲线

因此，从腔周位移和溶腔体积损失率的角度来看，矿柱宽度越小越好。

（3）最大、最小主应力差对比

选取矿柱中心线上的三个关键点来对矿柱受力情况进行分析，关键点布置如图 6-24 所示。

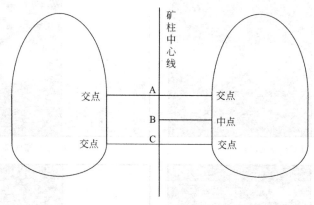

图 6-24　关键点布置示意图

从计算结果来看，蠕变 20 年后，不同矿柱宽度模型 A、B、C 三个关键点处最大主应力和最小主应力随矿柱宽度的变化规律基本相似，即随矿柱宽度增加，三点处最大主应力均逐渐减小，最小主应力均逐渐增大，两者越来越接近。图 6-25 给出了三个关键点处最大、最小主应力差随矿柱宽度的变化曲线。由图可以看出，不同矿柱宽度下，A、B 两点的主应力差几乎相同，而 C 点主应力差则较 A、B 两点偏小。矿柱宽度越小，其中心线上各关键点处最大、最小主应力差越大，随着矿柱宽度增加，矿柱中心主应力差逐渐减小，但减小速率越来越慢，即矿柱宽度越小，增加矿柱宽度对于减小矿柱中心主应力差的效果越明显。当矿柱宽度在 120m 以上时，增加矿柱宽度对于矿柱中心主应力差变化的影响已经明显减小，且矿柱宽度为 120m 时，三个关键点处主应力差值已经较为接近，约为 6MPa，基本能够满足强度要求。

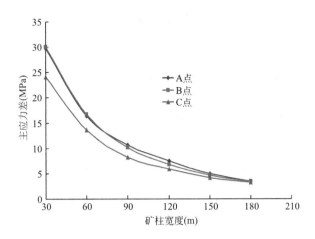

图 6-25　矿柱中心线关键点主应力差与矿柱宽度关系曲线

综合以上分析，从塑性区扩展范围和矿柱中心主应力差的角度来说，矿柱宽度越大越好；而从储库体积损失的角度来看，矿柱宽度越小越好。根据以上分析结果，并参考国内外建造盐岩储存库的相关经验，认为矿柱宽度取为 120m 即 2 倍溶腔最大直径是可行的。

参考文献

[1] Alexander H, Kisielowski-Kemmerich C, Swalski AT. On the stress dependence of the dislocation velocity in silicon [J]. Physica Status Solidi A, 2006, 104: 183-192.

[2] Bai F, Yang X, Zeng G. Creep and recovery behavior characterization of asphalt mixture in compression [J]. Construction and Building Materials, 2014, 54: 504-711.

[3] Boidy E, Bouvand A, Pellet F. Back analysis of time-dependent behavior of a test gallery in claystone [J]. Tunneling and Underground Space Technology, 2002, 17: 415-424.

[4] Brodsky NS, Getting JC, Spetzler HA. The effect of strain rate on the stiffness and compressive strength of Lunar analogues [J]. Lunar and Planetary Science Conference, 1979, 10: 155-156.

[5] Bruno MS, Dussealut MB. Geomechanical analysis of pressure limits for gas storage reservoirs [J]. International Journal of Rock Mechanics and Mining Sciences, 1998, 35: 569-571.

[6] Carter N, Horseman, S, Russell J, et al. Rheology of rock salt [J]. Journal of Structural Geology, 1993, 15: 1257-1271.

[7] Chan KS, Bodner SR, Fossum AF, et al. A Damage Mechanics Treatment of Creep Failure in Rock Salt [J]. International Journal of Damage Mechanics, 1997, 6: 121-152.

[8] Chen J, Lu D, Liu W, et al. Stability study and optimization design of small-spacing two-well (SSTW) salt caverns for natural gas storages [J]. Journal of Energy Storage, 2020, 27: 101131.

[9] Chen J, Peng H, Fan J, et al. Microscopic investigations on the healing and softening of damaged salt by uniaxial deformation from CT, SEM and NMR: effect of fluids (brine and oil) [J]. RSC Advances, 2020, 10: 2877-2886.

[10] Chen X, Li Y, Shi Y, et al. Tightness and stability evaluation of salt cavern underground storage with a new fluid-solid coupling seepage model [J]. Journal of Petroleum Science and Engineering, 2021, 202: 108475.

[11] Cristescu ND, Parasclliv I. Creep and creep damage around large rectangular-like caverns [J]. Mechanics for Cohesive-Frictional Materials. 1996: 165-197.

[12] Cundall P. Explicit finite difference method in aeromechanics [J]. Numerical methods in geomichanics, edited by Desai, C, 1978, 132-150.

[13] Cyran K, Kowalski M. Shape modelling and volume optimisation of salt caverns for energy storage [J]. Applied Sciences, 2021, 11: 423.

[14] Dreyer WE. Results of recent studies on the stability of crude oil and gas storage in salt caverns [A]. In: Coogan AH ed. Proceeding of the 4th International symposium on salt [C]. Cleveland, USA, Northern Ohio Geological Society, 1973: 65-92.

[15] Dubey RK, Gairola VK. Influence of stress rate on rheology-An experimental study on rocksalt of Simla Himalaya, India [J]. Geotechnical and Geological Engineering, 2005, 23: 757-772.

[16] Farmer I W, Gilbert M J. Time dependent strength reduction of rock salt [C] //Proceedings of the 1st Conference on the Mechanical Behavior of Salt. Clausthal, Germany: Trans. Tech. Publications, 1984: 4-18.

[17] Fuenkajorn K, Kenkhunthod N. Influence of loading rate on deformability and compressive strength of three Thai sandstones [J]. Geotechnical and Geological Engineering, 2010, 28: 707-715.

[18] Fuenkajorn K, Sriapai T, Samsri P. Effects of loading rate on strength and deformability of Maha Sarakham salt [J]. Engineering Geology, 2012, 135-136: 10-23.

[19] Gottschalk H, Hiller N, Sauerland S, et al. Constricted dislocations and their use for TEM measurements of the velocities of edge and 60 dislocations in silicon, a new approach to the problem of kink migration [J]. Physica Status Solidi, 2006, 138: 547-555.

[20] Günther RM, Salzer K, Popp T, et al. Steady-state creep of rock salt: improved approaches for lab determination and modeling [J]. Rock Mechanics and Rock Engineering, 2015, 48: 2603-2613.

[21] Habibi R, Moomivand H, Ahmadi M, et al. Stability analysis of complex behavior of salt cavern subjected to cyclic loading by laboratory measurement and numerical modeling using LOCAS (case study: Nasrabad gas storage salt cavern) [J]. Environmental Earth Sciences, 2021, 80: 317.

[22] Hamami M. Experimental and numerical studies of rock salt strain hardening [J]. Geotechnical and Geological Engineering, 2006, 24: 1271-1292.

[23] Hampel A, Hunsche U. Description of the creep of rock salt with the composite model-steady-state creep [A]. In: Hardy Jr HR, Langer M, eds. Proc. 4th Conference on the Mechanics Behavior of salt [C]. Trans Tech Publications, 1996: 287-299.

[24] Heusermann S, Rolfs O, Schmidt U. Nonlinear finite-element analysis of solution mined storage caverns in rock salt using the Lubby2 constitutive model [J], Computers and Structures, 2003, 81: 629-638

[25] Hoffman. Effects of cavern depth on surface subsidence and storage loss of oil-filled caverns [C]. SAND92-0053, Sandia National Laboratories, Albuquerque, NM, 1992.

[26] Hou Z, Lux KH. A new coupling concept for the hydro-mechanical interaction of clay stone and rock salt in underground waste repositories [J]. International Journal of Rock Mechanics and Mining Sciences, 2004, 41: 708-713.

[27] Hou Z. Mechanical and hydraulic behavior of rock salt in the excavation disturbed zone around underground facilities [J]. International Journal of Rock Mechanics and Mining Sciences, 2003, 40: 725-738.

[28] Huang M, Zhan J, Xu C, et al. New creep constitutive model for soft rocks and its application in the prediction of time-dependent deformation in tunnels [J]. International Journal of Geomechanics, 2020, 20: 04020096.

[29] Huang T, Li J, Zhao B. Nonlinear creep damage model of rock salt considering temperature effect and its implement in FLAC3D [J]. Geomechanics and Engineering, 2021, 26: 581-591.

[30] Hugout B. Mechanical behavior of salt cavities-in situtests-model for calculating the cavity volume evolution [A]. In: 2nd Conference on the Mechanical Behavior of salt [C]. Trans Tech Publication, 1988: 291-310.

[31] Hunsche U, Hampel A. Rock salt - The mechanical properties of the host rock material for a radioactive waste repository [J]. Engineering Geology, 1999, 52: 271-291.

[32] Hunsche U, Schulze O. Measurement and calculation of the evolution of dilatancy and permeability in rock salt [C] //Proc 3. Workshop uber Kluftaquifere, Gekoppelte Prozesse. Hannover, 2000.

[33] Jia H, Ding S, Zi F, et al. Evolution in sandstone pore structures with freeze-thaw cycling and interpretation of damage mechanisms in saturated porous rocks [J]. Catena, 2020, 195: 104915.

[34] Jia S, Wen C, Wu B. A nonlinear elasto-viscoplastic model for clayed rock and its application to sta-

bility analysis of nuclear waste repository [J]. Energy Science and Engineering, 2020, 8: 150-165.

[35] Kachanov LM. On the time to failure under creep condition [C]. Izvestia Akademii Nauk SSSR, Otdelenie Tekhnicheskich Nauk, 1958, 8: 26-31.

[36] Khaledi K, Mahmoudi E, Datcheva M, et al. Analysis of compressed air storage caverns in rock salt considering thermo-mechanical cyclic loading [J]. Environmental Earth Sciences, 2016, 75: 1-17.

[37] Khaledi K, Mahmoudi E, Datcheva M, et al. Stability and serviceability of underground energy storage caverns in rock salt subjected to mechanical cyclic loading [J]. International Journal of Rock Mechanics and Mining Sciences, 2016, 86: 115-131.

[38] King MS. Creep in model pillars of Saskatchewan potash [J]. International Journal of Rock Mechanics, Mining Science & Geotechnical Abstracts, 1973, 10: 363-371.

[39] Kittitep F, Decho P. Effects of cyclic loading on mechanical properties of Maha Sarakham salt [J]. Engineering Geology, 2010, 112: 43-52.

[40] Lajtai EZ, Duncan EJS, Carter BJ. The effect of strain rate on rock strength [J]. Rock Mechanics and Rock Engineering, 1991, 24: 99-109.

[41] Li D, Liu W, Jiang D, et al. Quantitative investigation on the stability of salt cavity gas storage with multiple interlayers above the cavity roof [J]. Journal of Energy Storage, 2021, 44: 103298.

[42] Li J, Zhang N, Xu W, et al. The influence of cavern length on deformation and barrier integrity around horizontal energy storage salt caverns [J]. Energy, 2022, 244: 123148.

[43] Liang W, Zhao Y, Xu S, et al. Effect of strain rate on the mechanical properties of salt rock [J]. International Journal of Rock Mechanics and Mining Sciences, 2011, 48: 161-167.

[44] Liu W, Jiang D, Chen J, et al. Comprehensive feasibility study of two-well-horizontal caverns for natural gas storage in thinly-bedded salt rocks in China [J]. Energy, 2018, 143: 1006-1019.

[45] Liu W, Zhang Z, Fan J, et al. Research on the stability and treatments of natural gas storage caverns with different shapes in bedded salt rocks [J]. IEEE Access, 2020, 8: 18995-19007.

[46] Lyu C, Liu J, Zhao C, et al. Creep-damage constitutive model based on fractional derivatives and its application in salt cavern gas storage [J]. Journal of Energy Storage, 2021, 44: 103403.

[47] Ma L, Daemen JJK. Strain rate dependent strength and stress-strain characteristics of a welded tuff [J]. Bulletin of Engineering Geology and the Environment, 2006, 65: 221-230.

[48] Ma L, Wang M, Zhang N, et al. A variable-parameter creep damage model incorporating the effects of loading frequency for rock salt and its application in a bedded storage cavern [J]. Rock Mechanics and Rock Engineering, 2017, 50: 2495-2509.

[49] Ma Q, Tan Y, Liu X, et al. Effect of coal thicknesses on energy evolution characteristics of roof rock-coal-floor rock sandwich composite structure and its damage constitutive model [J]. Composites Part B: Engineering, 2020, 198: 108086.

[50] Mahanta B, Singh TN, Ranjith PG, et al. Experimental investigation of the influence of strain rate on strength; failure attributes and mechanism of Jhiri shale [J]. Journal of Natural Gas Science and Engineering, 2018, 58: 178-188.

[51] Mahmoudi E, Khaledi K, Miro S, et al. Probabilistic analysis of a rock salt cavern with application to energy storage systems [J]. Rock Mechanics and Rock Engineering, 2017, 50: 139-157.

[52] Malan DF. Time-dependent behavior of deep level tabular excavations in hard rock [J]. Rock Mechanics and Rock Engineering, 1999, 32: 123-155.

[53] Mansouri H, Ajalloeian R. Mechanical behavior of salt rock under uniaxial compression and creep tests [J]. International Journal of Rock Mechanics and Mining Sciences, 2018, 110: 19-27.

［54］ Mao R，Mao X，Zhang L，et al. Effect of loading rates on the characteristics of thermal damage for mudstone under different temperatures ［J］. International Journal of Mining Science and Technology，2015，25：797-801.

［55］ Moghadam SN，Mirzabozorg H，Noorzad A. Modeling time-dependent behavior of gas caverns in rock salt considering creep，dilatancy and failure ［J］. Tunnelling and Underground Space Technology，2013，33：171-185.

［56］ Mohammad BEA，Kurosh S，Ahmad R，et al. The analysis of dates obtained from long-term creep tests to determine creep coefficients of rock salt ［J］. Bulletin of Engineering Geology and the Environment，2019，78：1617-1629.

［57］ Mortazavi A，Nasab H. Analysis of the behavior of large underground oil storage caverns in salt rock ［J］. International Journal For Numerical and Analytical Methods in Geomechanics，2017，41：602-624.

［58］ Mukherjee S，Zhou B，Dasgupta A，et al. Multiscale modeling of the anisotropic transient creep response of heterogeneous single crystal SnAgCu solder ［J］. International Journal of Plasticity，2016，78：1-25.

［59］ Munson DE，Devries KL，Fossum AF，et al. Extension of the M-D model for treating stress drops in salt ［A］. In：Hardy Jr HR，Langer M，eds. Proc. 3rd Conference on the Mechanical Behavior of salt ［C］. Trans Tech Publications，1993：31-34.

［60］ Özşen H，Özkani，Şensöğüt C. Measurement and mathematical modelling of the creep behaviour of Tuzköy rock salt ［J］. International Journal of Rock Mechanics and Mining Sciences，2014，66：128-135.

［61］ Passaris E K S. The rheological behavior of rock salt as determined in an in situ pressured test cavity ［J］. International society for rock mechanics. 5th congress 1，1979，257-264.

［62］ Peng H，Fan J，Zhang X，et al. Computed tomography analysis on cyclic fatigue and damage properties of rock salt under gas pressure ［J］. International Journal of Fatigue，2020，134：105523.

［63］ Philippe B. In situ experience and mathematical representation of the behavior of rock salt used in storage of gas ［A］. In：Hardy，Jr. HR，Langer M eds. 1st Conference on the Mechanical Behavior of salt ［C］. Trans Tech Publication，1984：453-471.

［64］ Pouya A. Micro-macro approach for the rock salt behavior ［J］. European Journal of Mechanics A，2000，19：1015-1028.

［65］ Preece DS. Calculation of creep induced volume reduction of the Weeks Island SPR facility using 3D finite element methods ［C］. The 29th U. S. Symposium on Rock Mechanics，1988.

［66］ Preußner J，Rudnik Y，Brehm H，et al. A dislocation density based material model to simulate the anisotropic creep behavior of single-phase and two-phase single crystals ［J］. International Journal of Plasticity，2009，25：973-994.

［67］ Propp T，Schulze O，Kern H. Permeation and development of dilatancy and permeability in rock salt ［C］//5th Conference on the mechanical behavior of salt. Mecasalt V，Bucharest，1999.

［68］ Rezaee R，Saeedi A，Clennell B. Tight gas sands permeability estimation from mercury injection capillary pressure and nuclear magnetic resonance data ［J］. Journal of Petroleum Science and Engineering，2012，88：92-99.

［69］ Schmidt U，Staudtmeister K. Determining minimum permissible operating pressure for a gas cavern using the finite element method ［A］. In：Proceedings of International Conference on Storage of Gases in Rock Caverns ［C］. Trondheim，1989：103-115.

[70] Schulze O, Popp T, Kern H, et al. Development of damage and permeability in deforming rock salt [J]. Engineering Geology, 2001, 61: 163-180.

[71] Shahmorad Z, Salarirad H, Molladavoudi H. A study on the effect of utilizing different constitutive models in the stability analysis of an underground gas storage within a salt structure [J]. Journal of Natural Gas Science and Engineering, 2016, 33: 808-820.

[72] Shen Y, Wang Y, Wei X, et al. Investigation on meso-debonding process of the sandstone-concrete interface induced by freeze-thaw cycles using NMR technology [J]. Construction and Building Materials, 2020, 252: 118962.

[73] Singh A, Kumar C, Kannan LG, et al. Estimation of creep parameters of rock salt from uniaxial compression tests [J]. International Journal of Rock Mechanics and Mining Sciences, 2018, 107: 243-248.

[74] Ślizowski J, Lankof L, Urbańczyk K, et al. Potential capacity of gas storage caverns in rock salt bedded deposits in Poland [J]. Journal of Natural Gas Science and Engineering, 2017, 43: 167-178.

[75] Standtmeister K, Rokahr RB. Rock mechanical design of storage caverns for natural gas in rock salt mass [J]. International Journal of Rock Mechanicsand Mining Sciences, 1997, 34: 300.

[76] Taheri S R, Pak A, Shad S, et al. Investigation of rock salt layer creep and its effects on casing collapse [J]. International Journal of Mining Science and Technology, 2020, 30: 357-365.

[77] Tang F, Mao X, Zhang L, et al. Effects of strain rates on mechanical properties of limestone under high temperature [J]. International Journal of Mining Science and Technology, 2011, 21: 857-861.

[78] Tillerson J R. Geomechanics investigations of SPR crude oil storage caverns [A]. In: SMRI Fall Meeting [C]. Toronto, Canada, 1979.

[79] Van Thienen-Visser K, Hendriks D, Marsman A, et al. Bow-tie risk assessment combining causes and effects applied to gas oil storage in an abandoned salt cavern [J]. Engineering Geology, 2014, 168: 149-166.

[80] Wang J, Liu X, Song Z, et al. An improved Maxwell creep model for salt rock [J]. Geomechanics and Engineering, 2015, 9: 499-511.

[81] Wang J, Wang T, Song Z, et al. Improved Maxwell model describing the whole creep process of salt rock and its programming [J]. International Journal of Applied Mechanics, 2021, 13: 2150113.

[82] Wang J, Zhang Q, Liu X, et al. Creep properties and constitutive model for salt rock subjected to uniaxial trapezoidal cyclic loading [J]. Journal of Energy Storage, 2022, 52: 105023.

[83] Wang J, Zhang Q, Song Z, et al. Creep properties and damage constitutive model of salt rock under uniaxial compression [J]. International Journal of Damage Mechanics, 2020, 29: 902-922.

[84] Wang J, Zhang Q, Song Z, et al. Experimental study on creep properties of salt rock under long-period cyclic loading [J]. International Journal of Fatigue, 2021, 143: 106009.

[85] Wang J, Zhang Q, Song Z, et al. Mechanical properties and damage constitutive model for uniaxial compression of salt rock at different loading rates [J]. International Journal of Damage Mechanics, 2021, 30: 739-763.

[86] Wang J, Zhang Q, Song Z, et al. Nonlinear creep model of salt rock used for displacement prediction of salt cavern gas storage [J]. Journal of Energy Storage, 2022, 48: 103951.

[87] Wu F, Zhang H, Zou Q, et al. Viscoelastic-plastic damage creep model for salt rock based on fractional derivative theory [J]. Mechanics of Materials, 2020, 150: 103600.

[88] Xiao N, Liang W, Zhang S. Feasibility analysis of a single-well retreating horizontal cavern for natural gas storage in bedded salt rock [J]. Journal of Natural Gas Science and Engineering, 2022,

99：104446.

［89］ Yahya OML，Aubertin M，Julien MR. A unified representation of the plasticity，creep and relaxation behavior of rock salt ［J］. International Journal of Rock Mechanics and Mining Sciences，2000，37：787-800.

［90］ Yang C，Daemen JJK，Yin J. Experimental investigation of creep behavior of salt rock ［J］. International Journal of Rock Mechanics and Mining Sciences，2000，36：336-341.

［91］ Yang C，Wang T，Qu D，et al. Feasibility analysis of using horizontal caverns for underground gas storage：A case study of Yunying salt district ［J］. Journal of Natural Gas Science and Engineering，2016，36：252-266.

［92］ Zhang G，Wang Z，Liu J，et al. Stability of the bedded key roof above abandoned horizontal salt cavern used for underground gas storage ［J］. Bulletin of Engineering Geology and the Environment，2020，79：4205-4219.

［93］ Zhang H，Wang Z，Zheng Y，et al. Study on tri-axial creep experiment and constitutive relation of different rock salt ［J］. Safety Science，2012，50：801-805.

［94］ Zhao Y，Cao P，Wang W，et al. Viscoelasto-plastic rheological experiment under circular increment step load and unload and nonlinear creep model of soft rocks ［J］. Journal of Central South University，2009，16（3）：488-494.

［95］ Zhao Y，Zhang L，Wang W，et al. Separation of elastoviscoplastic strains of rock and a nonlinear creep model ［J］. International Journal of Geomechanics，2018，18（1）：04017129.

［96］ Zhou H，Di L，Lei G，et al. The creep-damage model of salt rock based on fractional derivative ［J］. Energies，2018，11：2349.

［97］ Zhou H，Wang C，Han B，et al. A creep constitutive model for salt rock based on fractional derivatives ［J］. International Journal of Rock Mechanics and Mining Sciences，2011，48：116-121.

［98］ Zhou J，Peng J，Huang X，et al. Research on long-term operation stability of salt rock underground gas storage with interlayers ［J］. Arabian Journal of Geosciences，2022，15：1-10.

［99］ Zhu C，Pouya A，Arson C. Micro-macro analysis and phenomenological modelling of salt viscous damage and application to salt caverns ［J］. Rock Mechanics and Rock Engineering，2015，48：2567-2580.

［100］ 包晗. 致密砂岩油藏注 CO_2 过程中孔喉变化规律研究 ［D］. 西安：西安石油大学，2019.

［101］ 蔡美峰，何满潮，刘东燕. 岩石力学与工程 ［M］. 北京：科学出版社，2002.

［102］ 曹林卫，彭向和，任中俊，等. 三轴压缩下层状盐岩体细观损伤本构模型 ［J］. 岩石力学与工程学报，2010，29（11）：2304-2311.

［103］ 曾寅，刘建锋，周志威，等. 盐岩单轴蠕变声发射特征及损伤演化研究 ［J］. 岩土学，2019，40（1）：207-215.

［104］ 陈锋，李银平，杨春和，等. 云应盐矿盐岩蠕变特性试验研究 ［J］. 岩石力学与工程学报，2006，25（S1）：3022-3027.

［105］ 陈锋，杨春和，白世伟. 盐岩储气库蠕变损伤分析 ［J］. 岩土力学，2006，27（6）：945-949.

［106］ 陈锋，杨春和，白世伟. 盐岩储气库最佳采气速率数值模拟研究 ［J］. 岩土力学，2007，28（1）：57-63.

［107］ 陈锋. 盐岩力学特性及其在储库建设中的应用研究 ［D］. 武汉：中国科学院武汉岩土力学研究所，2006.

［108］ 陈剑文，杨春和，郭印同. 基于盐岩压缩-扩容边界理论的盐岩储气库密闭性分析研究 ［J］. 岩石力学与工程学报，2009，28（S2）：3302-3308.

[109] 陈剑文，杨春和．基于细观变形理论的盐岩塑性本构模型研究 [J]．岩土力学，2015，36（1）：117-122.

[110] 陈卫忠，王者超，伍国军，等．盐岩非线性蠕变损伤本构模型及其工程应用 [J]．岩石力学与工程学报，2007，26（3）：467-472.

[111] 陈文玲，赵法锁，弓虎军．三轴蠕变试验中云母石英片岩蠕变参数的研究 [J]．岩石力学与工程学报，2011，30（S1）：2810-2816.

[112] 陈颙，黄庭芳，刘恩儒．岩石物理学 [M]．合肥：中国科学技术大学出版社，2009.

[113] 邓检强，吕庆超，杨强，等．变形稳定理论在盐岩储气库优化设计中的应用 [J]．岩土力学，2011，32（S2）：507-513.

[114] 丁国生，张保平，杨春和，等．盐穴储气库溶腔收缩规律分析 [J]．天然气工业，2007，27（11）：94-96.

[115] 丁靖洋，周宏伟，陈琼，等．盐岩流变损伤特性及本构模型研究 [J]．岩土力学，2015，36（3）：769-776.

[116] 董均贵．干湿循环影响下膨胀土孔隙结构的核磁共振试验研究 [D]．广州：华南理工大学，2020.

[117] 杜超，杨春和，马洪岭，等．深部盐岩蠕变特性研究 [J]．岩土力学，2012，33（8）：2451-2456.

[118] 范庆忠，高延法，崔希海，等．软岩非线性蠕变模型研究 [J]．岩土工程学报，2007，29（4）：505-509.

[119] 范庆忠，高延法．软岩蠕变特性及非线性模型研究 [J]．岩石力学与工程学报，2007，26（2）：391-396.

[120] 高红波，梁卫国，徐素国，等．循环荷载作用下盐岩力学特性响应研究 [J]．岩石力学与工程学报，2011，30（S1）：2617-2623.

[121] 高小平，杨春和，吴文，等．岩盐时效特性实验研究 [J]．岩土工程学报，2005，27（5）：558-561.

[122] 管国兴，李留荣．配合"西气东输"加快岩盐开发建立地下储气库 [J]．中国井矿盐，2001，32（6）：25-27.

[123] 郭印同，杨春和．硬石膏常规三轴压缩下强度和变形特性的试验研究 [J]．岩土力学，2010，31（6）：1776-1780.

[124] 郭印同，赵克烈，孙冠华，等．周期荷载下盐岩的疲劳特性及损伤特性研究 [J]．岩土力学，2011，32（5）：1353-1359.

[125] 韩伟民，闫怡飞，闫相祯．基于广义 Kelvin 模型的非定常盐岩蠕变模型 [J]．中南大学学报（自然科学版），2020，51（05）：1337-1349.

[126] 郝铁生，梁卫国，张传达．基于三剪能量屈服准则的地下水平盐岩储库腔壁稳定性分析 [J]．岩石力学与工程学报，2014，33（10）：1997-2006.

[127] 侯正猛．金坛地下储气库15口采卤溶腔稳定性评价技术服务报告 [R]．德国：克劳斯塔大学，2004，18-25.

[128] 胡其志，冯夏庭，周辉．考虑温度损伤的盐岩蠕变本构关系研究 [J]．岩土力学，2009，30（8）：2245-2248.

[129] 黄明．含水泥质粉砂岩蠕变特性及其在软岩隧道稳定性分析中的应用研究 [D]．重庆：重庆大学，2010.

[130] 黄小兰，杨春和，李银平．蠕变作用下层状盐岩界面剪切应力变化规律研究 [J]．地下空间与工程学报，2014，10（3）：547-551.

[131] 纪文栋，杨春和，姚院峰，等．应变加载速率对盐岩力学性能的影响 [J]．岩石力学与工程学报，2011，30（12）：2507-2513.

[132] 贾超，刘家涛，张强勇，等．盐岩储气库运营期时变可靠度计算及风险分析［J］．岩土力学，2011，32（5）：1479-1484.

[133] 贾超，张强勇，刘家涛，等．不同储气内压下盐岩地下储气库可靠性分析［J］．地下空间与工程学报，2011，7（2）：276-280.

[134] 姜德义，陈结，任松，等．盐岩单轴应变率效应与声发射特征试验研究［J］．岩石力学与工程学报，2012，31（2）：326-336.

[135] 姜德义，任涛，陈结，等．含软弱夹层盐岩型盐力学特性实验研究［J］．岩石力学与工程学报，2012，31（9）：1797-1803.

[136] 蒋昱州，徐卫亚，王瑞红．角闪斜长片麻岩流变力学特性研究［J］．岩土力学，2011，32（S1）：339-345.

[137] 蒋昱州，张明鸣，李良权．岩石非线性黏弹塑性蠕变模型研究及其参数识别［J］．岩石力学与工程学报，2008，27（4）：832-839.

[138] 李杰林．基于核磁共振技术的寒区岩石冻融损伤机理试验研究［D］．长沙：中南大学，2012.

[139] 李梦瑶，苟杨，侯正猛．基于短期室内试验推导长期稳态蠕变率的盐岩本构模型［J］．工程科学与技术，2018，50（5）：138-144.

[140] 李梦瑶，侯正猛．双井水平盐腔恒定内压的天然气储库［J］．工程科学与技术，2017，49（6）：47-54.

[141] 李萍，邓金根，孙焱，等．川东气田盐岩、膏盐岩蠕变特性试验研究［J］．岩土力学，2012，33（2）：444-448.

[142] 李维维．盐岩蠕变特性及水平盐穴储存库长期稳定性研究［D］．西安：西安建筑科技大学，2020.

[143] 李彦伟，姜耀东，杨英明，等．煤单轴抗压强度特性的加载速率效应研究［J］．采矿与安全工程学报，2016，33（4）：754-760.

[144] 李银平，杨春和．层状盐岩体的三维 Cosserat 介质扩展本构模型［J］．岩土力学，2006，27（4）：509-513.

[145] 李仲奎，马芳平，刘辉．压气蓄能电站的地下工程问题及应用前景［J］．岩石力学与工程学报，2003，22（S1）：2121-2126.

[146] 梁卫国，徐素国，刘江，等．金坛储气库岩盐蠕变特性及其实用本构研究［J］．辽宁工程技术大学学报，2007，26（3）：354-356.

[147] 梁卫国，徐素国，莫江，等．盐岩力学特性应变率效应的试验研究［J］．岩石力学与工程学，2010，29（1）：43-50.

[148] 梁卫国，徐素国，赵阳升．钙芒硝盐岩溶解渗透力学特性研究［J］．岩石力学与工程学报，2006，25（05）：951-955.

[149] 梁卫国．盐类矿床控制水溶开采理论及应用［M］．北京：科学出版社，2007.

[150] 刘成伦．钻井开采薄层岩盐水溶物化特征及溶腔形态的研究［D］．重庆：重庆大学，2000.

[151] 刘建锋，边宇，郑得文，等．三轴应力状态下盐岩强度分析探讨［J］．岩土力学，2014，35（4）：919-925.

[152] 刘江，杨春和，吴文，等．盐岩短期强度和变形特性试验研究［J］．岩石力学与工程学报，2006，25（S1）：3104-3109.

[153] 刘江，杨春和，吴文，等．盐岩蠕变特性和本构关系研究［J］．岩土力学，2006，27（8）：1267-1271.

[154] 刘伟，李银平，杨春和，等．层状盐岩能源储库典型夹层渗透特性及其密闭性能研究［J］．岩石力学与工程学报，2014，33（03）：500-506.

[155] 刘伟．改进的非定常 Bingham 岩石蠕变模型及参数辨识［J］．力学季刊，2022，43（3）：

651-658.

[156] 刘新荣，郭建强，王军保，等.基于能量原理盐岩的强度与破坏准则 [J]. 岩土力学，2013，34
（2）：305-311.

[157] 刘新荣，王军保，李鹏，等.芒硝力学特性及其本构模型 [J]. 解放军理工大学学报（自然科学
版），2012，13（5）：527-532.

[158] 刘新荣，鲜学福，马建春.三轴应力状态下岩盐力学性质试验研究 [J]. 地下空间与工程学报，
2004，24（2）：153-155.

[159] 刘新荣，钟祖良.用于核废料处理的岩盐溶腔力学特性 [J]. 重庆大学学报（自然科学版），
2007，30（10）：77-81.

[160] 刘新喜，李盛南，周炎明，等.高应力泥质粉砂岩蠕变特性及长期强度研究 [J]. 岩石力学与工
程学报，2020，39（1）：138-146.

[161] 刘雄.岩石流变学概论 [M]. 北京：地质出版社，1994.

[162] 刘玉成，曹树刚，刘延保.可描述地表沉陷动态过程的时间函数模型探讨 [J]. 岩土力学，2010，
31（3）：925-931.

[163] 罗可，招国栋，曾佳君，等.加载速率影响的单裂隙类岩石试样能量演化规律 [J]. 应用力学学
报，2020，37（3）：1151-1159+1396-1397.

[164] 罗嗣海，钱七虎，周文斌.高放废物深地质处置及其研究概况 [J]. 岩石力学与工程学报，2004，
23（5）：831-838.

[165] 罗云川，谢凌志，袁炽，等.卧式椭球盐岩储气库理论解及设计参数分析 [J]. 岩土力学，2016，
37（S1）：415-423.

[166] 马洪岭，杨春和，李银平，等.盐岩屈服-破坏特征的试验及理论研究 [J]. 岩石力学与工程学
报，2012，31（S2）：3747-3756.

[167] 马洪岭.超深地层盐岩地下储气库可行性研究 [D]. 武汉：中国科学院武汉岩土力学研究
所，2010.

[168] 马纪伟，王芝银，郑雅丽，等.层状盐岩蠕变变形差异性及附加应力 [J]. 石油学报，2014，35
（1）：178-183.

[169] 马林建，刘新宇，方秦，等.联合广义 Hoek-Brown 屈服准则的盐岩黏弹塑性损伤模型及工程应
用 [J]. 煤炭学报，2012，37（8）：1299-1303.

[170] 马林建，刘新宇，许宏发，等.井喷失控条件下盐岩储库稳定性分析 [J]. 岩土力学，2011，32
（9）：2791-2799.

[171] 莫江.层状盐岩体储气库建造及运行稳定性研究 [D]. 太原：太原理工大学，2009.

[172] 秦焜，杨黎明，胡时胜.金属应变率效应机理分析 [C] //第七届全国爆炸力学实验技术学会会议
论文集，2012.

[173] 邱贤德，庄乾城.岩盐流变特性的研究 [J]. 重庆大学学报（自然科学版），1995，18（4）：
96-103.

[174] 屈红军.东濮凹陷濮卫洼陷含盐层系沉积层序与油气聚集规律 [D]. 西安：西北大学，2003.

[175] 任松，白月明，姜德义，等.温度对盐岩疲劳特性影响的试验研究 [J]. 岩石力学与工程学报，
2012，31（9）：1839-1845.

[176] 任松.岩盐水溶开采沉陷机理及预测模型研究 [D]. 重庆：重庆大学，2005.

[177] 任中俊，彭向和，万玲，等.三轴加载下盐岩蠕变损伤特性的研究 [J]. 应用力学学报，2008，
25（2）：212-217.

[178] 佘成学.岩石非线性黏弹塑性蠕变模型研究 [J]. 岩石力学与工程学报，2009，28（10）：
2006-2011.

[179] 沈明荣，谌洪菊．红砂岩长期强度特性的试验研究 [J]．岩土力学，2011，32 (11)：3301-3305.

[180] 宋亮．芒硝力学性质及其水溶开采溶腔稳定性研究 [D]．重庆：重庆大学，2010.

[181] 宋勇军．干燥和饱水状态下炭质板岩流变力学特性与模型研究 [D]．西安：长安大学，2013.

[182] 苏承东，李怀珍，张盛，等．应变速率对大理岩力学特性影响的试验研究 [J]．岩石力学与工程学报，2013，32 (5)：943-950.

[183] 孙钧．岩土材料流变及工程应用 [M]．北京：中国建筑工业出版社，1999.

[184] 唐明明，王芝银，丁国生，等．含夹层盐岩蠕变特性试验及其本构关系 [J]．煤炭学报，2010，35 (1)：42-45.

[185] 汪仁和，李栋伟，王秀喜．改进的西原模型及其在 ADINA 程序中的实现 [J]．岩土力学，2006，27 (11)：1954-1958.

[186] 王安明，杨春和，黄诚，等．层状盐岩力学和变形特性数值试验研究 [J]．力学进展，2009，30 (7)：2173-2178.

[187] 王贵君．盐岩层中天然气存储洞室围岩长期变形特征 [J]．岩土工程学报，2003，25 (4)：431-435.

[188] 王贵君．一种盐岩流变损伤模型 [J]．岩土力学，2003，24 (S2)：81-84.

[189] 王军保，刘新荣，郭建强，等．盐岩蠕变特性及其非线性本构模型 [J]．煤炭学报，2014，39 (3)：445-451.

[190] 王军保，刘新荣，黄明，等．低频循环荷载下盐岩轴向蠕变的 Burgers 模型分析 [J]．岩土力学，2014，35 (4)：933-942.

[191] 王军保，刘新荣，李鹏，等．MMF 模型在采空区地表沉降预测中的应用 [J]．煤炭学报，2012，37 (3)：411-415.

[192] 王军保，刘新荣，刘俊，等．砂岩力学特性及其改进 Duncan-Chang 模型 [J]．岩石力学与工程学报，2016，35 (12)：2388-2397.

[193] 王军保，刘新荣，宋战平，等．基于反 S 函数的盐岩单轴压缩全过程蠕变模型 [J]．岩石力学与工程学报，2018，37 (11)：2446-2459.

[194] 王军保，刘新荣，王铁行．基于改进分数阶黏滞体的岩石非线性蠕变模型 [J]．中南大学学报（自然科学版），2015，46 (4)：1461-1467.

[195] 王军保，刘新荣，杨欣，等．不同加载路径下盐岩蠕变特性试验 [J]．解放军理工大学学报（自然科学版），2013，14 (5)：517-523.

[196] 王军保，刘新荣，张情情，等．芒硝蠕变特性及本构模型研究 [J]．四川大学学报（工程科学版），2015，47 (5)：78-85.

[197] 王军保．不同加载路径下盐岩蠕变力学特性与盐岩储气库长期稳定性研究 [D]．重庆：重庆大学，2012.

[198] 王清明．盐类矿床水溶开采 [M]．北京：化学工业出版社，2003.

[199] 王同涛，闫相祯，杨恒林，等．多夹层盐穴储气库最小允许运行压力的数值模拟 [J]．油气储运，2010，29 (11)：877-879.

[200] 王伟超，刘希亮，张五交．不同应变率下的盐岩损伤声发射时空演化 [J]．江苏大学学报（自然科学版），2015，36 (4)：491-496.

[201] 王晓波，万玲．考虑损伤的岩石非线性蠕变模型 [J]．科学技术与工程，2016，16 (20)：1-5.

[202] 王者超．盐岩非线性蠕变损伤本构模型研究 [D]．武汉：中国科学院武汉岩土力学研究所，2006.

[203] 王芝银，李云鹏．岩体流变理论及其数值模拟 [M]．北京：科学出版社，2008.

[204] 王志荣，贺平，石茜茜，等．平顶山地下盐穴储气库地表沉降机理数值模拟 [J]．地下空间与工程学报，2018，14 (4)：1105-1113.

[205] 王志荣，张利民，韩中阳．平顶山盐田互层状盐岩蠕变特性与试验模型研究［J］．水文地质工程地质，2014，41（5）：125-130.

[206] 韦立德，杨春和，徐卫亚．基于细观力学的盐岩蠕变损伤本构模型研究［J］．岩石力学与工程学报，2005，24（23）：4253-4258.

[207] 吴池，刘建锋，周志威，等．含杂质盐岩三轴蠕变特性试验研究［J］．工程科学与技术，2017，49（S2）：165-172.

[208] 吴池，刘建锋，周志威，等．岩盐三轴蠕变声发射特征研究［J］．岩土工程学报，2016，38（S2）：318-323.

[209] 吴斐，谢和平，刘建锋，等．分数阶黏弹塑性蠕变模型试验研究［J］．岩石力学与工程学报，2014，33（5）：964-970.

[210] 吴文，徐松林，杨春和，等．盐岩冲击过程本构关系和状态方程研究［J］．岩土工程学报，2004，26（3）：367-372.

[211] 吴文，杨春和，侯正猛．盐岩中能源（石油和天然气）地下储存力学问题研究现状及其发展［J］．岩石力学与工程学报，2005，24（S2）：5561-5568.

[212] 伍国军，陈卫忠，曹俊杰，等．工程岩体非线性蠕变损伤力学模型及其应用［J］．岩石力学与工程学报，2010，29（6）：1184-1191.

[213] 武东生，孟陆波，李天斌，等．灰岩三轴高温后效流变特性及长期强度研究［J］．岩土力学，2016，37（S1）：183-191.

[214] 武志德，周宏伟，丁靖洋，等．不同渗透压力下盐岩的渗透率测试研究［J］．岩石力学与工程学报，2012，31（S2）：3740-3746.

[215] 武志德．考虑渗流及时间效应的层状盐岩溶腔稳定分析［D］．北京：中国矿业大学（北京），2011.

[216] 郤保平，赵阳升，赵金昌，等．层状盐岩温度应力耦合作用蠕变特性研究［J］．岩石力学与工程学报，2008，27（1）：90-96.

[217] 郤保平，赵阳升，赵延林，等．含高盐份泥岩夹层的盐岩蠕变特性研究［J］．地下空间与工程学报，2007，3（1）：23-26.

[218] 夏才初，金磊，郭锐．参数非线性理论流变力学模型研究进展及存在的问题［J］．岩石力学与工程学报，2011，30（3）：454-463.

[219] 谢和平，鞠杨，黎立云，等．岩体变形破坏过程的能量机制［J］．岩石力学与工程学报，2008，27（9）：1729-1740.

[220] 谢和平，鞠杨，黎立云．基于能量耗散与释放原理的岩石强度与整体破坏准则［J］．岩石力学与工程学报，2005，24（17）：3003-3010.

[221] 谢和平，彭瑞东，鞠杨，等．岩石破坏的能量分析初探［J］．岩石力学与工程学报，2005，24（15）：2603-2608.

[222] 熊良宵，杨林德，张尧．岩石的非定常 Burgers 模型［J］．中南大学学报（自然科学版），2010，41（2）：679-684.

[223] 熊良宵，杨林德，张尧．硬岩的复合黏弹塑性流变模型［J］．中南大学学报（自然科学版），2010，41（4）：1540-1548.

[224] 徐鹏，杨圣奇．循环加卸载下煤的黏弹塑性蠕变本构关系研究［J］．岩石力学与工程学报，2015，34（3）：537-545.

[225] 徐素国．层状盐岩矿床油气储库建造及稳定性基础研究［D］．太原：太原理工大学，2010.

[226] 徐卫亚，杨圣奇，褚卫江．岩石非线性黏弹塑性流变模型（河海模型）及其应用［J］．岩石力学与工程学报，2006，25（3）：433-447.

[227] 徐小丽，高峰，张志镇，等．实时高温下加载速率对花岗岩力学特性影响的试验研究 [J]．岩土力学，2015，36（8）：2184-2192．

[228] 闫云明，李恒乐，郭士礼．紫红色泥岩三轴蠕变力学特性试验研究 [J]．长江科学院院报，2017，34（6）：88-92．

[229] 阎岩，王思敬，王恩志．基于西原模型的变参数蠕变方程 [J]．岩土力学，2010，31（10）：3025-3035．

[230] 杨春和，白世伟，吴益民．应力水平及加载路径对盐岩时效的影响 [J]．岩石力学与工程学报，2000，19（3）：270-275．

[231] 杨春和，贺涛，王同涛．层状盐岩地层油气储库建造技术研发进展 [J]．油气储运，2022，41（6）：614-624．

[232] 杨春和，李银平，陈锋．层状盐岩力学理论与工程 [M]．北京：科学出版社，2009．

[233] 杨春和．深部岩体国家战略能源储存与高放废物地质处置工程—岩石力学发展机遇与挑战 [A]．香山科技会议第 230 次学术会议 [C]．北京：2004．

[234] 杨花．压气蓄能过程中地下盐岩储气库稳定性研究 [D]．武汉：中国科学院武汉岩土力学研究所，2009．

[235] 杨挺青，罗文波，徐平，等．粘弹性理论与应用 [M]．北京：科学出版社，2004．

[236] 杨文东，张强勇，陈芳，等．辉绿岩非线性流变模型及蠕变加载历史的处理方法研究 [J]．岩石力学与工程学报，2011，30（7）：1405-1413．

[237] 杨文东．复杂高坝坝区边坡岩体的非线性损伤流变力学模型及其工程应用 [D]．济南：山东大学，2011．

[238] 杨欣．充填体蠕变本构模型及其工程应用 [D]．南昌：江西理工大学，2011．

[239] 易其康，马林建，刘新宇，等．考虑频率影响的盐岩变参数蠕变损伤模型 [J]．煤炭学报，2015，40（S1）：93-99．

[240] 尹雪英，杨春和，李银平．泥岩夹层对层状盐岩体中储库稳定性影响 [J]．岩土力学，2006，27（S1）：344-348．

[241] 尤明庆．岩石的力学性质 [M]．北京：地质出版社，2007．

[242] 余寿文，冯西桥．损伤力学 [M]．北京：清华大学出版社，1997．

[243] 张二锋，杨更社，刘慧．冻融循环作用下砂岩细观损伤演化规律试验研究 [J]．煤炭工程，2018，50（10）：50-55．

[244] 张桂民，李银平，杨长来，等．软硬互层盐岩变形破损物理模拟试验研究 [J]．岩石力学与工程学报，2012，31（9）：1813-1820．

[245] 张华宾，王芝银，赵艳杰，等．盐岩全过程蠕变试验及模型参数辨识 [J]．石油学报，2012，33（5）：904-908．

[246] 张强，王军保，宋战平，等．循环荷载作用下盐岩微观结构变化及经验疲劳模型 [J]．岩土力学，2022，43（4）：995-1008．

[247] 张强勇，陈旭光，张宁，等．交变气压风险条件下层状盐岩地下储气库注采气大型三维地质力学试验研究 [J]．岩石力学与工程学报，2010，29（12）：2410-2419．

[248] 张强勇，刘德军，贾超，等．盐岩油气储库介质地质力学模型相似材料的研制 [J]．岩土力学，2009，30（12）：3581-3586．

[249] 张强勇，杨文东，张建国，等．变参数蠕变损伤本构模型及其工程应用 [J]．岩石力学与工程学报，2009，28（4）：732-739．

[250] 张清照，沈明荣，丁文其．结构面的剪切蠕变特性及本构模型研究 [J]．土木工程学报，2011，44（7）：127-132．

[251] 张玉，金培杰，徐卫亚，等．坝基碎屑岩三轴蠕变特性及长期强度试验研究 [J]．岩土力学，2016，37（5）：1291-1300.

[252] 张志镇．岩石变形破坏过程中的能量演化机制 [D]．徐州：中国矿业大学，2013.

[253] 张治亮，徐卫亚，王如宾，等．含弱面砂岩非线性黏弹塑性流变模型研究 [J]．岩石力学与工程学报，2011，30（S1）：2634-2639.

[254] 赵宝云．岩石拉、压蠕变特性研究及其在地下大空间洞室施工控制中的应用 [D]．重庆：重庆大学，2011.

[255] 赵延林，曹平，文有道，等．岩石弹黏塑性流变试验和非线性流变模型研究 [J]．岩石力学与工程学报，2008，27（3）：477-486.

[256] 赵延林，唐劲舟，付成成，等．岩石黏弹塑性应变分离的流变试验与蠕变损伤模型 [J]．岩石力学与工程学报，2016，35（7）：1297-1308.

[257] 赵延林，张英，万文．层状盐岩力学特性及蠕变破坏模型 [J]．矿业工程研究，2010，25（1）：16-20.

[258] 郑颖人，孔亮．岩土塑性力学 [M]．北京：中国建筑工业出版社，2010.

[259] 钟杨．多尺寸聚丙烯纤维混凝土抗冻性试验研究 [D]．重庆：重庆大学，2017.

[260] 周宏伟，王春萍，丁靖洋，等．盐岩流变特性及盐腔长期稳定性研究进展 [J]．力学与实践，2011，33（5）：1-7.

[261] 周志威，刘建锋，吴斐，等．层状盐穴储库中盐岩和泥岩蠕变特性试验研究 [J]．四川大学学报（工程科学版），2016，48（S1）：100-106.